전기자기학의 기초

정인학 · 권병국 · 장순면
윤형중 · 박상호 공저

도서출판 태영문화사

머 리 말

전기자기학은 전기공학, 전자공학, 통신공학 등을 전공하는 공학도들에게 전공과목을 배우기 위한 기초로서 반드시 이해하고 넘어가야 할 가장 기본이 되는 필수과목이다.

전기자기학의 여러 현상은 우리가 직접 보고 느끼며 경험 할 수 없는 추상적인 내용을 수식으로 형상화 하였기에 어렵고 복잡하게 느껴진다. 그리고 전기자기학은 배우고 이해하는데 있어 수학적, 물리적 개념이 많이 나오기 때문에 학생들은 더욱 전기자기학을 어렵다고 생각하고 있다.

따라서 본 책은 전기자기학의 여러 현상에 대한 수식적 표현과 법칙의 개념을 이해하기 쉽도록 간결하고 자세하게 풀어 설명하였으며 중요한 내용과 공식은 밑줄이나 블럭 표시를 하여 눈에 띄도록 하였다. 또한 각 단원 끝부분에는 요점정리와 연습문제를 수록하여 핵심내용을 되짚어 보고 응용력을 배양할 수 있도록 배려했다.

앞으로 이 책이 전기 · 전자 · 통신 분야를 공부하는 학생 및 현장 기술자들에게 교과서 또는 참고서로서 유익한 도움이 되기를 바란다. 그리고 부족한 내용 등 미비한 점이 있으리라 생각되므로 독자여러분의 지도와 성원을 받으며 계속 수정 보완해 나갈 것을 약속한다. 끝으로 본 책이 출판되기 까지 많은 정성과 도움을 주신 여러분에게 감사를 드린다.

저자 씀

차 례

제2장 진공중의 정전계

제3장 전위와 전위경도

제4장 도체계와 정전용량

제5장 유전체

제6장 전기영상법

제7장 전류와 저항

제8장 정자계

제9장 전자력과 전자유도

제10장 인덕턴스

제11장 자성체와 자기회로

제12장 전자계

부 록

서 론

전기자기학의 이해

✎ 전기자기의 역사

오늘날 문명생활에 커다란 공헌을 하고 있는 전기의 이론은 옛날부터 많은 학자와 기술자의 연구와 노력의 결정이다. 그러면 전기가 어떻게 인류와 관계를 맺고 발전되어 왔는가를 살펴보기로 한다.

인류 역사에서 전기에 관한 기록은 기원전 6백년경부터 출발한다. 그 당시 그리스 사람들은 장식품으로 사용하던 보석의 일종인 호박(琥珀)을 헝겊으로 문지르면, 먼지나 실오라기 따위를 끌어당긴다는 것을 알고 있었다. 전기를 영어로 electricity라고 하는데, 이것은 그리스어의 elektron에서 유래한 말로서 본래는 호박을 의미하고 있다. 당시 자연 철학자였던 탈레스(Thales)는 이 불가사의한 호박을 비롯하여, 역시 신비의 광석으로 알려졌던 마그네스에 대해서 자세히 연구하였다. 마그네스란 쇠를 끌어당기는 검은 돌, 즉 천연의 자석인 자철광(磁鐵鑛)을 말한다. 탈레스는 이러한 광물이 물질을 끌어당기는 것은 영혼이 깃들어 있기 때문이라고 생각했다. 이들 천연 자석은 마케도니아의 마그네시아(Magnesia) 지방 또는 소아시아의 이오니아 지방의 마그네시아(Magnesia)에서 많이 산출되었으므로 이 지방의 이름으로부터 자기(magnetism)라는 말이 유래하였다. 천연의 자철광이 자철광의 소편을 끌어당기는 현상을 그리스의 철학자 탈레스가 관찰하였지만 호메로스의 오디세이(Odyssey)시에 자석이라는 단어가 나오고 있어 자석의 발견은 약 B.C 800년 이전이라고 추정되고 있다. 또한 중국에서 자석의 발견은 더욱 오래되어 B.C 2600년경에 자석이 사용되었다고 전해지고 있다.

전기와 자기에 관한 최초의 과학적 연구는 탈레스 이후 2천여년이 지난 16세기 말에 영국의 엘리자베스 여왕의 시의(侍醫)였던 길버트(W. Gilbert)에 의하여 이루어졌다. 길버트는 자철광이나 호박에 대하여 여러 가지 실험을 한 끝에 마찰전기에는 양(+)과 음(−)의 두 종류가 있다는 것과 지구는 하나의 커다란 자석이라는 것을 발견하였다. 이것은 최초의 과학적인 연구로 전기라는 학문이 이때부터 탄생되었다고 할 수 있다. 길버트는 호박 이외에도 유리, 수정, 유황 등을 마찰시키면 역시 가벼운 물체를 끌어당긴다는 것을 발견했다. 그는 이러한 현상을 물질이 electrified, 즉 호박화하기 때문이라고 생각했다. 여기서 호박화하는 원인이 되는 것을 전기(electricity)라고 부르게 되었던 것이다.

한편, 번개도 구름이 모인 마찰 전기가 일으키는 불꽃이다. 우리 동양에서 쓰는 전기의 '전(電)'자는 실은 번개를 뜻하는 '뇌(雷)'자에서 유래한 것이다. 1752년 미국의 프랭클린(B. Franklin)은 연을 날려 번개가 전기에 의하여 일어나는 현상임을 실증함으로써 피뢰침을 발명하게 되었다. 1785년에 프랑스의 쿨롱(C. A. Coul-omb)은 양과 음의 전하 사이에 작용하는 힘에 관하여 쿨롱의 법칙을 발견하였고, 이탈리아의 볼타(A. Volta)는 1799년에 볼타전지를 발명하였다.

길버트에 의해 지구자기를 논하는 첫 과학적 인식을 거쳐 1820년까지 전기와 자기가 각각 독립된 현상으로 다루어졌다. 전기 및 자기 등에 관한 지식이 수학적 기술의 도움으로 고전 물리학과 만나게 된 것은 19세기에 들어와서의 일이다. 1820년에 덴마크의 외르스테드(H. C. Oersted)가 도선의 전류에 의한 자기효과를 발견함으로써 두 분야의 연관성을 알게 된 다음 전기자기학은 앙페르(Ampere), 패러데이(Faraday) 등 여러 학자들의 연구를 거쳐 전류와 자기작용을 이론화시켰다. 1827년에 독일의 오옴(G. S. Ohm)은 전기공학에 있어 가장 중요한 오옴의 법칙을 발표하였다. 1831년에 영국의 주울(J. R. Joule)은 전류가 흐를 때 열이 발생한다는 주울의 법칙을 발견하였으며, 1831년에 영국의 패러데이(M. Faraday)는 발전기와 변압기의 기본 원리가 되는 전자유도작용을 발견하였다. 그 후 19세기 중반에 독일의 키르히호프(G. R. Kirchhoff)는 전기회로 해석을 위한 키르히호프의 법칙을 발견하였다. 그러다가 1864년에 영국의 물리학자 맥스웰(J. C. Maxwell)은 전기와 자기 현상에 대한 통일적 이해를 가능하게 해주는 맥스웰의

4대 기본방정식을 정립해서 전기자기학이라는 새로운 통합 학문 분야를 탄생시켰다. 맥스웰은 전자파에 관한 맥스웰 방정식을 세워서 전자파의 존재를 예언하였고, 1887년에 독일의 헤르츠(H. R. Hertz)에 의하여 실험적으로 전자파가 발견되었다.

전기자기학의 학문적 발달로 전자기유도 및 전류 상호간의 작용에서 발전기, 전동기 등의 각종 전기기기의 개발이 이루어졌으며, 계측기의 개발로 정밀계측과 제어가 가능하게 되었다. 전기자기학은 전기물리학 분야에서 기본전하량의 연구로부터 전자론이 도출되어 음극선 및 전기분해의 기초이론이 확립되었고, 전기물성론에서는 전자기 유체역학 및 플라즈마공학의 새로운 분야 발전에 영향을 끼쳤다.

✎ 전기자기학의 범주

물리학은 고전 물리학과 현대 물리학으로 나뉜다. 고전 물리학은 변하지 않는 진리를 담고 있는 물리학이며, 반면에 20세기에 들어오면서 새로이 출현한 상대론과 양자론을 특별히 현대 물리학이라고 부른다.

고전 물리학에 속하는 두 가지 분야는 역학과 전기자기학이다. 이들 두 분야를 공부할 때는 그 차이점도 정확히 인식하는 것이 좋다. 역학은 물체의 운동을 결정하는 운동 법칙을 다룬다. 그래서 역학에 나오는 중요한 법칙은 뉴턴의 운동 법칙이라고 불리는 $F=ma$, 단 하나라고 말해도 과언이 아니다. 다시 말하면, 역학은 물체에 작용하는 힘이 어떻게 물체의 운동을 결정하는지에 대해 공부한다. 역학에서는 $F=ma$에 나오는 힘이 어떤 이유 때문에 작용되는지에 대해서는 상관하지 않는다. 그런데 전기자기학에서는 전기력 자체를 다룬다. 전기력을 받는 물체가 어떻게 움직이는 지를 구하는 것이 목표라면 그것은 역학의 문제이다.

반면에, 전기자기학에서는 전기력이라는 상호작용 자체가 관심의 대상이며 처음부터 끝까지 전기력을 다루는 분야가 전기자기학이다. 즉, 전기자기학은 전기력이라는 기본 힘을 대상으로 하는 분야이다. 전기력은 물체가 지니고 있는 전하(charge)라는 성질 사이의 상호작용에 의해 작용하는 힘으로 양(+)전하, 음(−)전하 두 가지 종류가 있어 척력과 인력이 작용한다. 물질은 분자와 원자로 구성되며 원자는 원자핵과 전자로 구성된다. 원자핵과 전자는 같은 크기로 구성되므로 물질은 전기적으로 중성이다. 거시세계를 구성하는 지구, 태양계, 은하, 우주는 전기적으로 중성이므로 전기력은 존재하지 않고 오로지 만유인력만 존재한다. 즉 만유인력이 천체를 구성하는 원인이다. 만유인력은 전기력에 비해 10의 40제곱 분의 1 정도로 약하다. 그러므로 원자나 분자의 내부 세계를 일컫는 미시세계는 오로지 전기력만이 지배한다. 전기력은 우리 주위에 보이는 물질이나 현상을 이루는 원인이다.

전기자기학은 또한 전하분포가 만드는 전기현상과 전류분포가 만드는 자기현상을 다룬다. 전하는 전기장을 만들고 전류는 자기장을 만든다. 그러므로 물질에 전하와 전류가 어떻게 분포되어 있는 지를 안다면 물질이 만드는 전기장과 자기장을 구할 수 있고, 또한 물질의 전기자기적 성질을 모두 알 수 있다.

역학과 전기자기학의 또 다른 차이점으로 역학은 뉴턴 한사람에 의해 제안되고 완성되었지만 전기자기학이 구축되는 데는 많은 사람들이 기여하였다는 것을 들 수 있다. 역학을 우리는 흔히 뉴턴의 역학이라고 부른다. 그리고 역학에도 많은 법칙이나 정리 등이 나오지만 재미있게도 사람의 이름이 붙은 법칙에는 뉴턴의 운동법칙 밖에 없다. 그 이유는 역학에 나오는 다른 법칙들은 모두 뉴턴의 운동법칙으로부터 나온 것이기 때문이다.

그런데 전기자기학을 배우기 시작하면 바로 사람 이름이 붙은 법칙들이 계속하여 나온다. 쿨롱의 법칙에서 시작하여 가우스 법칙, 오옴의 법칙, 앙페르 법칙, 비오-사바르 법칙, 키르히호프 법칙, 패러데이 법칙 등 헤아릴 수가 없을 정도로 많다. 이들이 모두 전기자기학이 발전하는데 기여한 사람들의 이름을 따서 법칙을 명명한 것이다. 그래서 전기자기학을 공부할 때는 사람 이름이 붙은 법칙을 순서에 따라 잘 이해하면 전기자기학을 제대로 공부하였다고 할 수도 있다. 이와 같이 전기자기학에서는 사람들의 이름을 딴 많은 법칙들이 나올 뿐 아니라 전기자기학을 효과적으로 기술하기 위한 많은 물리량들이 나온다. 그러므로 비록 전기자기학에서 나오는 내용이 매우 복잡하게 여겨질지라도 다양한 법칙과 아울러 다루는 물리량이 왜 도입되었는지를 체계적으로 이해한다면 전기자기학을 효과적으로 공부하는데 큰 도움이 될 것이다.

제 1 장

벡터의 해석

이 장에서는 전기자기학에 나오는 벡터에 대해 소개한다. 자연현상을 기술하는 물리량은 스칼라량과 벡터량으로 구분된다. 벡터량을 다루기는 스칼라량을 다루는 것에 비해 좀 복잡하다. 특히 벡터량에 대한 미분과 적분을 잘 이해하는 것이 중요하다. 벡터량의 미분과 적분을 다루는 분야를 벡터해석이라고 한다. 평면이라면 2차원으로 표시되지만 입체라든지 공간의 문제를 취급하기 위해서는 x, y, z인 3개의 좌표를 사용하는 것이 필요하다. 전기자기학에서는 입체의 문제를 취급하는 일이 많으므로 수식으로 취급할 경우에도 3개의 방정식을 취급할 필요가 있다. 3개의 식을 항상 사용하는 대신에 1개의 식으로 문제를 처리할 수 있으면 수식의 유도가 간편해진다. 이와 같은 의도에서 벡터를 사용하는 것이 고안되었다. 따라서 전기자기학을 배우는 사람은 벡터 해석을 이해하는 것이 바람직하다.

1.1 스칼라와 벡터

1.1.1 스칼라와 벡터의 개념

스칼라(scalar)는 크기만을 가지는 물리량이다. 예를 들면 질량, 밀도, 압력, 온도, 시간, 체적, 저항, 전위 등이 있다. 벡터(vector)는 크기와 방향을 함께 가지고 있는 물리량이다. 예를 들면 전계($\overrightarrow{E}$), 자계($\overrightarrow{H}$), 힘, 속도, 가속도 등이 있다. 벡

터를 문자로 표기할 때는 굵은 고딕문자, 또는 $\overline{A}$, $\vec{A}$, $\acute{A}$, $\dot{A}$, $\hat{A}$ 등의 여러 가지 기호를 사용한다. 여기서는 $\vec{A}$의 형태를 사용하기로 한다. 벡터의 크기만을 나타낼 때에는 A 또는 $|\vec{A}|$으로 표시한다.

1.1.2 성분벡터와 단위벡터

그림 1-1과 같이 x, y, z축이라고 하는 세 개의 좌표축이 서로 직각을 이루고 있는 직각좌표계(Cartesian or Rectangular Coordinate System)에서 원점을 기점으로 하고 공간내 점 P까지의 벡터를 $\vec{A}$로 표시할 때, 벡터 $\vec{A}$는 각 축 방향에 있는 3개의 벡터 $\vec{A_x}$, $\vec{A_y}$, $\vec{A_z}$의 합성으로 이루어진다. 이 때 $\vec{A_x}$, $\vec{A_y}$, $\vec{A_z}$를 벡터 $\vec{A}$의 성분벡터(component vector)라 한다. 따라서

$$\vec{A} = \vec{A_x} + \vec{A_y} + \vec{A_z} \tag{1-1}$$

또는

$$\vec{A} = (A_x,\ A_y,\ A_z) \tag{1-2}$$

으로 표현한다.

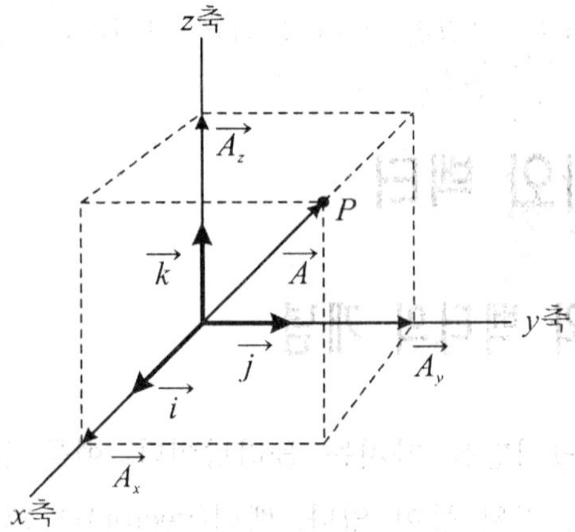

그림 1-1 직각좌표계

그리고 그림 1-1의 직각좌표계에서 크기가 1인 벡터를 단위벡터(unit vector) $\vec{a}$라 하며 x, y, z축 상의 방향단위를 나타내는 벡터를 $\vec{a_x}$, $\vec{a_y}$, $\vec{a_z}$ 또는 $\vec{i}$, $\vec{j}$, $\vec{k}$로 표시하고 이들을 기본벡터(fundamental vector)라 한다. 여기서는 $\vec{i}$, $\vec{j}$, $\vec{k}$로 표시하기로 한다. 기본벡터를 사용하여 성분벡터 $\vec{A_x}$, $\vec{A_y}$; $\vec{A_z}$는

$$\vec{A_x}=A_x\vec{i},\ \vec{A_y}=A_y\vec{j},\ \vec{A_z}=A_z\vec{k} \tag{1-3}$$

으로 표시된다. 그러므로 벡터 $\vec{A}$와 벡터 $\vec{A}$의 절대값 표현은 다음과 같다.

$$\vec{A}=\vec{A_x}+\vec{A_y}+\vec{A_z}=A_x\vec{i}+A_y\vec{j}+A_z\vec{k} \tag{1-4}$$

$$|\vec{A}|=\sqrt{A_x{}^2+A_y{}^2+A_z{}^2} \tag{1-5}$$

예제 1-1 $\vec{A}=3\vec{i}+4\vec{j}$일 때 단위벡터의 크기는?

풀이 $\vec{a}=\dfrac{\vec{A}}{|\vec{A}|}=\dfrac{3\vec{i}+4\vec{j}}{\sqrt{3^2+4^2}}=\dfrac{3}{5}\vec{i}+\dfrac{4}{5}\vec{j}$

$\therefore\ |\vec{a}|=\sqrt{\left(\dfrac{3}{5}\right)^2+\left(\dfrac{4}{5}\right)^2}=1$

1.2 벡터의 대수(algebra)

1.2.1 벡터의 가감

그림 1-2와 같이 벡터의 가감을 식으로 나타내면 다음과 같다.

$$\vec{A}\pm\vec{B}=(A_x\pm B_x)\vec{i}+(A_y\pm B_y)\vec{j}+(A_z\pm B_z)\vec{k} \tag{1-6}$$

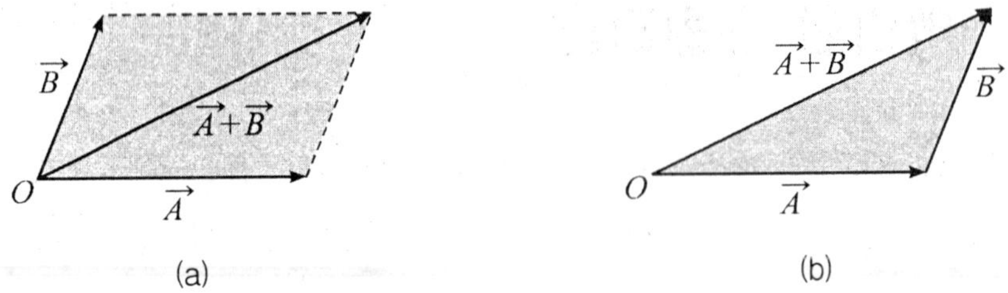

그림 1-2 벡터의 가감

1.2.2 벡터의 교환법칙

다음 식과 같이 벡터의 교환법칙이 성립함을 알 수 있다.

$$\vec{A}+\vec{B}=\vec{B}+\vec{A} \tag{1-7}$$

1.2.3 벡터의 결합법칙

다음 식과 같이 벡터의 결합법칙이 성립함을 알 수 있다.

$$\vec{A}+(\vec{B}+\vec{C})=(\vec{A}+\vec{B})+\vec{C} \tag{1-8}$$

1.2.4 벡터의 배분법칙

다음 식과 같이 벡터의 배분법칙이 성립함을 알 수 있다.

$$\begin{aligned}(r+s)(\vec{A}+\vec{B})&=r(\vec{A}+\vec{B})+s(\vec{A}+\vec{B})\\&=r\vec{A}+r\vec{B}+s\vec{A}+s\vec{B}\end{aligned} \tag{1-9}$$

1.3 벡터의 스칼라곱

그림 1-3과 같이 두 벡터 $\vec{A}$, $\vec{B}$가 이루는 각을 θ라 하면, 두 벡터의 곱은 다음 식과 같다.

$$\vec{A} \cdot \vec{B} = (\vec{A}\,\vec{B}) = |\vec{A}||\vec{B}|\cos\theta \tag{1-10}$$

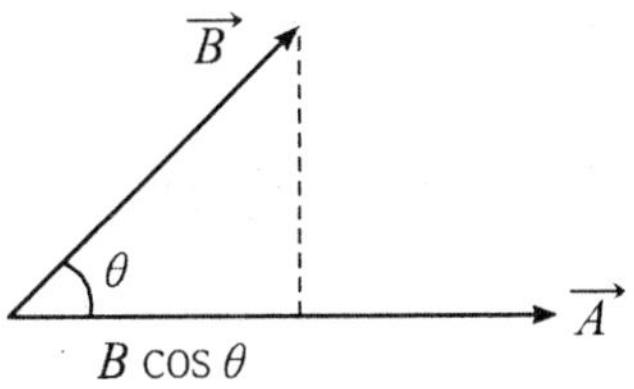

그림 1-3 스칼라곱

이 때, 두 벡터에 대한 곱의 결과가 스칼라양이므로 이를 스칼라곱(scalar or dot product) 또는 내적(inner product)이라 한다. 도트("·") 연산자 기호를 넣어 표시하며, "$\vec{A}$ 도트 $\vec{B}$"라고 읽는다. 두 벡터 $\vec{A}$, $\vec{B}$의 스칼라곱의 결과가 스칼라양이 되는지 알아보자. 먼저, 단위벡터의 스칼라곱을 구해보면

$$\vec{i} \cdot \vec{i} = \vec{j} \cdot \vec{j} = \vec{k} \cdot \vec{k} = 1 \tag{1-11}$$

$$(\because\ \vec{i} \cdot \vec{i} = |i||i|\cos 0° = 1,\ |i| = |j| = 1)$$

$$\vec{i} \cdot \vec{j} = \vec{j} \cdot \vec{k} = \vec{k} \cdot \vec{i} = 0 \tag{1-12}$$

$$(\because\ \vec{i} \cdot \vec{j} = |i||j|\cos 90° = 0)$$

이 되고, 두 벡터 $\vec{A}$, $\vec{B}$의 스칼라곱은

$$\begin{aligned}\vec{A} \cdot \vec{B} &= (A_x\vec{i} + A_y\vec{j} + A_z\vec{k}) \cdot (B_x\vec{i} + B_y\vec{j} + B_z\vec{k}) \\ &= A_xB_x(\vec{i} \cdot \vec{i}) + A_xB_y(\vec{i} \cdot \vec{j}) + A_xB_z(\vec{i} \cdot \vec{k}) \\ &\quad + A_yB_x(\vec{j} \cdot \vec{i}) + A_yB_y(\vec{j} \cdot \vec{j}) + A_yB_z(\vec{j} \cdot \vec{k}) \\ &\quad + A_zB_x(\vec{k} \cdot \vec{i}) + A_zB_y(\vec{k} \cdot \vec{j}) + A_zB_z(\vec{k} \cdot \vec{k})\end{aligned}$$

$$= A_x B_x + A_y B_y + A_z B_z \qquad (1\text{-}13)$$

이 된다. 따라서 두 벡터 $\vec{A}$, $\vec{B}$의 스칼라곱의 결과는 스칼라양이 된다. 벡터 $\vec{A}$, $\vec{B}$의 스칼라곱을 정리하면 다음 식과 같다.

$$\begin{aligned} \vec{A} \cdot \vec{B} &= (\vec{A}\,\vec{B}) = |\vec{A}||\vec{B}|\cos\theta \\ &= A_x B_x + A_y B_y + A_z B_z \end{aligned} \quad ☆ \qquad (1\text{-}14)$$

예제 1-2 $\vec{A} = -7\vec{i} - \vec{j}$, $\vec{B} = -3\vec{i} - 4\vec{j}$의 두 벡터가 이루는 각은 몇 도인가?

풀이 $\cos\theta = \dfrac{\vec{A} \cdot \vec{B}}{|\vec{A}||\vec{B}|} = \dfrac{A_x B_x + A_y B_y}{(\sqrt{A_x^2 + A_y^2})(\sqrt{B_x^2 + B_y^2})} = \dfrac{21+4}{\sqrt{50} \cdot 5} = \dfrac{1}{\sqrt{2}} = 0.707$

$\therefore\ \theta = \cos^{-1} 0.707 = 45°$

(1) 스칼라곱의 개념

스칼라곱의 개념을 이해하기 위해 그림 1-4와 같은 경우를 생각해보자. A라는 사람이 B라는 사람에게 " a방향(오른쪽)으로 공을 1[m] 던지는 것에 대해 100원씩 지불하겠다."라고 제안하였다.

이에 대해 B가 a방향으로 공을 100[m] 던졌다면 10,000원을 받게 될 것이다.

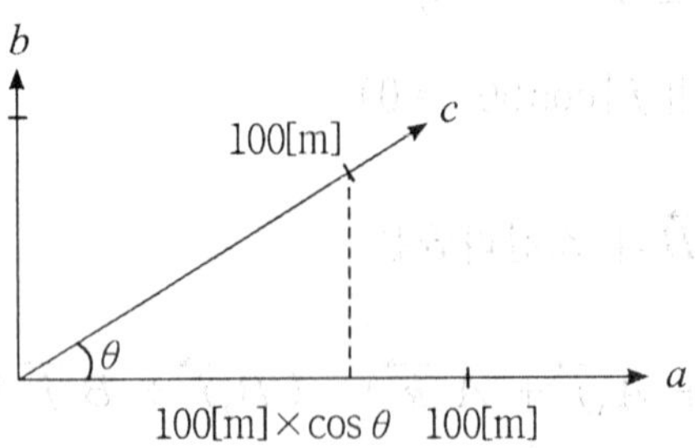

그림 1-4 스칼라곱의 개념

여기서 " a방향으로 100[원/m]"라는 양은 방향과 크기를 가지므로 벡터량이다.

또한 B가 공을 던진 거리도 "a방향으로 100[m]"이므로 방향과 크기를 갖게 되어 벡터량이 된다. 그러나 받게 되는 돈은 두 벡터의 방향을 제거하고 크기만을 곱하게 되므로 스칼라량이 된다. 이와 같이 벡터의 방향을 제거하고 크기만을 곱하여 결과가 스칼라량이 되는 것이 스칼라곱이다. 스칼라곱은 두 벡터의 방향을 제거하고 크기만을 곱하는 것이지만, 크기 자체만을 곱하기만 하는 것이 아니라 한 쪽에서 보았을 때 보이는 벡터의 크기를 곱하는 것이다. B가 c방향으로 100[m] 던진 경우에는, A가 보았을 때 B가 던진 거리는 100[m]$\times \cos\theta$로 보일 것이다. 따라서 지불해야 할 돈은 100[m]$\times \cos\theta \times$100원 $= 10,000 \times \cos\theta$원이 된다.

1.4 벡터의 벡터곱

그림 1-5와 같이 두 벡터 $\vec{A}$, $\vec{B}$가 이루는 각을 θ라 하면, 두 벡터의 곱은 다음 식과 같다.

$$\vec{A}\times\vec{B} = [\vec{A}\,\vec{B}] = |\vec{A}||\vec{B}|\sin\theta \tag{1-15}$$

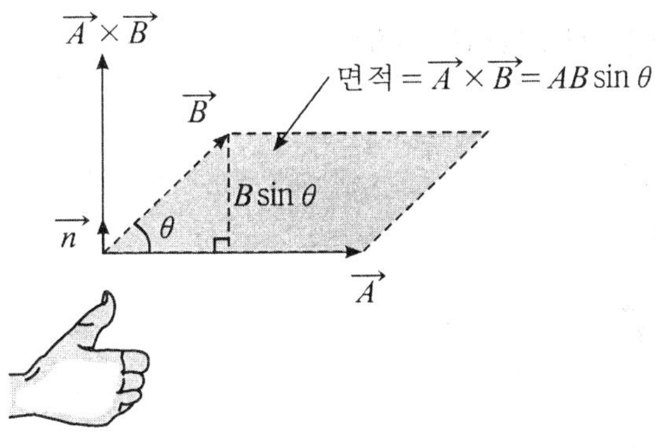

그림 1-5 벡터곱

이 때, 이렇게 결과가 벡터량이기 때문에 이를 벡터곱(vector or cross pro-duct) 또는 외적(outer product)이라 한다. 두 벡터 사이에 다음과 같이 크로스(cross) 연산자 "×"의 기호를 넣어 표시한다. 여기서 두 벡터곱의 크기는 그림 1-5에 나타낸 바와 같이 평행사변형의 넓이가 된다. 그리고 방향성분은 두 벡터를 곱하는 순서로 오른손을 감을 때 엄지손가락의 방향이 된다.

벡터곱의 방향은 오른손 법칙을, 따르는데, 그림 1-5와 같이 네 손가락은 $\vec{A}$에서 $\vec{B}$로, 즉 반시계 방향으로 향하고 이때 엄지는 새로운 벡터를 만든다. 또는 오른나사에 적용하기도 하는데, 그림 1-6과 같이 첫 벡터 방향으로부터 두 번째 벡터 방향으로 오른나사를 회전시킬 때 나사가 전진하는 방향이 곧 벡터곱의 방향이 된다. 직각좌표계의 단위 벡터는 90°의 각을 이루고, 크기 1인 동시에 우수계이므로 다음의 관계가 성립한다.

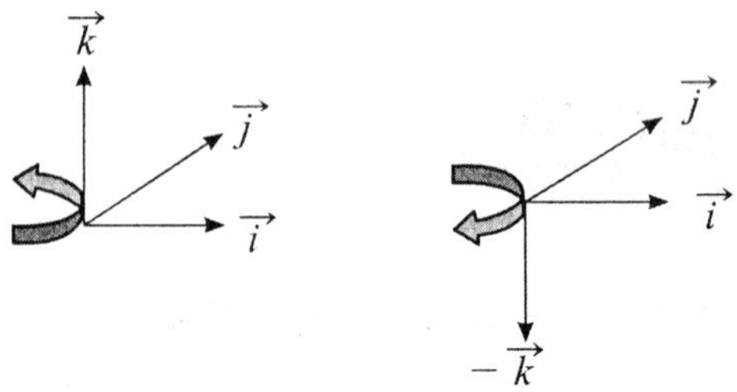

그림 1-6 벡터곱의 방향

$$\vec{i} \times \vec{i} = \vec{j} \times \vec{j} = \vec{k} \times \vec{k} = 0 \tag{1-16}$$

$$(\because \ \vec{i} \times \vec{i} = |i||i|\sin 0° = 0)$$

$$\vec{i} \times \vec{j} = \vec{k} \tag{1-17}$$

$$\vec{j} \times \vec{i} = -\vec{k} \tag{1-18}$$

$$\vec{j} \times \vec{k} = \vec{i} \tag{1-19}$$

$$\vec{k} \times \vec{j} = -\vec{i} \tag{1-20}$$

$$\vec{k} \times \vec{i} = \vec{j} \tag{1-21}$$

$$\vec{i} \times \vec{k} = -\vec{j} \tag{1-22}$$

그리고 두 벡터 $\vec{A}$, $\vec{B}$의 곱은 다음과 같다.

$$\begin{aligned}\vec{A} \times \vec{B} &= (A_x\vec{i} + A_y\vec{j} + A_z\vec{k}) \times (B_x\vec{i} + B_y\vec{j} + B_z\vec{k}) \\ &= A_xB_x(\vec{i} \times \vec{i}) + A_xB_y(\vec{i} \times \vec{j}) + A_xB_z(\vec{i} \times \vec{k})\end{aligned}$$

$$+ A_yB_x(\vec{j}\times\vec{i}) + A_yB_y(\vec{j}\times\vec{j}) + A_yB_z(\vec{j}\times\vec{k})$$

$$+ A_zB_x(\vec{k}\times\vec{i}) + A_zB_y(\vec{k}\times\vec{j}) + A_zB_z(\vec{k}\times\vec{k})$$

$$\therefore\ \vec{A}\times\vec{B} = (A_yB_z - A_zB_y)\vec{i} + (A_zB_x - A_xB_z)\vec{j}$$

$$+ (A_xB_y - A_yB_x)\vec{k} \qquad (1\text{-}23)$$

따라서 두 벡터 $\vec{A}$, $\vec{B}$의 벡터곱의 결과는 벡터량이 된다. 벡터 $\vec{A}$, $\vec{B}$의 벡터곱을 정리하면 다음 식과 같다.

$$\begin{aligned}\vec{A}\times\vec{B} &= [\vec{A}\,\vec{B}] = |\vec{A}||\vec{B}|\sin\theta \\ &= (A_yB_z - A_zB_y)\vec{i} + (A_zB_x - A_xB_z)\vec{j} \\ &\quad + (A_xB_y - A_yB_x)\vec{k}\end{aligned} \quad ☆ \qquad (1\text{-}24)$$

또한, 위 식을 샤로스의 법칙에 의거 다음과 같이 표현할 수 있다.

$$\vec{A}\times\vec{B} = \begin{vmatrix} \vec{i} & \vec{j} & \vec{k} \\ A_x & A_y & A_z \\ B_x & B_y & B_z \end{vmatrix} \text{(샤로스의 법칙)} \qquad (1\text{-}25)$$

(1) 벡터곱의 개념

벡터곱의 개념을 이해하기 위해 그림 1-7과 같이 회전문에 힘을 가하여 회전시키는 경우를 생각해 보자. 같은 곳을 민다고 할 때 적은 힘으로 문을 미는 것보다는 큰 힘으로 문을 밀 때 문의 회전이 잘된다. 즉, 문의 회전은 문에 가해진 힘에 비례한다. 같은 힘으로 문을 미는 경우에는 회전축에서 가까운 쪽을 미는 것보다는 회전축에서 먼 쪽을 밀 때 문의 회전이 잘된다. 그림 1-7의 a의 위치에서 힘을 가하는 경우와 b의 위치에서 힘을 가하는 경우를 생각해보면, 문의 회전은 회전축으로부터의 힘이 가해지는 거리에 비례한다.

힘과 힘이 가해지는 위치는 모두 벡터이므로 문의 회전은 두 벡터의 곱으로 생각할 수 있는데, 위에서 살펴보았던 스칼라곱과는 다른 성질을 갖는다. 스칼라곱이 최대가 되는 경우는 두 벡터의 방향이 일치하는 경우인, 그림 1-7의 c의 방향이다. 그러나 c의 방향으로 힘을 가하는 경우 문의 회전은 0이 된다. 문의 회전이 최대가 되는 경우는 힘의 방향이 힘이 가해지는 위치 방향과 수직이 되는 경우, 즉 그림 1-7의 a와 b의 방향이 될 때이다.

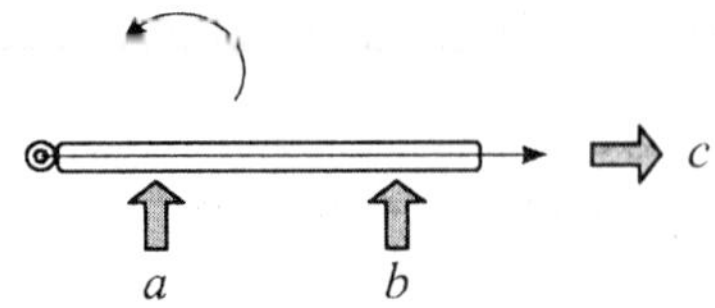

그림 1-7 벡터곱의 개념

1.5 스칼라의 경도

스칼라의 경도(gradient)는 그림 1-8과 같이 스칼라 함수 $V(x, y, z)$를 각각의 방향성분인 $\vec{i}$, $\vec{j}$, $\vec{k}$에 대하여 편미분한 것으로 grad V(그래드 V)라고 읽는다.

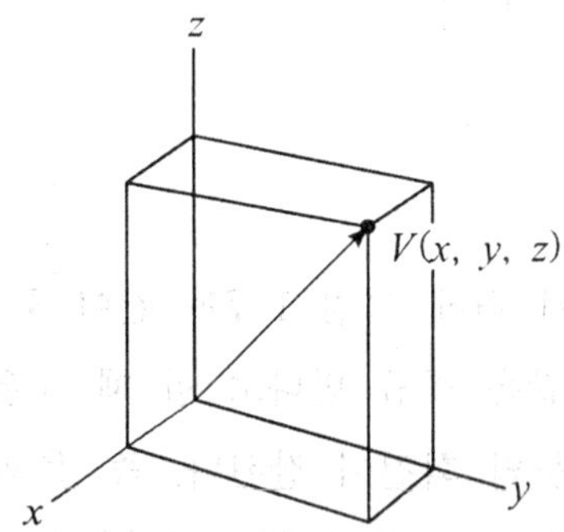

그림 1-8 스칼라의 경도

스칼라 함수 $V(x, y, z)$의 경도 grad V는 다음과 같이 나타낸다.

$$\begin{aligned}\text{grad}\, V &= \frac{\partial V}{\partial x}\vec{i} + \frac{\partial V}{\partial y}\vec{j} + \frac{\partial V}{\partial z}\vec{k} \\ &= \left(\frac{\partial}{\partial x}\vec{i} + \frac{\partial}{\partial y}\vec{j} + \frac{\partial}{\partial z}\vec{k}\right)V\end{aligned}$$

$$= \nabla V \tag{1-26}$$

여기서, ▽은 벡터의 미분연산자로서 다음과 같이 표시된다.

$$\nabla = \frac{\partial}{\partial x}\vec{i} + \frac{\partial}{\partial y}\vec{j} + \frac{\partial}{\partial z}\vec{k} \tag{1-27}$$

그리고 ▽을 해밀톤(Hamilton)의 연산자라고도 하며 나블라(nabla) 또는 델(del)이라고 읽는다. 미분연산자 ▽은 $\vec{\nabla}$로도 표현되나 여기서는 ▽을 사용하기로 하며 델이라고 읽도록 한다.

1.6 벡터의 발산

미분연산자 ▽과 벡터 $\vec{E}$가 있을 때, 이들의 스칼라곱을 벡터의 발산(divergen-ce)이라 한다. 즉, 단위 체적당 밖으로 방출하는 선속이다. 벡터의 발산은 다음과 같이 div $\vec{E}$로 표시한다.

$$\text{div}\vec{E} = \nabla \cdot \vec{E} \text{(다이버젠스 } \vec{E}\text{는 델 닷 } \vec{E}\text{라고 읽는다.)}$$

$$= \left(\frac{\partial}{\partial x}\vec{i} + \frac{\partial}{\partial y}\vec{j} + \frac{\partial}{\partial z}\vec{k}\right) \cdot (E_x\vec{i} + E_y\vec{j} + E_z\vec{k})$$

$$= \frac{\partial E_x}{\partial x} + \frac{\partial E_y}{\partial y} + \frac{\partial E_z}{\partial z} \tag{1-28}$$

예제 1-3 전계 $\vec{E} = 3x^2\vec{i} + 2xy^2\vec{j} + x^2yz\vec{k}$의 div $\vec{E}$는 얼마인가?

풀이 $\text{div}\vec{E} = \nabla \cdot \vec{E} = \frac{\partial E_x}{\partial x} + \frac{\partial E_y}{\partial y} + \frac{\partial E_z}{\partial z}$

$= 6x + 4xy + x^2y$

(1) 벡터발산의 의미

벡터의 발산정리에 대한 수학적 정의는 그림 1-9와 같이 미소체적 $\triangle V$ 로부터 표면적 S인 외부로 빠져나가는 임의의 물리량 벡터 $\vec{E}$의 총량을 미소체적 $\triangle V$로 나눈 스칼라 값이다.

$$\nabla \cdot \vec{E} = \lim_{\triangle V \to 0} \frac{\oint_S \vec{E} \cdot d\vec{S}}{\triangle V} \tag{1-29}$$

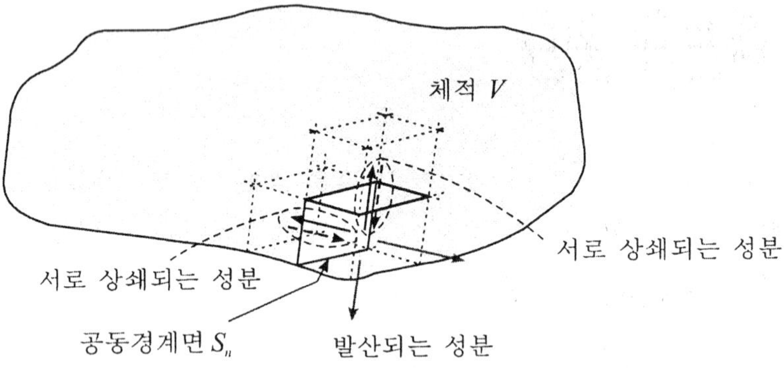

그림 1-9 벡터의 발산

(2) 라플라시안

스칼라 경도에 발산을 취한 것을 푸아송의 방정식이라 한다.

$$\text{div grad}\, V = \nabla \cdot \nabla V = \nabla^2 V = \frac{\partial^2 V}{\partial x^2} + \frac{\partial^2 V}{\partial y^2} + \frac{\partial^2 V}{\partial z^2} \tag{1-30}$$

여기서, 연산자 ∇^2을 라플라시안(Laplacian)이라 하며 다음과 같이 표현된다.

$$\nabla^2 = \frac{\partial^2}{\partial x^2} + \frac{\partial^2}{\partial y^2} + \frac{\partial^2}{\partial z^2} \tag{1-31}$$

(3) 가우스의 발산정리

임의의 체적 V에서 발산되는 총 벡터량은 그 체적을 둘러싸고 있는 폐곡면 S를 통해 빠져나가는 총 벡터량과 같다. 이를 가우스(Gauss)의 발산정리라고 하며 식으로 나타내면 다음과 같다.

$$\oint_S \vec{E} \cdot d\vec{S} = \int_V \operatorname{div} \vec{E} dV \tag{1-32}$$

위 식은 벡터의 면적적분과 스칼라의 체적적분의 변환식이다.

1.7 벡터의 회전

미분연산자 ▽과 벡터 $\vec{E}$가 있을 때, 이들의 벡터곱을 벡터의 회전(circulation, curl or rotation)이라고 하며 다음과 같이 표현한다.

$$\begin{aligned} \operatorname{rot}\vec{E} &= \operatorname{curl}\vec{E} = \nabla \times \vec{E} \\ &= \left(\frac{\partial}{\partial x}\vec{i} + \frac{\partial}{\partial y}\vec{j} + \frac{\partial}{\partial z}\vec{k}\right) \times \left(E_x\vec{i} + E_y\vec{j} + E_z\vec{k}\right) \\ &= \left(\frac{\partial E_z}{\partial y} - \frac{\partial E_y}{\partial z}\right)\vec{i} + \left(\frac{\partial E_x}{\partial z} - \frac{\partial E_z}{\partial x}\right)\vec{j} + \left(\frac{\partial E_y}{\partial x} - \frac{\partial E_x}{\partial y}\right)\vec{k} \end{aligned} \tag{1-33}$$

(1) 벡터회전의 의미

벡터의 회전에 대한 수학적 정의는 그림 1-10과 같이 미소면적 $\triangle S$를 감싸는 폐곡선 L을 따라 벡터 $\vec{E}$를 선적분한 값을 미소면적 $\triangle S$로 나눈 것이다.

$$\nabla \times \vec{E} = \lim_{\triangle S \to 0} \frac{\oint_L \vec{E} \cdot d\vec{L}}{\triangle S} \tag{1-34}$$

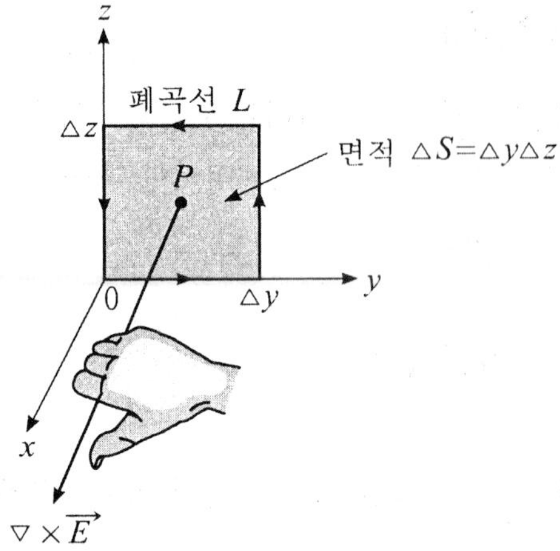

그림 1-10 벡터의 회전

(2) 스토크스의 정리

그림 1-11과 같이 벡터 $\vec{E}$에 대한 면적 S를 감싸는 폐곡선 L상의 선적분은 면적 S를 수직으로 관통하는 $\text{rot}\,\vec{E}$의 법선성분의 면적분과 같다. 이를 **스토크스의 정리**(Stokes theorem)라고 하며 식으로 나타내면 다음과 같다.

$$\oint_L \vec{E} \cdot d\vec{L} = \int_S \text{rot}\,\vec{E} \cdot d\vec{S} \tag{1-35}$$

위 식은 벡터의 선적분과 벡터의 면적적분의 변환식이다.

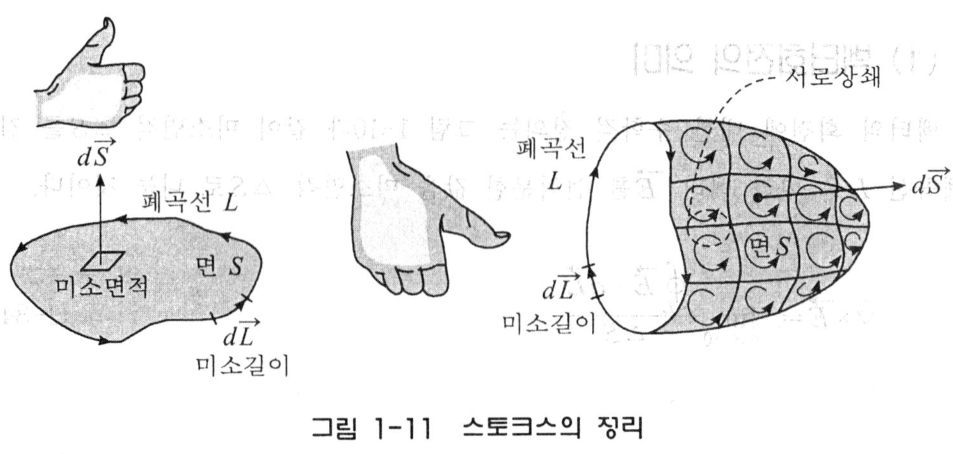

그림 1-11 스토크스의 정리

● 단원정리 ●

1. 벡터의 스칼라곱

$$\vec{A}\cdot\vec{B}=(\vec{A}\,\vec{B})=|\vec{A}||\vec{B}|\cos\theta=A_xB_x+A_yB_y+A_zB_z$$

2. 벡터의 벡터곱

$$\vec{A}\times\vec{B}=[\vec{A}\,\vec{B}]=|\vec{A}||\vec{B}|\sin\theta$$

$$=\begin{vmatrix}\vec{i} & \vec{j} & \vec{k}\\ A_x & A_y & A_z\\ B_x & B_y & B_z\end{vmatrix}$$

$$=(A_yB_z-A_zB_y)\vec{i}+(A_zB_x-A_xB_z)\vec{j}+(A_xB_y-A_yB_x)\vec{k}$$

3. 스칼라의 경도(gradient)

$$\text{grad}\,V=\nabla V=\frac{\partial V}{\partial x}\vec{i}+\frac{\partial V}{\partial y}\vec{j}+\frac{\partial V}{\partial z}\vec{k}$$

4. 벡터의 발산(divergence)

$$\text{div}\,\vec{E}=\nabla\cdot\vec{E}=\frac{\partial E_x}{\partial x}+\frac{\partial E_y}{\partial y}+\frac{\partial E_z}{\partial z}$$

$$\text{div}\,\text{grad}\,V=\nabla\cdot\nabla V=\nabla^2V=\frac{\partial^2V}{\partial x^2}+\frac{\partial^2V}{\partial y^2}+\frac{\partial^2V}{\partial z^2}$$

5. 벡터의 회전(curl or rotation)

$$\text{rot}\,\vec{E}=\text{curl}\,\vec{E}=\nabla\times\vec{E}$$

$$=\begin{vmatrix}\vec{i} & \vec{j} & \vec{k}\\ \frac{\partial}{\partial x} & \frac{\partial}{\partial y} & \frac{\partial}{\partial z}\\ E_x & E_y & E_z\end{vmatrix}$$

$$=\left(\frac{\partial E_z}{\partial y}-\frac{\partial E_y}{\partial z}\right)\vec{i}+\left(\frac{\partial E_x}{\partial z}-\frac{\partial E_z}{\partial x}\right)\vec{j}+\left(\frac{\partial E_y}{\partial x}-\frac{\partial E_x}{\partial y}\right)\vec{k}$$

6. 가우스(Gauss)의 발산정리

$$\oint_S\vec{E}\cdot d\vec{S}=\int_V\text{div}\,\vec{E}\,dV$$

7. 스토크스(stokes)의 정리

$$\oint_L\vec{E}\cdot d\vec{L}=\int_S\text{rot}\,\vec{E}\cdot d\vec{S}$$

연 습 문 제

1. $\vec{A}=3\vec{i}+2\vec{j}-\vec{k}$, $\vec{B}=2\vec{i}-4\vec{j}+2\vec{k}$일 때 $\vec{A}\pm\vec{B}$의 크기를 구하시오.

풀이 ① $\vec{A}+\vec{B}=(3+2)\vec{i}+(2-4)\vec{j}+(-1+2)\vec{k}=5\vec{i}-2\vec{j}+\vec{k}$

② $\vec{A}-\vec{B}=(3-2)\vec{i}+(2-(-4))\vec{j}+(-1-2)\vec{k}=\vec{i}+6\vec{j}-3\vec{k}$

2. 함수 $V=x^2yz$를 점 (4, 3, 2)에서 grad V를 구하시오.

풀이

$$\text{grad}\,V=\nabla V=\frac{\partial V}{\partial x}\vec{i}+\frac{\partial V}{\partial y}\vec{j}+\frac{\partial V}{\partial z}\vec{k}$$

$$=\frac{\partial}{\partial x}(x^2yz)\vec{i}+\frac{\partial}{\partial y}(x^2yz)\vec{j}+\frac{\partial}{\partial z}(x^2yz)\vec{k}$$

$$=2xyz\vec{i}+x^2z\vec{j}+x^2y\vec{k}=48\vec{i}+32\vec{j}+48\vec{k}$$

3. $\vec{A}=\vec{i}+2\vec{j}+3\vec{k}$, $\vec{B}=-\vec{i}+2\vec{j}+\vec{k}$일 때 $\vec{A}\cdot\vec{B}$는 얼마인가?

풀이

$$\vec{A}\cdot\vec{B}=(\vec{A}\vec{B})=|\vec{A}||\vec{B}|\cos\theta=A_xB_x+A_yB_y+A_zB_z$$

$$=1\times(-1)+2\times2+3\times1=6$$

4. $\vec{A}=10\vec{i}-10\vec{j}+5\vec{k}$, $\vec{B}=4\vec{i}-2\vec{j}+5\vec{k}$가 어떤 평행사변형의 두 변을 표시하는 벡터일 때, 이 평행사변형의 면적을 구하시오.

풀이

$$\vec{A}\times\vec{B}=\begin{vmatrix}\vec{i}&\vec{j}&\vec{k}\\A_x&A_y&A_z\\B_x&B_y&B_z\end{vmatrix}=\begin{vmatrix}\vec{i}&\vec{j}&\vec{k}\\10&-10&5\\4&-2&5\end{vmatrix}=-40\vec{i}-30\vec{j}+20\vec{k}$$

$$\therefore\ |\vec{A}\times\vec{B}|=\sqrt{(-40)^2+(-30)^2+20^2}=10\sqrt{29}=53.9$$

5. $f=x^2+y^2+z^2$일 때 $\nabla\times\nabla f$의 값을 구하시오.

풀이 $\nabla \times \nabla f = \mathrm{rot}(\mathrm{grad} f) = \begin{vmatrix} \vec{i} & \vec{j} & \vec{k} \\ \frac{\partial}{\partial x} & \frac{\partial}{\partial y} & \frac{\partial}{\partial z} \\ \frac{\partial f}{\partial x} & \frac{\partial f}{\partial y} & \frac{\partial f}{\partial z} \end{vmatrix} = \begin{vmatrix} \vec{i} & \vec{j} & \vec{k} \\ \frac{\partial}{\partial x} & \frac{\partial}{\partial y} & \frac{\partial}{\partial z} \\ 2x & 2y & 2z \end{vmatrix}$

$$= \left(\frac{\partial(2z)}{\partial y} - \frac{\partial(2y)}{\partial z} \right)\vec{i} + \left(\frac{\partial(2x)}{\partial z} - \frac{\partial(2z)}{\partial x} \right)\vec{j} + \left(\frac{\partial(2y)}{\partial x} - \frac{\partial(2x)}{\partial y} \right)\vec{k}$$

$$= 0$$

6. $P(x, y, z)$점에 3개의 힘 $\vec{F_1} = -2\vec{i} + 5\vec{j} - 3\vec{k}$, $\vec{F_2} = 7\vec{i} + 3\vec{j} - \vec{k}$, $\vec{F_3}$가 작용하여 0이 되었다. $|\vec{F_3}|$를 구하시오.

풀이 $\vec{F_3} = -(\vec{F_1} + \vec{F_2}) = -5\vec{i} - 8\vec{j} + 4\vec{k}$

$\therefore |\vec{F_3}| = \sqrt{(-5)^2 + (-8)^2 + 4^2} = \sqrt{105} \fallingdotseq 10$

7. $\vec{A} = 4xy\vec{i} - 2y^2\vec{j} + xz^2\vec{k}$의 $\mathrm{div}\,\vec{A}$를 구하시오.

풀이 $\mathrm{div}\vec{A} = \nabla \cdot \vec{A} = \frac{\partial(4xy)}{\partial x} - \frac{\partial(2y^2)}{\partial y} + \frac{\partial(xz^2)}{\partial z}$

$= 4y - 4y + 2xz = 2xz$

8. 질점이 점 $A(1, -2, 3)$에서 $B(5, 3, -4)$로 힘 $\vec{F} = 5\vec{i} + 6\vec{j} - 7\vec{k}$에 의하여 이동되었을 때의 일 W[J]을 구하시오.

풀이 $\vec{l} = (5-1)\vec{i} + (3-(-2))\vec{j} + (-4-3)\vec{k} = 4\vec{i} + 5\vec{j} - 7\vec{k}$

$W = \vec{F} \cdot \vec{l} = 20 + 30 + 49 = 99$[J]

9. $\mathrm{div\,rot}\,\vec{A} = 0$임을 증명하시오.

풀이 $\mathrm{div\,rot}\,\vec{A} = \nabla \cdot (\nabla \times \vec{A}) = \nabla \cdot \begin{vmatrix} \vec{i} & \vec{j} & \vec{k} \\ \frac{\partial}{\partial x} & \frac{\partial}{\partial y} & \frac{\partial}{\partial z} \\ A_x & A_y & A_z \end{vmatrix}$

$$= \left(\frac{\partial}{\partial x}\vec{i} + \frac{\partial}{\partial y}\vec{j} + \frac{\partial}{\partial z}\vec{k} \right) \cdot \left\{ \left(\frac{\partial A_z}{\partial y} - \frac{\partial A_y}{\partial z} \right)\vec{i} \right.$$

$$+\left(\frac{\partial A_x}{\partial z}-\frac{\partial A_z}{\partial x}\right)\vec{j}+\left(\frac{\partial A_y}{\partial x}-\frac{\partial A_x}{\partial y}\right)\vec{k}\Big\}$$

$$=\frac{\partial}{\partial x}\left(\frac{\partial A_z}{\partial y}-\frac{\partial A_y}{\partial z}\right)+\frac{\partial}{\partial y}\left(\frac{\partial A_x}{\partial z}-\frac{\partial A_z}{\partial x}\right)$$

$$+\frac{\partial}{\partial z}\left(\frac{\partial A_y}{\partial x}-\frac{\partial A_x}{\partial y}\right)$$

$$=0$$

10. 그림 1-12에서 $P(x, y, z)$ 및 $P(x', y', z')$ 사이의 거리를 r, $\overline{PP'}=\vec{r}$, $\vec{r_1}=\frac{\vec{r}}{r}$ (단위벡터)라 할 때,

$\nabla\left(\frac{1}{r}\right)=\frac{\partial}{\partial x'}\left(\frac{1}{r}\right)\vec{i}+\frac{\partial}{\partial y'}\left(\frac{1}{r}\right)\vec{j}+\frac{\partial}{\partial z'}\left(\frac{1}{r}\right)\vec{k}$ 의 값을 구하시오.

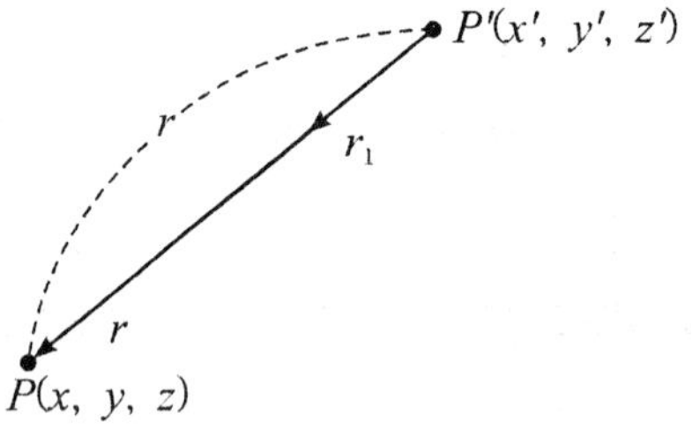

그림 1-12

풀이 $\overline{PP'}=\vec{r}=(x-x')\vec{i}+(y-y')\vec{j}+(z-z')\vec{k}$

$r=|\vec{r}|=\sqrt{(x-x')^2+(y-y')^2+(z-z')^2}$

따라서

$$\nabla\left(\frac{1}{r}\right)=-\frac{(x-x')}{r^3}\vec{i}-\frac{(y-y')}{r^3}\vec{j}-\frac{(z-z')}{r^3}\vec{k}$$

$$=-\frac{(x-x')\vec{i}+(y-y')\vec{j}+(z-z')\vec{k}}{r^3}=-\frac{r_1}{r^3}$$

제 2 장

진공중의 정전계

두 물체를 마찰하면 그 물체들은 전기를 띠게 되고, 대전된 물체는 가까운 곳에 있는 작은 물체를 끌어당기는 힘을 가지고 있다. 어떤 물체가 띠고 있는 전기를 **전하**(electric charge)라 하고, 이것이 미치는 힘을 **전기력**이라고 한다. 그리고 전기력이 미치는 공간을 **전계**(electric field) 또는 **전기장**이라 한다. 특히 전하가 정지하고 있는 경우의 전계를 **정전계**(electrostatic field)라 한다. 여기서는 주로 진공 또는 자유공간 내의 정전계에 대해서 다루기로 한다.

2.1 전 하

모든 물질은 분자로 구성되어 있고 분자는 원자(atom)의 집합으로 이루어져 있다. 그림 2-1의 원자모델처럼 원자는 양(+)전기를 가진 원자핵과 그 주위를 회전하는 음(−)전기를 가진 전자(electron)로 구성되어 있다. 원자핵 내에는 전자와 같은 수의 양(+)전기를 가진 양성자(proton)와 전기를 띠지 않는 중성자(neutron)로 구성되어 있다. 그리고 원자의 모형은 마치 태양 주위를 지구와 같은 행성들이 돌고 있는 것과 비슷하며, 원자핵을 중심으로 몇 개의 전자가 각각 적당한 궤도 위에서 자전하면서 돌고 있다.

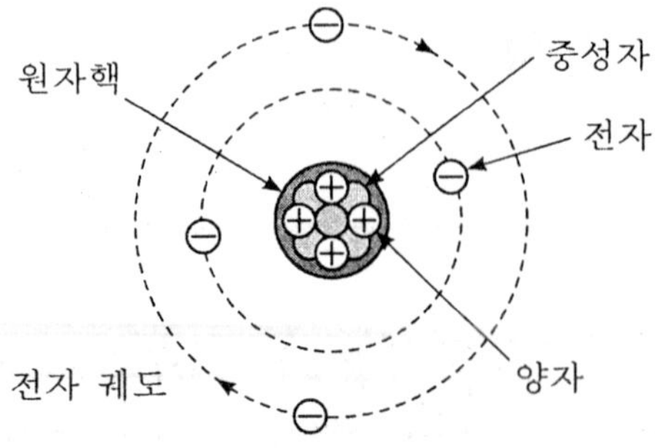

그림 2-1 원자모델

그림 2-2와 같이 원자에 외부로부터 마찰이나 빛과 같은 형태로 에너지가 가해지면 최외각의 전자가 궤도를 이탈하게 되는데, 이 이탈된 전자를 **자유전자**(free electron)라 부른다. 자유전자를 받아들인 원자는 음(−)전하를 띠게 되고 반대로 전자가 이탈된 원자는 양(+)전하를 띠게 되는데, 이를 대전(electrification)되었다고 한다. 이렇듯 물체들은 전기의 근원이 되는 전하(electric charge)를 가지게 된다. (+)전하 및 (−)전하들이 가지는 량을 **전하량** 또는 **전기량**이라 하며 기호는 Q, 단위는 [C](Coulomb)을 사용한다. 전하량의 값이 양수이면 양전하, 음수이면 음전하를 의미한다. 전하량이 −1[C]이라는 것은 약 6.25×10^{18}개의 전자들이 가진 전하량에 해당된다.

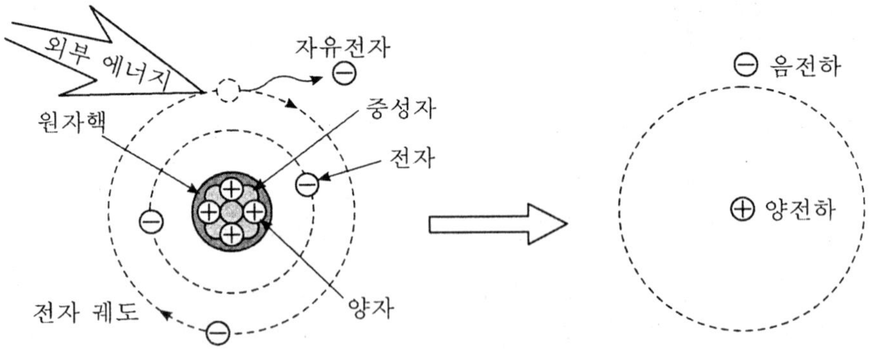

그림 2-2 양전하와 음전하

2.2 쿨롱의 법칙

전기자기학은 쿨롱의 법칙(Coulomb's law)으로부터 시작한다. 전하를 띠고 있는 두 물체 사이에 작용하는 힘을 실험을 통하여 정량적으로 구하는데 성공한 사람은 프랑스의 쿨롱(C. Coulomb)이다. 쿨롱의 법칙은 그림 2-3과 같이 어떤 균일한 매질공간에서 거리 r[m] 만큼 떨어진 두 대전체(점전하) Q_1[C], Q_2[C] 사이에 작용하는 힘(전기력) F[N]를 식 (2-1)과 같이 계산하는 법칙이다. 여기서 점전하로 가정한 것은 거리 개념을 정확히 하기 위해서이며 실제로 전하의 크기에 비해 거리가 충분히 먼 경우 전하를 점이라 생각해도 계산에는 큰 오차가 없다.

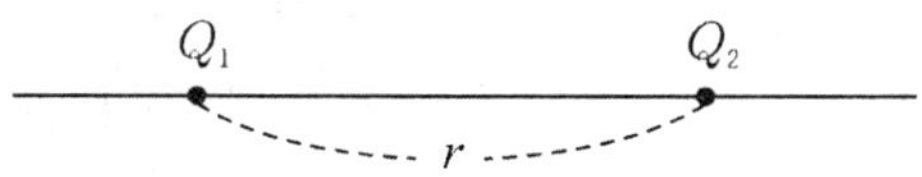

그림 2-3 쿨롱의 법칙

쿨롱의 법칙에 의해 얻어진 두 점전하 간에 작용하는 힘 F는 다음과 같다.

$$F = k\,\frac{Q_1Q_2}{r^2}\,[\mathrm{N}] \qquad (2\text{-}1)$$

여기서, k : 비례상수, $k = \dfrac{1}{4\pi\varepsilon_0} = 9\times10^9$

ε_0 : 진공의 유전율, $\varepsilon_0 = \dfrac{10^{-9}}{36\pi} \approx 8.854\times10^{-12}$[F/m]

이다. 그러므로 전기력 F는 다음과 같이 정리할 수 있다.

$$\boxed{F = \frac{1}{4\pi\varepsilon_0}\frac{Q_1Q_2}{r^2} = 9\times10^9\times\frac{Q_1Q_2}{r^2}\,[\mathrm{N}]}\ ☆ \qquad (2\text{-}2)$$

($F>0$ 척력, $F<0$ 인력)

그리고 전기력 F를 벡터로 표시하면 다음과 같다.

$$\vec{F} = \frac{1}{4\pi\varepsilon_0}\frac{Q_1Q_2}{r^2}\vec{a_r} = 9\times10^9\times\frac{Q_1Q_2}{r^2}\vec{a_r}[\text{N}] \tag{2-3}$$

여기서, $\vec{a_r}$는 단위벡터이다.

2.3 전 계

전하를 띠고 있는 어떤 물체를 가져다 놓았을 때, 전기력이 미치는 공간을 전계 또는 전기장(electric field)이라 한다. 한 점전하 Q의 위치를 고정시켜 놓고, 그 주위에 또 다른 점전하 q를 두면 쿨롱의 법칙에 따라 q에 작용하는 전기력 F는 다음과 같다.

$$F = \frac{Qq}{4\pi\varepsilon_0 r^2}\ [\text{N}] \tag{2-4}$$

이 때, 단위 전하당($q=1$[C]) 작용하는 전기력 F_1을 구하면

$$F_1 = \frac{F}{q} = \frac{Q}{4\pi\varepsilon_0 r^2}\ [\text{N/C}] \tag{2-5}$$

이 된다. 이것은 전하 Q의 주위가 거리에 따라 F_1과 같은 단위 전하당의 힘이 작용하는 공간, 즉 전계가 된다는 것을 의미한다. 전계 내에서는 Q로부터의 거리에 따라 작용하는 힘 F_1이 정해지게 되는데, 이 F_1을 그 점에서의 **전계의 세기**(electric field intensity) 또는 **전계의 강도**라 한다. 즉 전계 내에 있는 단위 정전하인 +1[C]에 작용하는 힘의 크기를 그 점에서의 전계의 세기라 하고, 기호는 E, 단위는 [V/m]를 사용한다(*전위경도 참조). 따라서 Q[C]의 전하로부터 거리 r[m]인 점의 전계의 세기 E는 다음 식과 같이 나타낼 수 있다.

$$\boxed{E = \frac{Q}{4\pi\varepsilon_0 r^2}\ [\text{V/m}]}\ ☆ \tag{2-6}$$

그리고 전계의 세기를 벡터로 표시하면 다음과 같다.

$$\vec{E} = \frac{Q}{4\pi\varepsilon_0 r^2}\vec{a_r} \tag{2-7}$$

한편, 식 (2-4)와 식 (2-6)을 통해서 전기력과 전계의 관계를 다음 식과 같이 표현할 수 있다.

$$\boxed{F = qE\,[\mathrm{N}]} \;☆ \tag{2-8}$$

(1) 중첩의 원리

여러 개의 전하에 의한 전계의 세기는 각각의 전하에 의한 전계들의 합과 같다. 이를 **중첩의 원리**(principle of superposition)라고 한다. 그림 2-4에서 2개 이상의 점전하 Q_1, Q_2, ⋯ 에 의해서 한 점 P에 나타나는 전계의 세기는 이들 전하가 단독으로 있을 때 점 P에 나타나는 전계의 세기를 벡터적으로 합한 것과 같다.

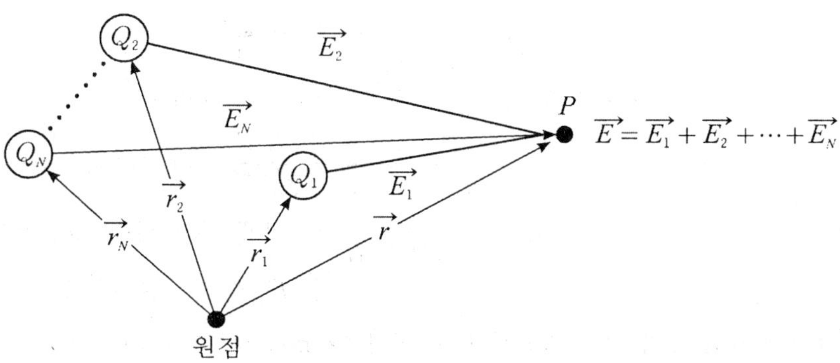

그림 2-4 중첩의 원리

$$\begin{aligned}\vec{E} &= \frac{Q_1}{4\pi\varepsilon_0 {r_1}^2}\overrightarrow{a_{r1}} + \frac{Q_2}{4\pi\varepsilon_0 {r_2}^2}\overrightarrow{a_{r2}} + \cdots + \frac{Q_N}{4\pi\varepsilon_0 {r_N}^2}\overrightarrow{a_{rN}} \\ &= \vec{E_1} + \vec{E_2} + \cdots + \vec{E_N}\end{aligned} \tag{2-9}$$

예 제 2-1 그림 2-5에서 $\overrightarrow{E_1}=\overrightarrow{E_2}$이고 $\theta=60°$일 때, P점에서 전계의 세기 $\vec{E}$의 크기는?

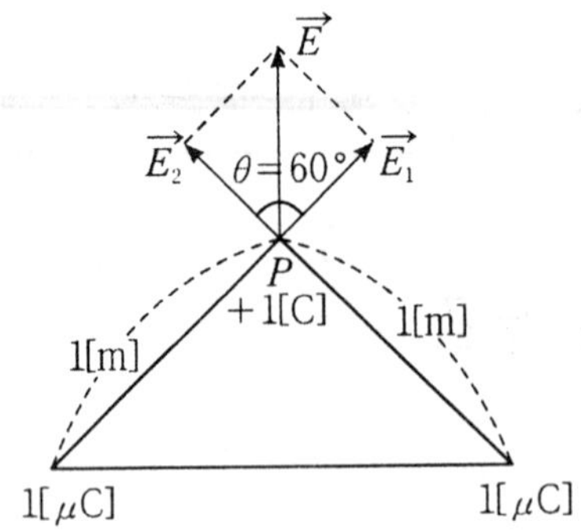

그림 2-5

풀이 그림 2-6과 같이 두 벡터 $\vec{A}$, $\vec{B}$가 이루는 각을 θ라 하고 합성벡터를 $\vec{R}$이라 할 때 R, $A+B\cos\theta$, $B\sin\theta$로 이루어진 직각삼각형에 피타고라스 정리를 적용하면,

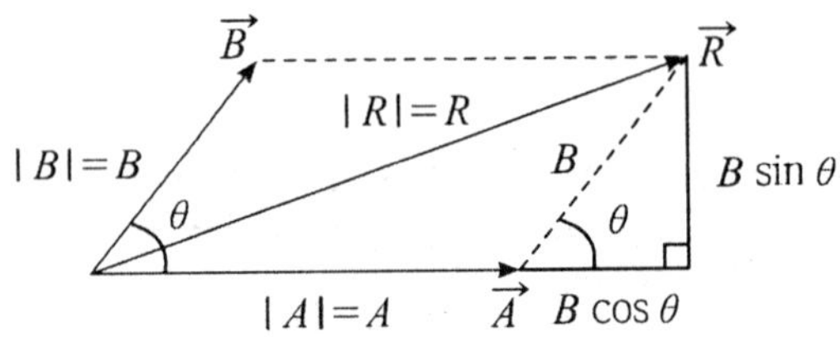

그림 2-6

합성벡터의 크기 R은 다음과 같이 구할 수 있다.

$$R^2=(A+B\cos\theta)^2+(B\sin\theta)^2$$
$$=A^2+B^2(\sin^2\theta+\cos^2\theta)+2AB\cos\theta$$
$$=A^2+B^2+2AB\cos\theta$$
$$\therefore\ R=\sqrt{A^2+B^2+2AB\cos\theta}$$

따라서 위 문제에서 합성 전계의 크기는 다음과 같이 구한다.

$$E=\sqrt{{E_1}^2+{E_2}^2+2E_1E_2\cos\theta}$$

$E_1=E_2$이고 $\theta=60°$이므로

$$E=\sqrt{E_1{}^2+E_2{}^2+2E_1E_2\cos 60^\circ}=\sqrt{E_1{}^2+E_2{}^2+E_1E_2}=\sqrt{3}E_1$$

$$\therefore\ E=\sqrt{3}\times 9\times 10^9\times\frac{10^{-6}}{1^2}=9\sqrt{3}\times 10^3[\text{V/m}]$$

2.4 전기력선

2.4.1 전기력선의 분포

점전하가 여기 저기 떨어져서 많이 분포하고 있을 때에 전계를 표시하는 식은 대단히 복잡하게 되며 전계의 모양을 수식으로 알아보기란 쉽지 않다. 하지만 전기력이 분포되어 있는 모양을 그림으로 표시하면 쉽게 알아볼 수 있다. 그림 2-7은 전계내의 각 점에서 단위 정전하(+1[C])가 받는 힘의 방향을 선으로 나타낸 것이다. 이러한 선을 전기력선(line of electric force)이라고 한다.

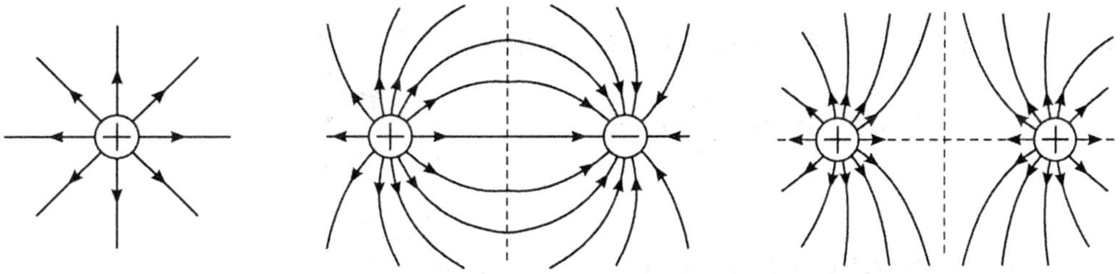

(a) 한 개의 정전하 (b) 한 개의 정전하와 한 개의 부전하 (c) 두 개의 정전하

그림 2-7 전기력선

전기력선상에서 접선의 방향은 그 점에서의 전계의 방향을 표시한다. 그러므로 전기력선은 서로 교차하지 않는다. 그리고 전기력선의 수직인 단위면적을 통과하는 전기력선의 수는 그 점에서의 전계의 크기를 나타낸다. 전하 Q[C]으로부터 전(全)공간으로 나가는 전기력선의 총수 ϕ_E는 반경 r[m]의 구면을 통과하는 전기력선의 수와 같으므로 다음과 같이 나타낼 수 있다.

$$\phi_E = 4\pi r^2 E = 4\pi r^2 \frac{Q}{4\pi\varepsilon_0 r^2}$$

$$\boxed{\phi_E = \frac{Q}{\varepsilon_0}} \text{☆} \tag{2-10}$$

따라서 전기력선의 수는 전하 주위에 있는 매질, 즉 유전율에 따라 그 수가 달라진다.

(1) 전기력선의 성질

전기력선의 기본적인 성질에 대하여 정리하면 다음과 같다.

① 전기력선은 (+)전하에서 시작하여 (−)전하에서 끝나므로 불연속적이다.
② 전기력선은 전위가 높은 점에서 낮은 점으로 향한다.
③ 전기력선은 그 자신만으로 폐곡선(루프)을 만들지 못한다.
④ 전기력선의 방향은 그 점의 전계의 방향과 일치한다.
⑤ 전기력선과 등전위면(도체표면)은 항상 직교한다.
⑥ 전기력선의 밀도[개/m^2]는 전계의 세기와 같다.
⑦ 총 전기력선수는 $\phi_E = \frac{Q}{\varepsilon_0}$ 이다.

2.4.2 전기력선의 방정식

전기력선은 그 성질상 정(+)전하에서 출발하여 부(−)전하에서 끝나며 무한원점에서 출입하는 것도 있다. 이러한 전기력선이 그려지는 모양을 수식으로 표현할 수 있다. 그림 2-8과 같이 한 개의 전기력선 위에 점 P에서의 전계의 세기 $\vec{E}$는

$$\vec{E} = E_x\vec{i} + E_y\vec{j} + E_z\vec{k} \tag{2-11}$$

로 표시되고, 이 점에서의 전기력선의 미소 길이 $d\vec{l}$은 다음과 같다.

$$d\vec{l} = dx\vec{i} + dy\vec{j} + dz\vec{k} \tag{2-12}$$

여기서 $\vec{E}$와 $d\vec{l}$은 평행이므로 각 성분간에는 비례관계가 성립해야 한다. 따라서 전기력선의 방정식은 다음과 같이 나타낸다.

$$\boxed{\frac{dx}{E_x}=\frac{dy}{E_y}=\frac{dz}{E_z}} ☆ \tag{2-13}$$

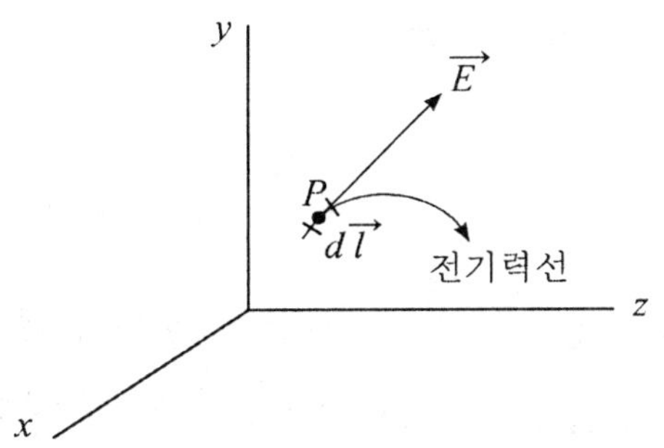

그림 2-8 전기력선 방정식

예제 2-2 $\vec{E}=\left(\frac{x}{x^2+y^2}\right)\vec{i}+\left(\frac{y}{x^2+y^2}\right)\vec{j}$ [V/m]일 때, 점 (4, 3, 0)을 지나는 전기력선의 방정식은?

풀이 $\frac{dx}{E_x}=\frac{dy}{E_y}$ 에서 $\frac{dy}{dx}=\frac{E_y}{E_x}=\frac{y}{x}$

$\frac{dy}{y}=\frac{dx}{x}$가 되므로 $\int\frac{1}{y}dy=\int\frac{1}{x}dx$

$\ln y=\ln x+\ln c$, $\ln y-\ln x=\ln c$, $\ln\frac{y}{x}=\ln c$(단, c는 상수이다)

따라서 $y=cx$가 된다. 점 (4, 3, 0)에서 $x=4$, $y=3$이므로 $c=\frac{3}{4}$이다.

$\therefore\ y=\frac{3}{4}x$

2.5 전속과 전속밀도

전하분포가 만드는 전계를 구하는 데 이용되는 법칙에는 쿨롱의 법칙 이외에도 가우스의 법칙이 있다. 가우스 법칙도 쿨롱의 법칙과 마찬가지로 전하분포를 알고 그 전하분포가 만드는 전계를 구하는 법칙이지 어떤 다른 현상에 대한 법칙이 아니라는 의미에서 가우스 법칙은 쿨롱의 법칙과 똑같은 법칙이라고 말할 수 있다. 가우스 법칙을 이해하려면 먼저 전속이라는 물리량을 이해해야 한다.

2.5.1 전 속

패러데이(Faraday)는 그림 2-9와 같이 내부도체의 반경 a, 외부도체의 내부 반경 b인 금속 동심구를 만들고 두 도체 사이의 공간을 절연체로 메운 다음, 내부 도체구에 $+Q$의 전하를 주면 외부 도체구에 유도되는 전하량은 절연체의 종류에 관계없이 $+Q$와 크기가 같은 부전하 $-Q$가 됨을 실험을 통해서 확인하였다.

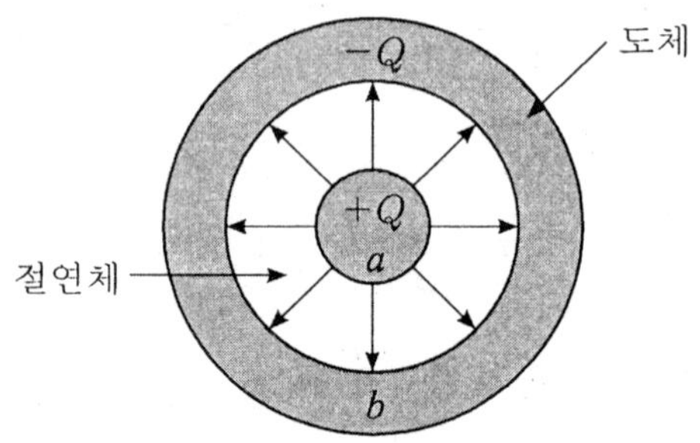

그림 2-9 도체구

이것은 내부 도체의 전하로부터 매질에 관계없이 전하량에 비례하는 어떤 선속이 도체에 도달하여 그 선속수에 비례하는 전하량을 유도시키는 것으로 설명된다. 이 선속을 **전속**(電束 ; electric flux)이라 하고, 1[C]의 정전하에서는 1개의 전속이 나가는 것으로 한다. 따라서 전속수를 ϕ라는 기호로 표시하면 Q[C]의 전하에서의 전속은 다음과 같이 된다.

$$\boxed{\phi = Q} \ ☆ \tag{2-14}$$

즉 Q[C]의 전하에서 나가는 전속의 수는 Q개이다. 전속의 단위도 전하와 같은 [C]을 사용한다. 여기서, 전속 1개가 지나는 관을 패러데이관이라고 한다. 따라서 전속수와 패러데이관수는 같고 패러데이관의 양단에는 정부의 단위전하가 있는 셈이다.

2.5.2 전속밀도

단위면적을 수직으로 지나는 전속수를 **전속밀도**(electric flux density) D[C/m²]라 한다. 여기서 점전하 Q로부터 거리 r만큼 떨어진 점 P의 전속밀도 D와 전계의 세기 E를 알아보면, 그림 2-10과 같이 Q에서 나가는 전(全)전속수 ϕ는 Q개 이므로 점 P의 전속밀도 D는 반경 r인 구의 표면적 S로 ϕ를 나눈 것이 된다. 즉

$$D = \frac{\phi}{S} = \frac{Q}{4\pi r^2} \tag{2-15}$$

가 된다.

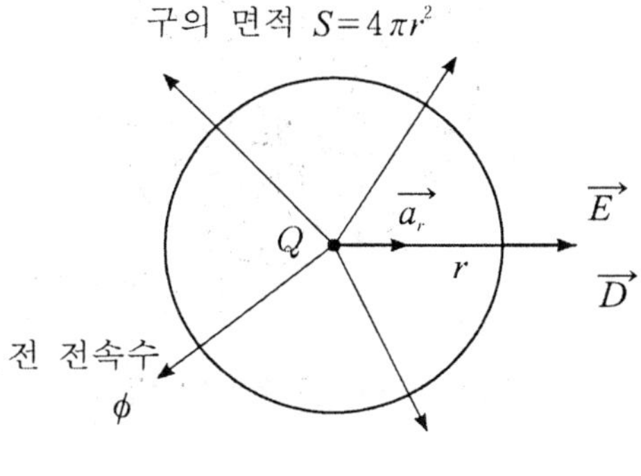

그림 2-10 전속밀도

한편, 점 P의 전계강도 E는

$$E = \frac{Q}{4\pi\varepsilon_0 r^2} \tag{2-16}$$

로 표시되므로 위의 두 식을 비교하면 전속밀도와 전계의 관계는 다음과 같다.

$$D = \frac{Q}{4\pi r^2} = \frac{Q}{4\pi r^2}\frac{\varepsilon_0}{\varepsilon_0}$$

$$\therefore\ D = \varepsilon_0 E \quad ☆ \tag{2-17}$$

2.6 가우스의 법칙

패러데이의 동심 대전구에 관한 실험 결과는 다음과 같이 일반화 시킬 수 있다. 그림 2-11에서 대전체 A, B, C에 전하량 Q_1, Q_2, Q_3가 있고 이들을 둘러싼 도체 K를 두면, 도체 K에는 내부전하의 분포상태에는 관계없이 이들 전하의 합에 해당하는 전속 $\phi = Q$ [C]이 도달하여 $-Q$ [C]의 전하가 유도 된다. 이 때, 유도되는 전하는 도체 K의 모양과는 아무런 관계가 없다.

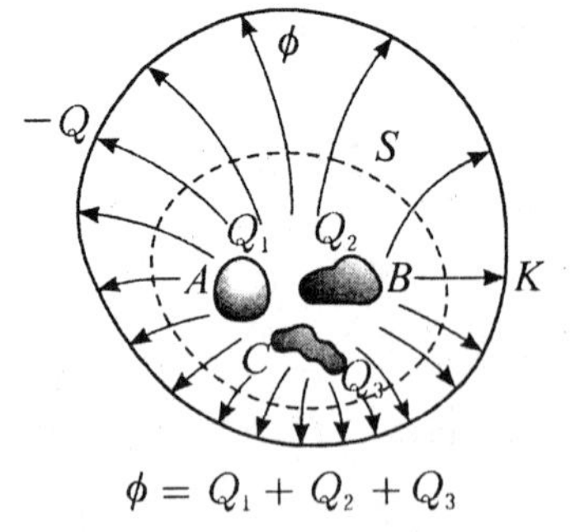

그림 2-11 가우스의 법칙

따라서 내부 대전체와 외부도체 사이에 그림 2-11의 점선과 같이 임의의 폐곡면 S를 만들면 이 폐곡면 S에는 내부 대전체로부터 외부 도체로 향하는 전속 ϕ가 모두 지나게 될 것이다. 즉 어떤 폐곡면 S를 지나는 전속은 이 폐곡면 S내에 있는 모든 전하량을 합한 것과 같다. 이것을 가우스의 법칙(Gauss's law)이라 한다.

가우스의 법칙을 수식으로 표현할 수 있다. 그림 2-12와 같이 전하 Q를 둘러싸는 임의의 폐곡면 S를 가우스 표면(Gaussian surface)이라고 한다. 이 곡면위에 미소면적 dS를 잡으면, dS는 폐곡면에서 바깥쪽으로 향하는 것을 정의 방향으로 하는 벡터 $d\vec{S}$로 표시한다. 전하 Q로부터 이 곡면을 지나는 전속은 곡면위의 $d\vec{S}$의 위치에 따라 그 크기와 방향이 달라진다.

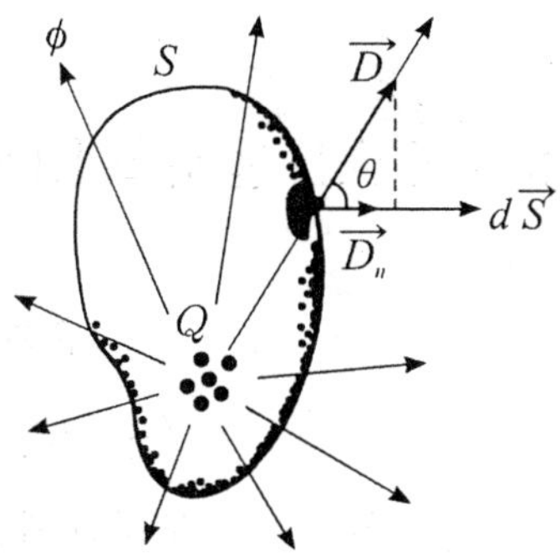

그림 2-12 가우스의 표면

그림 2-12에서 $d\vec{S}$와 $\vec{D}$가 θ의 각을 이루고 있다면 $\vec{D}$의 $d\vec{S}$방향의 성분은 $D\cos\theta = D_n$이므로 dS를 수직으로 지나는 전속 $d\phi$는

$$d\phi = D_n dS = D\cos\theta dS = \vec{D}\cdot d\vec{S} \tag{2-18}$$

가 된다. 따라서 폐곡면을 지나는 전(全)전속 ϕ는 전체 표면에 대한 적분으로 표시되고 그것은 폐곡면 내의 총 전하량과 같다. 즉

$$\oint_s \vec{D}\cdot d\vec{S} = Q = \phi \quad ☆ \tag{2-19}$$

가 된다. 이것이 가우스의 법칙을 수식으로 표현한 것이다. 여기서 전하 Q는 전하밀도의 분포상태에 따라 다음과 같이 표현된다.

$$Q = \sum Q_n = \int_l \rho_L dl = \int_s \rho_s dS = \int_v \rho_v dv \qquad (2\text{-}20)$$

그리고 $D = \varepsilon_0 E$이므로 식 (2-19)를 다음과 같이 총 전기력선으로 표현할 수도 있다.

$$\boxed{\oint_s \vec{E} \cdot d\vec{S} = \frac{Q}{\varepsilon_0} = \phi_E} \ ☆ \qquad (2\text{-}21)$$

(ϕ_E : 총 전기력선수)

(1) 맥스웰의 제1방정식(가우스 법칙의 미분형)

가우스의 법칙

$$\int_s \vec{D} \cdot d\vec{S} = Q$$

에서 단위체적에 대해서 극한치를 구하면

$$\lim_{\triangle v \to 0} \frac{\int_s \vec{D} \cdot d\vec{S}}{\triangle V} = \lim_{\triangle v \to 0} \frac{Q}{\triangle V} \qquad (2\text{-}22)$$

이다. 이 식의 좌변은 $\mathrm{div}\,\vec{D}$이며, 우변은 체적전하밀도 ρ_v를 표시하므로 다음과 같은 식을 얻게 된다.

$$\boxed{\mathrm{div}\,\vec{D} = \rho_v} \ ☆ \qquad (2\text{-}23)$$

식 (2-23)의 의미는 <u>$\mathrm{div}\,\vec{D}$가 단위 체적당 전속선의 수이므로 만약 원점에 점전하 Q[C]이 있을 때 원점의 Q[C]에서는 $\mathrm{div}\,\vec{D} = \triangle \cdot \vec{D} = \rho_v$가 된다는 것이다. 하지만 그 이외의 점에서는 발산이 없기 때문에 $\mathrm{div}\,\vec{D} = 0$이 된다.</u>

이것은 정전계 및 정자계에 적용되는 4개의 맥스웰(Maxwell) 방정식 중의 첫번째 것으로, 어떤 작은 체적에서 발생되는 단위체적당 전속수는 그 점의 전하밀도와 같다는 것을 말한다. 식 (2-23)은 가우스 법칙의 미분형이라 할 수 있고, 반대로 가우스 법칙은 맥스웰 제1방정식의 적분형이라 할 수 있다. 가우스 법칙은 한 폐곡면을 통해서 밖으로 나가는 전속수와 폐곡면내의 전하 사이의 관계를 결정해주는 법칙이고, 맥스웰의 제1방정식은 이 관계를 매우 작은 미소체적소, 즉 한 점에 대하여서도 같은 뜻을 갖고 있는 법칙이다.

(2) 가우스의 발산정리(전계의 발산정리)

가우스의 법칙

$$\oint_s \vec{D} \cdot d\vec{S} = Q$$

으로부터

$$Q = \int_v \rho_v d\vec{v}$$

로 놓고 ρ를 $\mathrm{div}\,\vec{D} = \rho_v$으로 치환하면

$$\oint_s \vec{D} \cdot d\vec{S} = Q = \int_v \rho_v d\vec{v} = \int_v \mathrm{div}\,\vec{D} d\vec{v} \tag{2-24}$$

이 되므로 다음과 같이 전계에 대한 발산정리를 얻는다.

$$\oint_s \vec{D} \cdot d\vec{S} = \int_V \mathrm{div}\,\vec{D} dv \tag{2-25}$$

$$\oint_s \vec{E} \cdot d\vec{S} = \int_V \mathrm{div}\,\vec{E} dv \tag{2-26}$$

식 (2-26)의 의미는 임의의 체적 V에서 발산되는 총 벡터량은 그 체적을 둘러싸고 있는 폐곡면 S를 통해 빠져나가는 총 벡터량과 같다는 것이다. 이를 가우스(Gauss)의 발산정리라고 한다. 또한 식 (2-26)은 벡터의 면적적분과 스칼라의 체적적분의 변환식이기도 하다.

예제 2-3 진공 중에 놓인 반지름 1[m]의 도체구에 전하 Q[C]가 있다면, 그 표면에 있어서의 전속밀도 D는 몇 [C/m²]인가?

풀이 $\oint_s \vec{D} \cdot d\vec{S} = Q$ 이므로 $DS = Q$, $D = \frac{Q}{S} = \frac{Q}{4\pi r^2} = \frac{Q}{4\pi \times 1^2} = \frac{Q}{4\pi}$ [C/m²]

2.7 가우스 법칙을 이용한 전계의 세기

2.7.1 도체구(점전하)에 의한 전계의 세기

그림 2-13과 같이 반경 a인 도체구에 전하 Q가 주어졌을 때, 도체가 구이므로 전계는 구의 중심 O에 대칭이고 전속은 방사방향으로 나간다. 중심 O에서 $r(r>a)$만큼 떨어진 점 P의 전속밀도를 D라 하고 반경 r의 구형 가우스 표면을 만들어 전계의 세기를 구해본다.

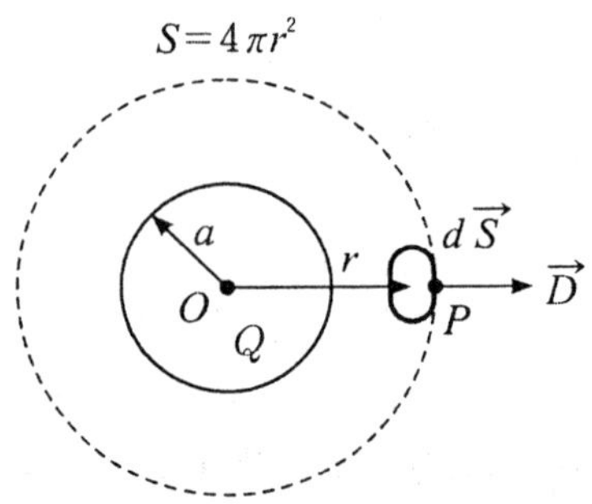

그림 2-13 도체구

가우스의 법칙

$$\phi = \int_s D dS = Q \tag{2-27}$$

$$\int_s E dS = \frac{Q}{\varepsilon_0} \tag{2-28}$$

으로부터 전계의 세기를 구하면 다음과 같다.

$$ES = \frac{Q}{\varepsilon_0} \tag{2-29}$$

$$\therefore\ E = \frac{Q}{S\varepsilon_0} = \frac{Q}{4\pi\varepsilon_0 r^2}\ [\text{V/m}]\ ☆ \tag{2-30}$$

위 식은 쿨롱의 법칙을 이용하여 구한 식 (2-6)과 같은 결과이다.

2.7.2 무한 원통에 의한 전계의 세기

그림 2-14와 같이 반경이 a인 무한 길이의 원통에 전하가 균일하게 분포되어 있는 경우, 단위 길이에 대한 선전하밀도를 ρ_L[C/m]라 하면 원통의 중심축에서 $r(r>a)$만큼 떨어진 점 P의 전계를 생각해 본다.

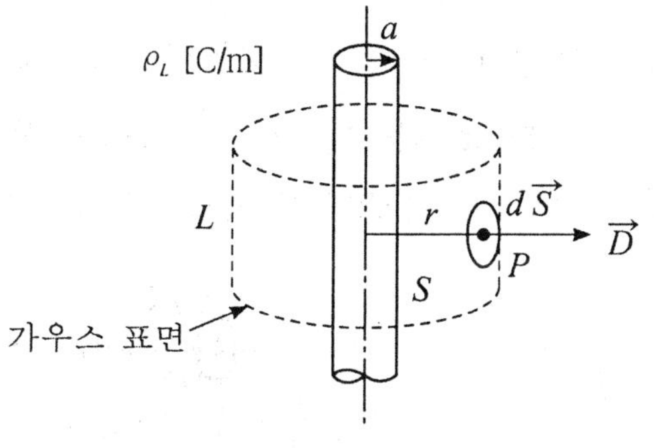

그림 2-14 무한 원통

전하의 분포가 원통축에 대하여 대칭이고 길이가 무한장이므로 전속도 축대칭으로 반경 방향으로만 나간다. 반경 r, 길이 L인 원통면을 가우스 표면으로 만들면 전속은 이 원통 내에 있는 전하에 의해서 옆면으로만 나가고, 이 원통 속의 전하량은 $Q=\rho_L L$이므로 가우스의 법칙에서 전계의 세기를 구하면 다음과 같다.

$$\phi = \int_s D dS = Q \tag{2-31}$$

$$\int_s E dS = \frac{Q}{\varepsilon_0} \tag{2-32}$$

$$ES = \frac{Q}{\varepsilon_0} = \frac{\rho_L L}{\varepsilon_0} \tag{2-33}$$

$$\therefore\ E = \frac{\rho_L L}{S\varepsilon_0} = \frac{\rho_L L}{2\pi r L\varepsilon_0} = \frac{\rho_L}{2\pi\varepsilon_0 r}\,[\text{V/m}] \quad ☆ \tag{2-34}$$

위 식에서 알 수 있는 바와 같이 점전하에 의한 전계의 세기는 거리의 2승에 반비례하였으나 직선전하일 때에는 거리에 반비례한다.

2.7.3 무한 평면에 의한 전계의 세기

기본적인 전하의 분포로서 점, 구 및 선 모양으로 분포된 경우를 앞에서 알아보았다. 여기서는 균일한 면전하밀도 ρ_s[C/m^2]를 가진 무한 평면에 의한 전계를 알아보기로 한다. 이러한 평면은 유한 평면이라도 근사적으로 무한 평면으로 다룰 수 있는 경우가 많다. 그림 2-15와 같이 무한평면에 ρ_s[C/m^2]가 분포된 경우, 평면의 양쪽 면에 수직인 방향으로 전속이 나가게 되므로 전속밀도 D도 양쪽 면에 수직인 것뿐이고 전하가 균일하게 분포되어 있으므로 그 크기도 같다.

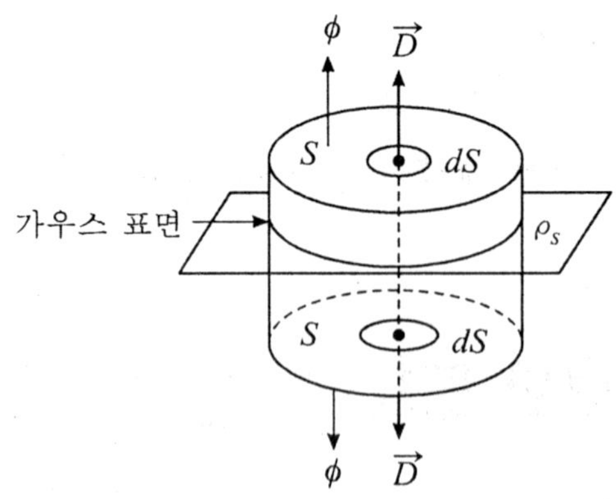

그림 2-15 무한평면

그림 2-15와 같이 무한 평면에 평행인 상하면을 가지고 옆면이 이에 수직인 원통 모양의 폐곡면을 가우스 표면으로 잡고, 가우스의 법칙을 적용하면 옆면으로 나가는 전속은 없으므로 전계의 세기와 전속밀도는 다음과 같다.

$$\phi = \int_s D dS = Q \tag{2-35}$$

$$\int_s E dS = \frac{Q}{\varepsilon_0} \tag{2-36}$$

상하 양면이므로

$$E \times 2S = \frac{Q}{\varepsilon_0} = \frac{\rho_s S}{\varepsilon_0} \tag{2-37}$$

$$\boxed{\therefore\ E = \frac{\rho_s}{2\varepsilon_0}\ [\mathrm{V/m}]}\ ☆☆ \tag{2-38}$$

$$D = \frac{\rho_s}{2} \tag{2-39}$$

그리고 상하 어느 한 면에서의 전계의 세기와 전속밀도는

$$E = \frac{\rho_s}{\varepsilon_0}\ [\mathrm{V/m}] \tag{2-40}$$

$$D = \rho_s \tag{2-41}$$

이 된다. 위의 식들에서 전계의 세기를 보면 거리에 관한 항이 없다. 이것은 모든 점의 전계의 크기는 같고 방향은 각 면별로 같다는 것을 의미한다. 예로서 광원이 면광원일 때 면적이 충분히 넓고 가까운 거리에서는 그 밝기가 거리에 관계하지 않는다는 것과 같다.

2.8 도체내부와 도체표면의 전계

그림 2-16과 같이 대전되어 있지 않은 절연도체 A에 전하 B를 접근시키면 가까운 곳에는 다른 부호의 전하가, 먼 곳에는 같은 부호의 전하가 나타난다. 이러한 현상을 **정전유도**(electrostatic induction)**현상**이라 한다.

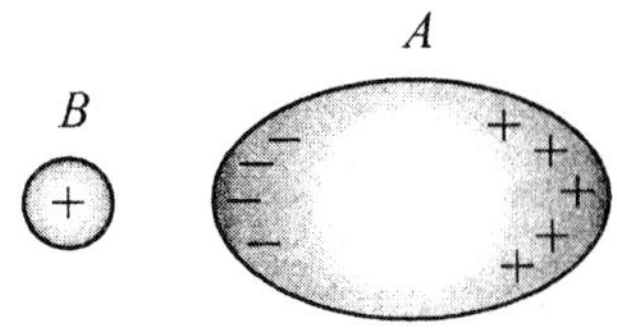

그림 2-16 정전유도

이것은 A도체 내부에 서로 결합되어 있던 정부의 전하가 외부 전하에 의해서 쿨롱의 힘이 작용하여 흡인과 반발력에 따라 유도된 것으로 생각할 수 있다. 외부 전하를 제거하면 대전되지 않은 것처럼 보이는 원래의 상태로 돌아간다. 이 경우는 도체 A에 외부로부터 전하를 준 것이 아니기 때문에 유도된 정부의 전하량을 합하면 언제나 0이 된다.

그림 2-17 (a)와 같이 도체 A에 외부로부터 전하를 주면 도체 내에서 전하는 이동할 수 있으므로 서로 반발력이 작용하여 가장 먼 거리인 도체표면을 옮겨 그림 2-17 (b)와 같이 분포된다.

그림 2-17 도체내부의 가우스 표면

따라서 그림 2-17 (b)와 같이 도체 내부에 가우스 표면 S를 만들어 가우스의 법칙을 적용하면 내부에는 전하가 없으므로 다음과 같다.

$$\phi = \oint_s \vec{D} \cdot d\vec{S} = 0 \qquad (2\text{-}42)$$

이는 폐곡면을 지나서 바깥으로 나오는 전속이 없기 때문에 전계도 없다. 즉, 도체 내부에는 전하도 없고 전계도 없다. 이것을 좀더 확인하기 위해서 그림 2-18과 같은 중공도체에 관해서 생각해 본다. 중공도체의 내부 공동에 점전하 $+Q$가 있다면, 이 점전하로부터 나온 전속은 도체의 내부 표면 a에 모두 도달하고

$-Q$의 전하가 유도된다. 그러나 원래 이 도체에는 전하가 없었으므로 내부 표면에서 가장 먼 곳인 도체의 외부 표면 b에 $-Q$와 반대부호이고 같은 양인 $+Q$가 유도되어야 한다.

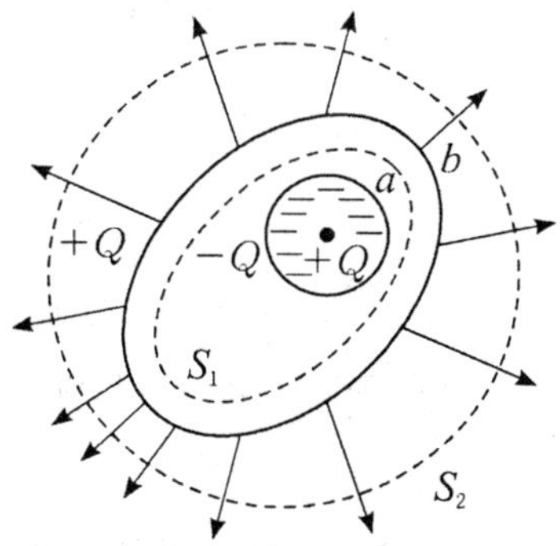

그림 2-18 중공도체

도체내부에 그림 2-18의 S_1과 같은 가우스 표면을 만들어 가우스의 법칙을 적용시키면

$$\phi = \oint_{s_1} \vec{D} \cdot d\vec{S} = (+Q) + (-Q) = 0 \tag{2-43}$$

가 되어 폐곡면 S_1을 지나서 바깥으로 나가는 전속이 없으므로 전계도 0이다. 즉 이 경우에도 도체 내부에는 전계가 존재하지 않는다. 여기서 이 도체를 둘러싸는 S_2의 가우스 표면에서는

$$\phi = \oint_{s_2} \vec{D} \cdot d\vec{S} = (+Q) + (-Q) + (+Q) = +Q \tag{2-44}$$

가 되므로 전계가 존재하고 S_2면 내부에는 원래 외부에서 준 전하는 $+Q$뿐이므로 이 전계는 $+Q$에 의해서 만들어진다. 이상의 고찰에서 "정전상태(대전, 평형상태)에서는 도체의 내부에는 전하도 없고 전계는 없다. 그리고 외부에서 주어지거나 정전유도에 의해서 나타난 전하는 모두 도체표면에만 분포한다."는 것을 알 수 있다.

한편, 도체 표면에 분포된 전하에 의한 표면의 전계를 알아보기로 한다. 그림 2-19와 같이 표면의 면전하밀도를 ρ_s라 하고 도체 외부와 내부에 수직으로 걸친 단면적 S인 원기둥 모양의 원통 표면을 가우스 표면으로 잡으면, 전속은 도체 면에서 외부로 수직으로 나간다. 즉 면적 S를 수직으로 지나간다.

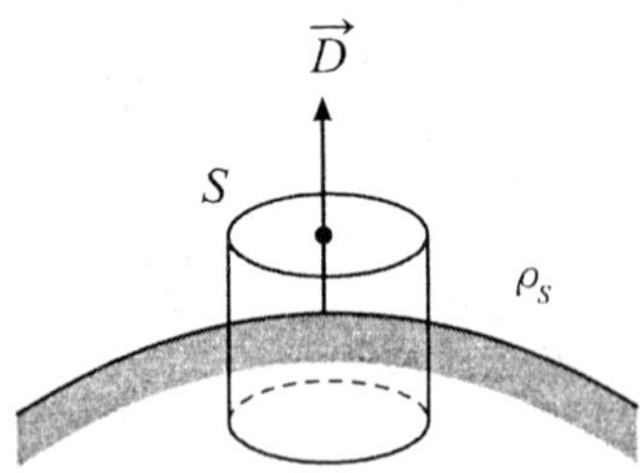

그림 2-19 도체 표면의 경우

따라서 도체 표면의 전속밀도 D와 전계 E를 구하면 다음과 같다.

$$\phi = \int_s \vec{D} \cdot d\vec{S} = DS = \rho_s S \tag{2-45}$$

$$D = \rho_s \tag{2-46}$$

$$E = \frac{\rho_s}{\varepsilon_0} \tag{2-47}$$

이 결과에서 도체 표면에서 전속밀도의 크기는 표면전하밀도와 같다는 사실을 알게 되며, 전계의 세기는 정, 부로 각각 대전된 두 장의 무한 넓이 평면 사이의 전계의 크기와 같아짐을 알 수 있다.

2.9 정전응력과 전계에너지

2.9.1 정전응력

그림 2-20에서 도체 표면에 면전하밀도 ρ_s[C/m^2]로 전하가 분포된 경우에 표면의 전계는 $E = \rho_s / \varepsilon_0$이다. 여기서, 도체 표면의 미소부분에 분포되어 있는 전

하는 나머지 부분의 전하들에 의한 전계에 의해서 어떤 힘을 받게 될 것이며, 이에 따라 도체 표면 자체에 힘이 작용하게 된다. 이것을 도체표면의 정전응력(electrostatic stress)이라 한다.

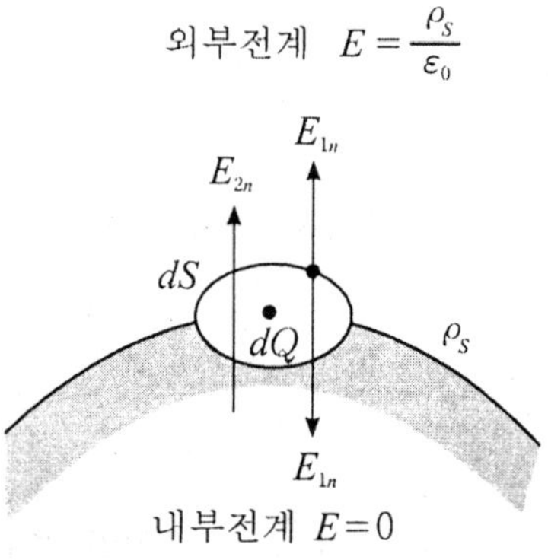

그림 2-20 정전응력

그림 2-20과 같이 도체 표면의 미소 넓이를 dS라 하면, dS에 분포된 전하에 의한 전계는 도체 외부와 내부 측으로 E_{1n}, 나머지 전하에 의한 전계는 도체 외부 측으로 E_{2n}이 있게 된다. 여기서 도체 내부의 전계는 0, 외부의 전계는 ρ_s/ε_0이므로

$$E_{1n}+E_{2n}=\frac{\rho_s}{\varepsilon_0} \tag{2-48}$$

$$E_{2n}-E_{1n}=0 \tag{2-49}$$

이 유도된다. 그러므로 E_{1n}, E_{2n}는

$$E_{1n}=E_{2n}=\frac{\rho_s}{2\varepsilon_0} \tag{2-50}$$

이 된다.

전계 E_{2n} 내에 있는 dS부분의 전하 $dQ=\rho_s dS$는 다음과 같은 힘 dF를 받게 된다.

$$dF = E_{2n}dQ = E_{2n}\rho_s dS = \frac{{\rho_s}^2}{2\varepsilon_0}dS \qquad (2\text{-}51)$$

$$F = \int dF = \int \frac{{\rho_s}^2}{2\varepsilon_0}dS = \frac{{\rho_s}^2}{2\varepsilon_0}S$$

$$= \frac{D^2}{2\varepsilon_0}S\,[\mathrm{N}] \qquad (2\text{-}52)$$

따라서 대전 도체 표면에 단위 면적당 작용하는 힘(정전응력) f는 다음과 같다.

$$f = \frac{F}{S} = \frac{{\rho_s}^2}{2\varepsilon_0} = \frac{D^2}{2\varepsilon_0} \qquad (2\text{-}53)$$

$$\therefore\ f = \frac{1}{2}\varepsilon_0 E^2$$

$$= \frac{1}{2}ED\,[\mathrm{N/m^2}] \ ☆ \qquad (2\text{-}54)$$

2.9.2 전계에너지

그림 2-21과 같이 전속 ϕ가 지나고 있는 공간 내의 한 점 P의 전속밀도를 D $[\mathrm{C/m^2}]$라 하면 이 점 P가 가지고 있는 정전응력 f는 $D^2/2\varepsilon_0[\mathrm{N/m^2}]$이다. 따라서 점 P에 단위 정전하를 두면 이 힘 f에 의해서 전속의 방향으로 가속되어 운동에너지를 얻고 일을 할 수 있는 능력을 갖게 될 것이므로, 점 P는 위치 에너지를 가지고 있는 셈이다.

그림 2-21에서 점 T에서 P까지의 위치에너지도 fdl이다. 따라서 전속에 수직인 면 dS와 dl로 만들어지는 체적 $dv = dSdl$의 공간에서는 다음의 에너지를 가진다.

$$dW = fdSdl = fdv \qquad (2\text{-}55)$$

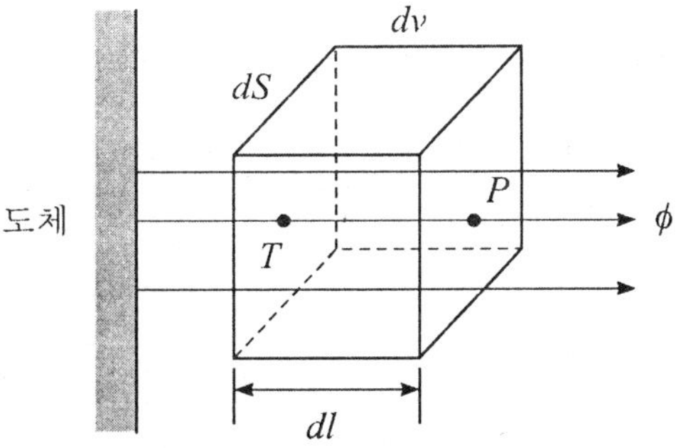

그림 2-21 전계에너지

그러므로 단위 체적당의 에너지 밀도(전계에너지) w_E는

$$w_E = \frac{dW}{dv} = \frac{fdv}{dv} = f = \frac{D^2}{2\varepsilon_0} = \frac{1}{2}DE \tag{2-56}$$

$$\therefore\ w_E = \frac{1}{2}\varepsilon_0 E^2 = \frac{1}{2}ED\,[\mathrm{J/m^3}] \quad ☆ \tag{2-57}$$

와 같이 표시된다. 따라서 전계는 전계 자체 내에 위와 같은 에너지를 보유하고 있거나 또는 어디에 어떤 방식인지도 모르나 저축되어 있는 것으로 생각되며 이 것을 일반적으로 전계에너지 또는 정전에너지라 한다.

• 단원정리 •

1. 쿨롱의 법칙 $F=\frac{1}{4\pi\varepsilon_0}\frac{Q_1Q_2}{r^2}=9\times10^9\times\frac{Q_1Q_2}{r^2}$[N]
2. 전계
   ① 점(구)전하에 의한 전계의 세기 $E=\frac{Q}{4\pi\varepsilon_0 r^2}=9\times10\times\frac{Q}{r_2}$[V/m]

   전기력과 전계의 관계 $F=qE$[N]

   ② 동축 원통에 의한 전계의 세기 $E=\frac{\rho_L}{2\pi\varepsilon_0 r}$[V/m]

   ③ 무한평면에 의한 전계의 세기 $E=\frac{\rho_s}{2\varepsilon_0}$[V/m]
3. 전기력선
   ① 전기력선의 수 $\phi_E=\frac{Q}{\varepsilon_0}$

   ② 전기력선의 방정식 $\frac{dx}{E_x}=\frac{dy}{E_y}=\frac{dz}{E_z}$
4. 전속
   ① 전속의 수 $\phi=Q$

   ② 전속밀도와 전계의 관계 $D=\varepsilon_0 E$
5. 가우스의 법칙 $\oint_s \vec{D}\cdot d\vec{S}=Q,\ \oint_s \vec{E}\cdot\vec{S}=\frac{Q}{\varepsilon_0}$
6. 전계의 발산정리(가우스의 발산정리)

   $\oint_S \vec{E}\cdot d\vec{S}=\int_V \mathrm{div}\vec{E}dv$
7. 가우스의 미분형(맥스웰의 제1방정식)

   $\mathrm{div}\,\vec{D}=\rho$
8. 정전응력 $f=\frac{1}{2}\varepsilon_0 E^2$[N/m²], $f=\frac{1}{2}ED$[N/m²]
9. 전계에너지 $w_E=\frac{1}{2}\varepsilon_0 E^2$[J/m³], $w_E=\frac{1}{2}ED$[J/m³]

연 습 문 제

1. 그림 2-22에서 전계 $E=0$이 되는 지점을 구하시오.

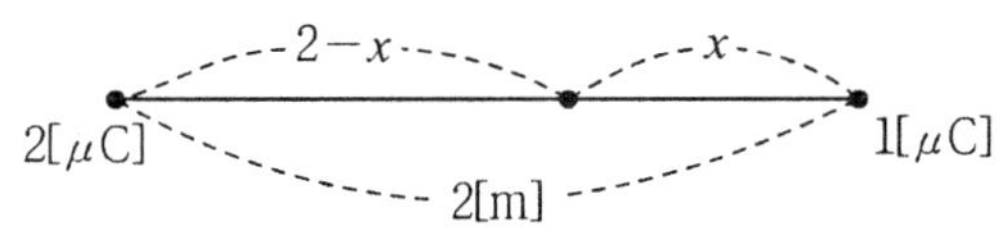

그림 2-22

풀이 두 전하의 부호가 같은 경우 $E=0$이 되는 지점은 두 전하 사이에 존재하고 두 전하의 부호가 틀린 경우 $E=0$이 되는 지점은 절대값이 큰 전하의 반대쪽에 존재한다.

$$\frac{2\times10^{-6}}{4\pi\varepsilon_0(2-x)^2}=\frac{1\times10^{-6}}{4\pi\varepsilon_0 x^2}$$

$$2x^2=(2-x)^2,\ \sqrt{2}x=2-x,\ (\sqrt{2}+1)x=2$$

$$\therefore\ x=\frac{2}{\sqrt{2}+1}\cdot\frac{\sqrt{2}-1}{\sqrt{2}-1}=2(\sqrt{2}-1)[\text{m}]$$

2. 전계강도 $\vec{E}=\vec{i}x+\vec{j}y+\vec{k}z$로 표시될 때, 반지름 10[m]의 구면을 통하는 전속선수를 구하시오.

풀이 $\phi=Q=\int_s\vec{D}\cdot\vec{S}=\int_s\varepsilon_0\vec{E}\cdot d\vec{S}=\frac{1}{36\pi}\times10^{-9}\times4\pi\times10^2\vec{E}=1.1\times10^{-7}\vec{E}$

3. 표면전하밀도 $\rho_s>0$인 도체표면상의 한 점의 전속밀도 $\vec{D}=4\vec{a_x}-5\vec{a_y}+2\vec{a_z}$ [C/m²]일 때, ρ_s[C/m²]를 구하시오.

풀이 $\rho_s=D=|\vec{D}|=\sqrt{4^2+(-5)^2+2^2}=3\sqrt{5}$[C/m²]

4. 면적 10[cm²]을 수직으로 지나는 전속이 20[C]일 때 전속밀도를 구하시오.

풀이 $D=\dfrac{Q}{S}=\dfrac{20}{10\times10^{-4}}=2\times10^{4}[\mathrm{C/m^2}]$

5. 전기력선에 수직한 면적 $S[\mathrm{m^2}]$을 지나는 전기력선의 수가 N개 일 때, 전계의 크기 $E[\mathrm{V/m}]$는 어떠한 식으로 나타낼 수 있는가?

풀이 전계의 크기는 단위면적을 지나는 전기력선의 수와 같다. 그러므로

$$E=\frac{N}{S}[\mathrm{V/m}]$$

6. 전속수가 $5Q$개일 경우 패러데이관(faraday tube) 수는 몇 개인가?(단, D는 전속밀도이다.)

풀이 패러데이관은 양단에 단위 정, 부 전하가 존재하며 단위 정, 부 전하에서는 1개의 관이 존재한다. 즉 전속수가 $5Q$[C]일 경우 $5Q$개로 해석된다.

7. 진공 중에 전하량 Q[C]인 점전하가 있다. 그림 2-23과 같이 Q를 둘러싸는 경로 C_1과 둘러싸지 않은 폐곡선 C_2가 있다. 지금 $+[C]$의 전하를 화살표 방향으로 경로 C_1을 따라 일주시킬 때 요하는 일 W_1과 경로 C_2를 일주시키는 데 요하는 일 W_2를 구하시오.

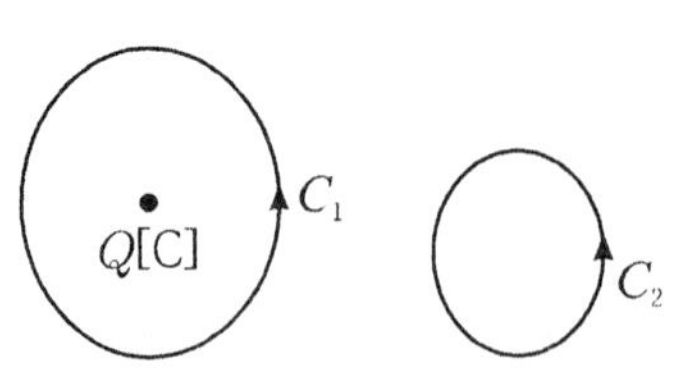

그림 2-23

풀이 $W_1=W_2=Q\oint \vec{E}\cdot d\vec{l}=0\ \ (\because\ V=0)$

8. 진공 중에 2×10^{-5}[C]과 1×10^{-6}[C]인 두 개의 점전하가 50[cm] 떨어져 있을 때, 두 전하 사이에 작용하는 힘은 몇 [N]인가?

풀이 $F=\frac{1}{4\pi\varepsilon_0}\frac{Q_1Q_2}{r^2}=9\times10^9\times\frac{Q_1Q_2}{r^2}$[N]

$=9\times10^9\times\frac{2\times10^{-5}\times1\times10^{-6}}{0.5^2}=72\times10^{-2}$[N]

9. 자유공간 중에서 점 $P(5,\ -2,\ 4)$가 도체면상에 있으며, 이 점에서 전계 $\vec{E}=6\vec{i}-2\vec{j}+3\vec{k}$[V/m]이다. 점 P에서의 면전하 밀도 ρ_s[C/m²]를 구하시오.

풀이 $E=\frac{\rho_s}{\varepsilon_0}$ 이므로

$\rho_s=\varepsilon_0 E$

$=\varepsilon_0(\sqrt{6^2+(-2)^2+3^2})=7\varepsilon_0$[C/m²]

10. 진공 중 무한장 직선상 전하에서 2[m] 떨어진 곳의 전계가 9×10^6[V/m]이다. 선전하 밀도 [C/m]는 얼마인가?

풀이 $E=\frac{\rho_L}{2\pi\varepsilon_0 r}$[V/m]

$\rho_L=E\cdot\ 2\pi\varepsilon_0 r=9\times10^6\times\frac{1}{2\times9\times10^9}\times2=10^{-3}$[C/m]

11. 도체 표면의 전하밀도를 σ[C/m²], 전계를 E[V/m]라 할 때 도체 표면에 작용하는 힘 f를 구하시오.

풀이 $f=\frac{1}{2}\varepsilon_0E^2=\frac{1}{2}\frac{\sigma^2}{\varepsilon_0}$[N/m²]

12. 자유 공간 중에서 $V = xyz$[V]일 때, $0 \le x \le 1$, $0 \le y \le 1$, $0 \le z \le 1$인 입방체에 존재하는 정전에너지를 구하시오.

풀이

$$W = \int_v \frac{1}{2}\varepsilon_0 E^2 dv = \frac{1}{2}\varepsilon_0 \int_v (-\operatorname{grad} V)^2 dv$$

$$= \frac{1}{2}\varepsilon_0 \int_0^1 \int_0^1 \int_0^1 [-(yz\vec{i} + xz\vec{j} + xy\vec{k})]^2 dx\,dy\,dz$$

$$= \frac{1}{6}\varepsilon_0 [\mathrm{J}]$$

13. 무한히 넓은 두 장의 도체판 d[m]의 간격으로 평행하게 놓은 후, 두 판사이의 V[V]의 전위차를 가할 때 도체판의 단위면적당 작용하는 힘을 구하시오.

풀이 도체판의 전계는 평등전계이고 그 값은

$$E = \frac{V}{d} [\mathrm{V/m}]$$

가 되므로, 이 값을 다음 식

$$F = \frac{1}{2}\varepsilon_0 E^2 [\mathrm{N/m^3}]$$

에 대입하면,

$$F = \frac{1}{2}\varepsilon_0 \left(\frac{V}{d}\right)^2 [\mathrm{N/m^3}]$$

이 얻어진다. 이 식의 힘 F를 천칭으로 측정하면 판 사이에 인가된 전위차를 구할 수 있다. 즉,

$$V = \left(\frac{2F}{\varepsilon_0}\right)^{1/2} d\,[\mathrm{V}]$$

이러한 원리를 이용한 장치가 캘빈(Kelvin)의 절대 전위차계이다.

제 3 장

전위와 전위경도

3.1 전 위

3.1.1 전하 이동시 필요한 일

전계 내의 한 점에 전하를 두게 되면 이 전하에 힘이 작용한다. 즉, 전계의 세기가 E[V/m], 전하량이 Q[C]일 때 작용하는 힘(전기력) $F = EQ$이다. 따라서 전계와 반대 방향으로 전하를 이동시키자면 전계와 반대의 힘을 가해주어야 하며 그 가해 준 힘과 이동한 거리 및 방향에 따르는 일을 해야 한다.

그림 3-1과 같이 전계 E중의 한 점 P에 전하 Q가 있고, 이 전하를 점 P에서 거리 Δl만큼 전계에 의한 힘을 거역하는 방향인 B방향으로 이동시키는데 필요한 일 ΔW는 다음과 같이 구할 수 있다.

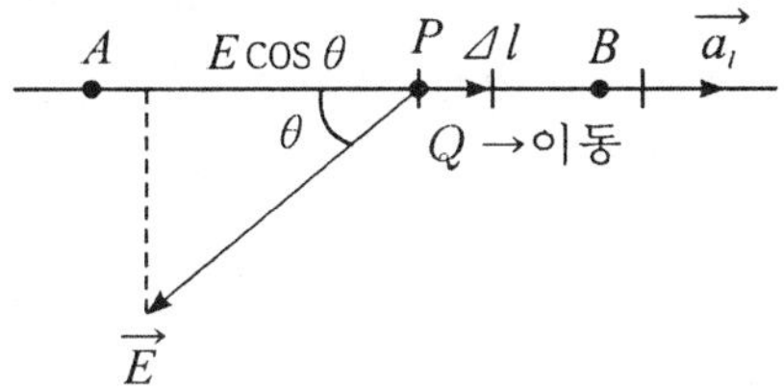

그림 3-1 전하 이동

A에서 B방향의 단위 벡터를 $\vec{a}_l$라 하면, 전계 E의 $\vec{a}_l$ 방향의 성분은 $-E\cos\theta$, 성분 벡터는 $(-E\cos\theta)\vec{a}_l$이므로 일을 하기 위하여 가해줄 힘은 다음과 같다.

$$\vec{F} = Q(-E\cos\theta)\vec{a}_l \tag{3-1}$$

따라서

$$\begin{aligned}\Delta W &= Q(-E\cos\theta)\,\vec{a}_l \cdot \Delta l\vec{a}_l \\ &= -Q E\Delta l\cos\theta[\text{J}]\end{aligned} \tag{3-2}$$

이 된다. 여기서 전계 E와 거리 Δl은 벡터이므로 위의 식을 벡터의 스칼라곱 형식으로 표시하면 다음과 같이 표현된다.

$$\Delta W = -Q\vec{E} \cdot \Delta\vec{l} \tag{3-3}$$

따라서 전계 내에서 전하 Q를 전계와 반대 방향인 점 A에서 B까지 이동시키는 데 필요한 일 W는 다음과 같이 표시된다.

$$W = -\int_A^B Q\vec{E} \cdot d\vec{l} = -Q\int_A^B \vec{E} \cdot d\vec{l}\,[\text{J}] \tag{3-4}$$

3.1.2 전위와 영전위 기준점

전계 E 중에서 전계와 반대 방향으로 한 점 A로부터 다른 점 B까지 단위 정전하$(+1[\text{C}])$를 이동시키는 데 필요한 일은 식 (3-4)에서 $Q=1$로 하면 구할 수 있다. 이것을 V_{BA}라 하면

$$V_{BA} = -\int_A^B \vec{E} \cdot d\vec{l}\,[\text{V}]$$

$$= -\int_A^B E dl \tag{3-5}$$

가 된다. 이 V_{BA}를 점 A와 B사이의 전위차(potential difference) 또는 점 B의 A에 대한 전위(electric potential)라 한다.

점 A라는 기준점에 대한 점 B의 전위차를 점 B의 전위라 하지만 편의상 특정 기준점의 전위를 0으로 생각하고, 이 영전위점에 대한 전위차를 보통 전위라 하는 수가 많다. 이러한 경우에 영전위점을 미리 지정해 두어야 하고, 널리 사용되는 영전위 기준점에 대지면과 무한원점이 있다. 여기서 무한원점이란 전계가 거의 0이 될 정도로 먼 점이라는 의미이다. 보통 두 점 사이의 전위차를 실용상 전압(voltage)이라 하고 있다. 두 점 A, B 사이의 전위차는 $V_{BA} = V_B$(큰 전위)$-$ V_A(작은 전위)이다. 여기서 V_B와 V_A는 동일한 영전위 기준점이라는 것에 유의해야 하며, 특별한 언급이 없는 한 앞으로는 무한원점을 영전위 기준점으로 한다.

위에서 설명한 내용을 다시 정리해보면, 전위란 식 (3-6)과 같이 한 점 A로부터 다른 점 B까지 단위 정전하(+1[C])를 이동시키는 데 필요한 일이다.

$$\boxed{V = -\int_A^B E dl\,[\mathrm{V}]}\ ☆ \tag{3-6}$$

또는 식 (3-7)과 같이 전계의 세기가 0인 무한 원점으로부터 임의의 점까지 단위정전하(+1[C])를 이동시키는 데 필요한 일이다.

$$\boxed{V = -\int_\infty^r E dl\,[\mathrm{V}]}\ ☆ \tag{3-7}$$

따라서 식 (3-4)와 (3-6)으로부터 전위 V를 이용하여 전하를 이동시키는 데 필요한 일(에너지) W를 다음 식과 같이 표현할 수 있다.

$$\boxed{W = QV\,[\mathrm{J}]}\ ☆ \tag{3-8}$$

3.1.3 점전하에서 떨어진 점의 전위

전위는 스칼라량으로서 점전하 Q로부터 거리 r[m] 떨어진 점(또는 구)의 전위 V를 식 (3-7)로부터 다음과 같이 구할 수 있다.

$$V=-\int_{\infty}^{r} E dl$$

$$=\int_{r}^{\infty} \frac{Q}{4\pi\varepsilon_0 l^2} dl$$

$$=\frac{Q}{4\pi\varepsilon_0}\left[-\frac{1}{l}\right]_r^{\infty}$$

$$=\frac{Q}{4\pi\varepsilon_0}\left[-\frac{1}{\infty}-(-\frac{1}{r})\right]$$

$$\therefore\ V=\frac{Q}{4\pi\varepsilon_0 r}[\mathrm{V}] \qquad (3\text{-}9)$$

3.1.4 선전하에서 떨어진 점의 전위

동축 원통(무한직선, 원주)의 선전하 ρ_L[C/m]에서 r[m] 떨어진 점(또는 구)의 전위 V를 식 (3-7)로부터 다음과 같이 구할 수 있다.

$$V=-\int_{\infty}^{r} E dl$$

$$=\int_{r}^{\infty} \frac{\rho_L}{2\pi\varepsilon_0 l} dl$$

$$=\frac{\rho_L}{2\pi\varepsilon_0}[\ln l]_r^{\infty}$$

$$=\frac{\rho_L}{2\pi\varepsilon_0}[\ln\infty-\ln r]$$

$$\therefore\ V=\infty[\mathrm{V}] \qquad (3\text{-}10)$$

3.1.5 면전하에서 떨어진 점의 전위

무한평면의 면전하 ρ_s[C/m]에서 r[m] 떨어진 점(또는 구)의 전위 V를 식 (3-7)로부터 다음과 같이 구할 수 있다.

$$V = -\int_{\infty}^{r} E dl$$

$$= \int_{r}^{\infty} \frac{\rho_s}{2\varepsilon_0} dl$$

$$= \frac{\rho_s}{2\varepsilon_0} [\, l \,]_r^{\infty}$$

$$= \frac{\rho_s}{2\varepsilon_0} [\, \infty - r]$$

$$\therefore \; V = \infty \, [\mathrm{V}] \qquad (3\text{-}11)$$

예제 3-1 크기가 50[V/m]인 평등전계 중의 80[V] 되는 A점에서 전계방향으로 80[cm] 떨어진 B점의 전위는 몇 [V]인가?

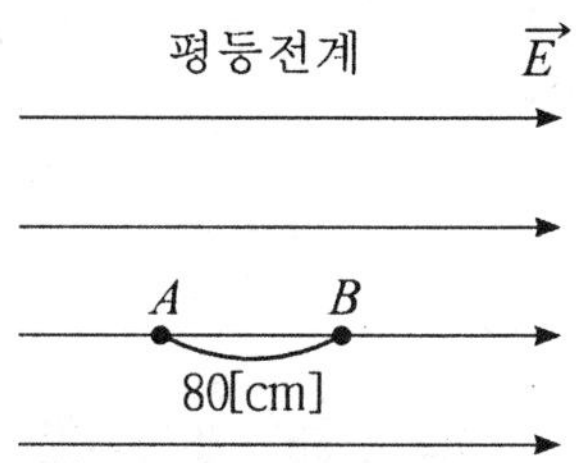

그림 3-2

풀이 $V_{BA} = V_B - V_A = -\int_A^B E dl = -\int_0^{0.8} E dl = -[50 l]_0^{0.8} = -40[\mathrm{V}]$

$\therefore \; V_B = V_A + V_{BA} = 80 - 40 = 40$ [V]

3.2 등전위면

전계 내에 있는 각 점의 전위가 서로 같은 경우, 이들 같은 전위점을 이으면 하나의 면을 만들 수 있는데, 이 면을 등전위면(equipotential surface)이라고 한다. 점전하에 의한 등전위면은 점전하가 있는 점을 중심으로 하는 구면이 되지만 전하의 분포상태에 따라 여러 가지 모양의 면이 된다.

그림 3-3 (a)는 어떤 평면에서의 등전위곡선의 예이다. 등전위면은 전위가 다른 등전위면과 교차하지 않는다. 만일 교차한다면 교차점의 전위는 2개 이상의 값을 가져야 한다. 또한 전계의 전기력선은 등전위면과 직교한다. 만일 직교하지 않는다면 등전위면의 접선 방향으로 전계의 성분이 있게 되므로 등전위면 위의 두 점 사이에 단위 전하를 옮기면 일을 하게 되어 전위차가 생긴다. 이것도 등전위면의 성질에 어긋난다.

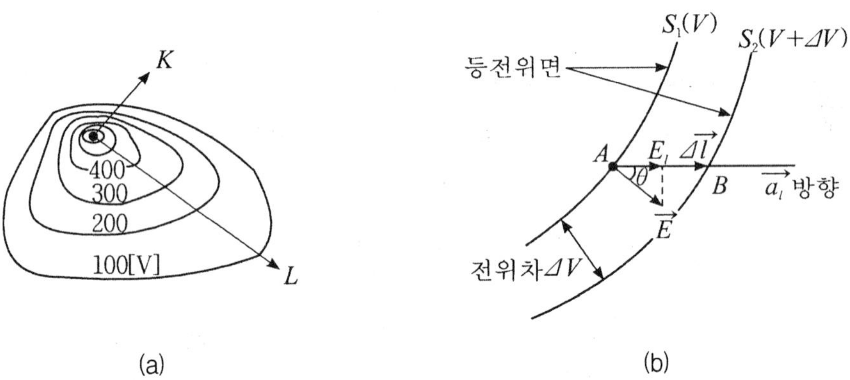

그림 3-3 등전위면

그림 3-3에서 전위차 V_{BA}는 정전계 내에서 점 A와 점 B의 공간적인 위치만에 의해서 결정되는 양이다. 즉, V_{BA}란 단위정전하를 점 A에서 B까지 이동시키는데 필요한 에너지이고 이동시키는 경로에는 아무런 영향을 받지 않는다는 뜻이 된다. 이것은 전하가 점 B에서 A로 이동하면 그 경로에 관계없이 V_{BA}와 똑같은 양의 에너지를 전계로부터 얻는다는 것이 된다. 만일 경로에 따라 전계에 주는 에너지와 얻게 되는 에너지가 각각 다르다면 우리는 전계로부터 무한동력을 얻을

수 있겠으나 이와 같은 일은 있을 수 없다. 즉 V_{BA}는 적분하는 경로와는 무관한 일정치를 가지게 되며, 이 성질을 점 A와 B를 지나는 임의의 폐곡선을 따라 단위정전하를 일주시키는데 필요한 일이 0이 된다는 것으로 다음 식과 같이 표현할 수 있다.

$$\oint \vec{E} \cdot d\vec{l} = 0 \tag{3-12}$$

이와 같이 임의의 폐곡선에 대한 선적분이 0이 되는 벡터계를 **보존계**(conserva-tive field)라고 한다. 등전위면 뿐 만 아니라 폐곡선, 폐곡면에서도 전하 이동시 (전하 일주시) 전위차 V가 0이므로 전계가 하는 일(에너지) W도 0이 된다.

3.3 전위경도

그림 3-3 (a)와 같이 어떤 등전위 곡선이 있을 때, K방향과 L방향은 같은 거리를 평면 위에서 이동하더라도 전위의 변화가 다르다. K방향이 L방향보다 전위의 변화가 크다. 즉 등전위 곡선에서 변화가 큰 곳은 전위의 기울기가 크다. 여기서는 이 전위의 기울기가 구체적으로 무엇을 의미하는 것인지 알아보기로 한다.

그림 3-3 (b)와 같이 입체적인 두 개의 등전위면을 평면적인 곡선 S_1, S_2로 표시하기로 한다. S_1의 전위는 V, S_2의 전위는 $V+\Delta V$라 하면 이들 사이의 전위차는 ΔV이다. 두 전위면 위의 임의점 A, B 사이의 거리는 Δl, 점 A에서의 전계 $\vec{E}$는 S_1면에 수직이고, $\Delta\vec{l}$의 방향과 θ의 각을 이루고 있다면 $\vec{E}$의 $\vec{a_l}$방향의 성분은 그림 3-3 (b)에서 E_l이 된다. 여기서 $\Delta\vec{l}$이 극히 작은 거리라면 전계 $\vec{E}$는 A, B 사이에서 거의 일정하다고 생각되므로 전계로부터 전위를 구하는 선적분의 식

$$V = -\int \vec{E} \cdot d\vec{l} \tag{3-13}$$

으로부터 전위의 미소증가분

$$\Delta V \approx -\vec{E} \cdot \Delta\vec{l} = -E\Delta l\cos\theta = -E_l\Delta l \qquad (3\text{-}14)$$

과 같이 표시할 수 있고, Δl이 극히 작은 극한의 경우는

$$dV = -E_l dl \qquad (3\text{-}15)$$

이 되므로

$$E_l = -\frac{dV}{dl} \qquad (3\text{-}16)$$

의 관계가 얻어진다. 이 식의 의미는 거리 변수 l로 미분한 것에 부(−)의 부호를 붙인 것과 같다는 것으로 dV/dl를 전위의 경도(gradient)라 한다. l은 임의 방향의 거리이므로 우리가 필요로 하는 직각좌표계의 축방향 거리변수 x, y, z을 이용하여 전계의 세기 $\vec{E}$의 성분 E_x, E_y, E_z를 표시하면 다음과 같다.

$$E_x = -\frac{\partial V}{\partial x},\ E_y = -\frac{\partial V}{\partial y},\ E_z = -\frac{\partial V}{\partial z} \qquad (3\text{-}17)$$

따라서 전계 $\vec{E}$는 다음과 같이 표시한다.

$$\begin{aligned}\vec{E} &= E_x\vec{i} + E_y\vec{j} + E_z\vec{k} \qquad (3\text{-}18)\\ &= -\left(\frac{\partial V}{\partial x}\vec{i} + \frac{\partial V}{\partial x}\vec{j} + \frac{\partial V}{\partial x}\vec{k}\right)\\ &= -\left(\frac{\partial}{\partial x}\vec{i} + \frac{\partial}{\partial x}\vec{j} + \frac{\partial}{\partial x}\vec{k}\right)V\end{aligned}$$

$$\therefore\ \vec{E} = -\nabla V = -\text{grad V} \quad ☆☆ \qquad (3\text{-}19)$$

즉 전위경도는 전계의 크기와 같고 방향이 반대이다. 여기서, grad V의 연산자 표기에서 ∇(델)은 벡터이고 전위 V는 스칼라이므로 이들 사이에 도트("·")나 크로스("×") 의 기호가 들어가서는 안 된다.

3.4 푸아송의 방정식

전하의 분포로부터 전계 및 전위를 파악하거나 전위의 분포로부터 전계 및 전하를 파악하고자 하는 경우, 실제 문제를 다루게 되면 전위의 분포가 먼저 주어지는 수가 많다. 이것은 그 계산하는 방법이나 어떤 장치의 사용법이 전하의 분포보다 전위의 분포를 파악하는 쪽이 쉽기 때문이다. 이러한 전계를 구하기 위하여 지금까지의 모든 관계로부터 정전하의 성질을 간단하게 표현하는 방정식을 유도할 수 있다.

전계와 전위 사이에는

$$\vec{E} = -\operatorname{grad} V = -\nabla V \tag{3-20}$$

전속밀도와 전하 사이에는

$$\operatorname{div}\vec{D} = \nabla \cdot \vec{D} = \rho \tag{3-21}$$

전속밀도와 전계 사이에는

$$\vec{D} = \varepsilon_0 \vec{E} \tag{3-22}$$

의 관계가 있으므로 이들을 결합시키면

$$\nabla \cdot \vec{D} = \nabla \cdot (\varepsilon_0 \vec{E}) = \varepsilon_0 \nabla \cdot (-\nabla V) = -\varepsilon_0 \nabla \cdot \nabla V = \rho \tag{3-23}$$

$$\nabla \cdot \nabla V = -\frac{\rho}{\varepsilon_0} \tag{3-24}$$

이 되고, 직각좌표계에서는

$$\begin{aligned}\nabla \cdot \nabla V &= \left(\frac{\partial}{\partial x}\vec{i} + \frac{\partial}{\partial y}\vec{j} + \frac{\partial}{\partial z}\vec{k}\right) \cdot \left(\frac{\partial V}{\partial x}\vec{i} + \frac{\partial V}{\partial_y}\vec{j} + \frac{\partial V}{\partial z}\vec{k}\right) \\ &= \frac{\partial^2 V}{\partial x^2} + \frac{\partial^2 V}{\partial y^2} + \frac{\partial^2 V}{\partial z^2} \\ &= \nabla^2 V \end{aligned} \tag{3-25}$$

가 되므로 결론적으로 다음과 같은 방정식을 얻게 된다.

$$\nabla^2 V = -\frac{\rho}{\varepsilon_0} \quad ☆☆ \tag{3-26}$$

이 식을 푸아송(Poission)의 방정식이라 하고 ∇^2을 라플라스의 연산자 또는 라플라시안(Laplacian)이라고 한다. 그리고 $\rho=0$인 경우

$$\nabla^2 V = 0 \quad ☆☆ \tag{3-27}$$

일 때를 라플라스의 방정식이라고 한다. 그림 3-4에서 전하밀도 ρ로 분포된 공간 내의 점 A의 전위 V_A는 푸아송의 방정식, 전하분포가 없는 점 B의 전위 V_B는 라플라스의 방정식을 만족한다.

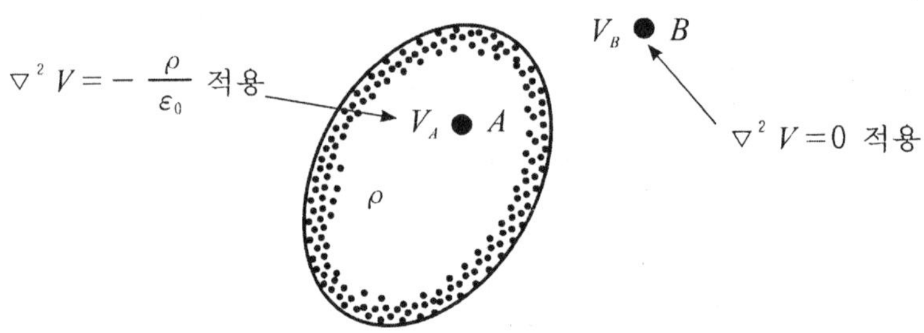

그림 3-4 푸아송 방정식과 라플라스 방정식

예제 3-2 전위함수가 $V=2xy^2+x^2yz^2$[V]일 때, 점 (1, 0, 0)의 공간 전하밀도는 몇 [C/m³]인가?

풀이 $\nabla^2 V = \frac{\partial^2 V}{\partial x^2} + \frac{\partial^2 V}{\partial y^2} + \frac{\partial^2 V}{\partial z^2} = -\frac{\rho}{\varepsilon_0}$

$2yz^2 + 4x + 2x^2y = -\frac{\rho}{\varepsilon_0}$

$x=1,\ y=0,\ z=0$이므로 위 식에 대입하면 $4 = -\frac{\rho}{\varepsilon_0}$

$\therefore\ \rho = -4\varepsilon_0$[C/m³]

3.5 전기쌍극자

3.5.1 쌍극자 모멘트

그림 3-5와 같이 크기가 같고 부호가 반대인 두 점전하가 가까운 거리를 두고 놓여 있는 것을 전기쌍극자(electric dipole)라 한다. 정부의 각 전하량을 Q, 부전하로부터 정전하까지의 거리를 $\vec{l}$하면 전기쌍극자 모멘트(dipole moment) $\vec{M}$은 다음과 같이 표시된다.

$$\vec{M} = Q\vec{l} \ [\mathrm{C \cdot m}] \tag{3-28}$$

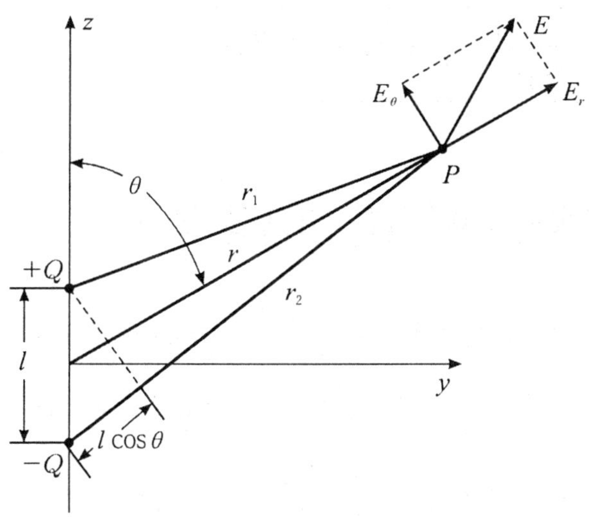

그림 3-5 전기쌍극자

3.5.2 전기쌍극자에 의한 전위

그림 3-5와 같이 Z축에 전기쌍극자가 놓여져 있을 때, 점 P의 전위 V를 알아보면 다음과 같다.

$$V = V_1 + V_2$$
$$= \frac{+Q}{4\pi\varepsilon_0 r_1} + \frac{-Q}{4\pi\varepsilon_0 r_2}$$
$$= \frac{Q}{4\pi\varepsilon_0}\left(\frac{1}{r_1} - \frac{1}{r_2}\right)$$
$$= \frac{Q}{4\pi\varepsilon_0}\left(\frac{r_2 - r_1}{r_1 r_2}\right) \tag{3-29}$$

여기서 $l \ll r_1$, $l \ll r_2$이면 $r_1 r_2 \approx r^2$, $r_2 - r_1 \approx l\cos\theta$로 볼 수 있으므로 위 식에 대입하여 정리하면 전위 V를 다음과 같이 구할 수 있다.

$$V = \frac{Ql\cos\theta}{4\pi\varepsilon_0 r^2} \tag{3-30}$$

$$\therefore\ V = \frac{M\cos\theta}{4\pi\varepsilon_0 r^2} = 9\times10^9\times\frac{M\cos\theta}{r^2}\,[\mathrm{V}] \tag{3-31}$$ ☆

3.5.3 전기쌍극자에 의한 전계의 세기

점 P의 전계는 구좌표계에서의 전위경도를 이용하면, 전계의 $\overrightarrow{a_\phi}$ 성분은 ϕ의 변화에 따라 전위 V의 변화는 없으므로 $E_\phi = 0$이고 E_r, E_θ는 다음과 같다.

$$\overrightarrow{E} = -\nabla V = -\left(\frac{\partial V}{\partial l_r}\overrightarrow{a_r} + \frac{\partial V}{\partial l_\theta}\overrightarrow{a_\theta} + \frac{\partial V}{\partial l_\phi}\overrightarrow{a_\phi}\right) \tag{3-32}$$

$$= -\left(\frac{\partial V}{\partial r}\overrightarrow{a_r} + \frac{1}{r}\frac{\partial V}{\partial \theta}\overrightarrow{a_\theta} + \frac{1}{r\sin\theta}\frac{\partial V}{\partial \phi}\overrightarrow{a_\phi}\right) \tag{3-33}$$

$$= E_r\overrightarrow{a_r} + E_\theta\overrightarrow{a_\theta} \tag{3-34}$$

$$E_r = -\frac{\partial V}{\partial r} = -\frac{M\cos\theta}{4\pi\varepsilon_0}\left(-\frac{2}{r^3}\right) = \frac{2M\cos\theta}{4\pi\varepsilon_0 r^3} \tag{3-35}$$

$$E_\theta = -\frac{1}{r}\frac{\partial V}{\partial \theta} = -\frac{1}{r}\frac{M(-\sin\theta)}{4\pi\varepsilon_0 r^2} = \frac{M\sin\theta}{4\pi\varepsilon_0 r^3} \tag{3-36}$$

일반적으로 단일 전하에 의한 전위는 거리에 반비례하고 전계는 거리의 제곱에 반비례 하지만 쌍극자 모멘트 일 때에는 $\vec{M}$ 자체가 거리의 차원을 가지고 있으므로 쌍극자에 의한 전위는 거리의 자승에 반비례하고 전계의 크기는 거리의 3승에 반비례하고 있음에 유의해야 한다. 합성전계의 크기 E는 다음과 같이 표시된다.

$$E = \sqrt{E_r{}^2 + E_\theta{}^2}$$

$$= \frac{M}{4\pi\varepsilon_0 r^3}\sqrt{\sin^2\theta + (2\cos\theta)^2} \tag{3-37}$$

$$\therefore\ E = \frac{M}{4\pi\varepsilon_0 r^3}\sqrt{1+3\cos^2\theta}\ [\mathrm{V/m}] \tag{3-38}$$ ☆

(1) 구좌표계

그림 3-6의 구좌표계(spherical coordinate system)는 특수대칭성(점대칭성)인 문제 취급시에 필요하다. 공간내 점들의 위치 결정은 다음과 같다.

r : 원점으로부터의 거리, 이 반경을 가지는 구의 표면

θ : z축으로부터의 각도, 원점을 정점으로 하는 원뿔의 표면

ϕ : x축으로부터 반시계 방향으로의 각도, z축을 포함하는 반평면

위의 직교하는 3면의 교점으로 공간내 한 점 $P(r,\ \theta,\ \phi)$의 위치가 결정되며 벡터표현은 다음과 같다.

$$\vec{A}(r,\ \theta,\ \phi) = A_r\vec{r} + A_\theta\vec{\theta} + A_\phi\vec{\phi} \tag{3-39}$$

스칼라 경도(gradient)의 직각좌표계와 구좌표계에서 표현은 다음과 같다.

$$\text{직각좌표계 : } \nabla V(x,\ y,\ z) = \frac{\partial V}{\partial x}\vec{a_x} + \frac{\partial V}{\partial y}\vec{a_y} + \frac{\partial V}{\partial z}\vec{a_z} \tag{3-40}$$

$$\text{구좌표계 : } \nabla V(r,\ \theta,\ \phi) = \frac{\partial V}{\partial r}\vec{a_r} + \frac{1}{r}\frac{\partial V}{\partial \theta}\vec{a_\theta} + \frac{1}{r\sin\theta}\frac{\partial V}{\partial \phi}\vec{a_\phi} \tag{3-41}$$

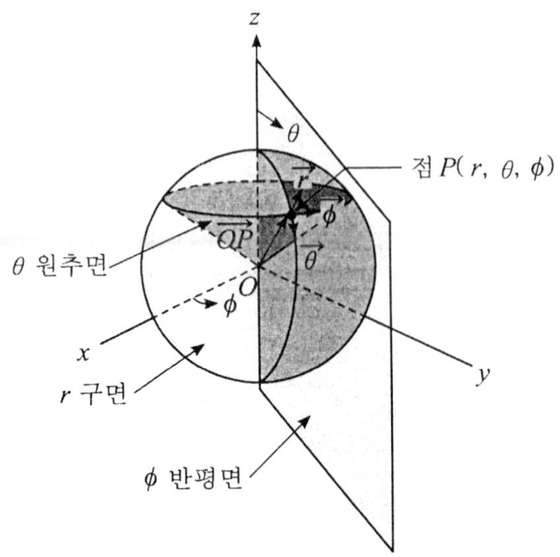

그림 3-6 구좌표계

3.6 전기 이중층

3.6.1 입체각

전하가 면으로 분포된 경우 전계나 전위를 구할 때 흔히 입체각(solid angle)을 이용한다. 그림 3-7 (a)와 같이 점 P를 중심으로 한 반경 r의 구면상의 면적을 S라고 할 때, 입체각 ω[sr]는 다음과 같이 표현된다.

$$\omega = \frac{S}{r^2} \tag{3-42}$$

여기서, ω를 점 P가 S를 보는 입체각이라 하고, $S = r^2$일 때를 1[sr](steradi-an)이라 한다. 전공간인 구의 전표면적에 대해서, 즉 구의 중심에서 전공간을 보는 입체각은 다음과 같다.

$$\omega = \frac{S}{r^2} = \frac{4\pi r^2}{r^2} = 4\pi \text{ [sr]} \tag{3-43}$$

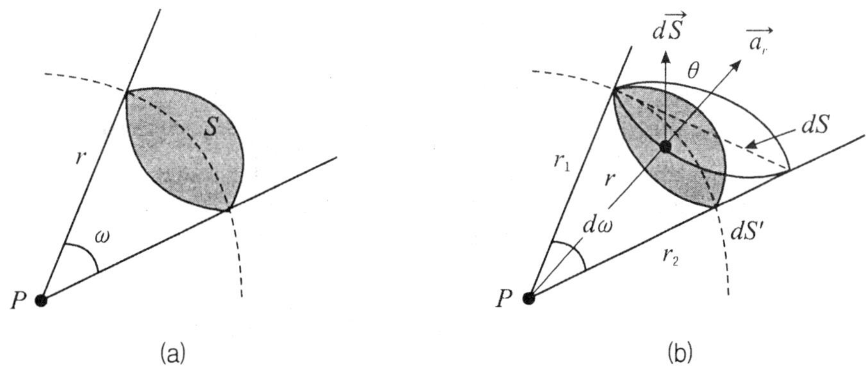

그림 3-7 입체각

그림 3-7 (b)와 같이 임의의 미소면적 dS가 구면에 대하여 θ만큼 기울어져 있을 때에는 구면상에 투여한 면적을 dS'라 하면 미소입체각은 다음과 같이 표시된다.

$$d\omega = \frac{dS'}{r^2} = \frac{dS\cos\theta}{r^2} = \frac{\vec{dS}\cdot\vec{a_r}}{r^2}\,[\mathrm{sr}] \tag{3-44}$$

3.6.2 원판의 중심축 위에서 본 입체각

그림 3-8과 같이 AOB를 반경 a인 원판이라고 할 때, 점 P에서 본 입체각은 r을 반경으로 한 구면 AKB를 보는 입체각과 같다. 따라서 중심축 PK에 대한 평면각 θ에 의하여 구면의 면적을 구하면 그림 3-8에서 $d = r\sin\theta$, $dl = rd\theta$, $dS = 2\pi d \cdot dl$이므로

$$S = \int_0^\theta dS = \int_0^\theta 2\pi r^2 \sin\theta d\theta = 2\pi r^2(1-\cos\theta) \tag{3-45}$$

가 되어, 이 원판의 점 P에서 본 입체각 ω는 다음과 같이 표현된다.

$$\omega = \frac{S}{r^2} = 2\pi(1-\cos\theta)[\mathrm{sr}] \tag{3-46}$$

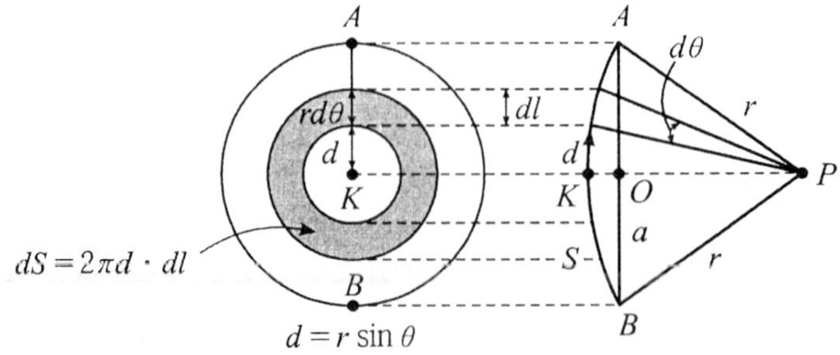

그림 3-8 원판의 중심축 위에서 본 입체각

3.6.3 전기 이중층의 전위

그림 3-9와 같이 전하밀도 ρ_s, $-\rho_s$를 가진 두장의 평면이 미소거리 dl 만큼 떨어져 있는 것을 **전기 이중층**(electric double layer)이라 한다.

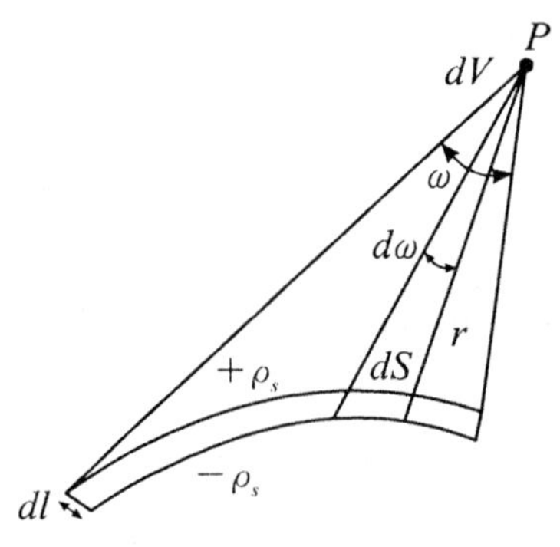

그림 3-9 전기 이중층

이것은 단위면적당의 전기쌍극자 모멘트

$$\overrightarrow{M_s} = \rho_s \vec{l} \text{ [C/m]} \tag{3-47}$$

이 나열된 것과 같다. 이러한 전기 이중층에 의한 전위를 알아보기로 한다. 그림 3-9와 같이 전기 이중층 위에 미소면적 dS를 잡고, dS부분의 전기쌍극자에 의해서 생기는 거리 r만큼 떨어진 점 P의 전위를 dV라 하면 dS와 $\overrightarrow{M_s}$는 전표면

에서 같은 방향이고, 전기쌍극자에 의한 전위는

$$V = \frac{Ql\cos\theta}{4\pi\varepsilon_0 r^2} \tag{3-48}$$

으로 주어지므로, Q 대신 dS부분의 전하량 $\rho_s dS$를 대입하면

$$\begin{aligned} dV &= \frac{1}{4\pi\varepsilon_0} \cdot \frac{(\rho_s dS) dl\cos\theta}{r^2} \\ &= \frac{\rho_s dl}{4\pi\varepsilon_0} \cdot \frac{dS\cos\theta}{r^2} \\ &= \frac{\rho_s dl}{4\pi\varepsilon_0} d\omega = \frac{M_s}{4\pi\varepsilon_0} d\omega \end{aligned} \tag{3-49}$$

이 된다. 그러므로 전기 이중층에 의한 점 P의 전위는 다음과 같다.

$$\boxed{V = \frac{M_s}{4\pi\varepsilon_0}\omega\,[\mathrm{V}]} \ ☆ \tag{3-50}$$

위 식에서 전기 이중층에 의한 전위는 점 P에서 보는 입체각에 의해서 정해진다는 것을 알 수 있다.

• 단원정리 •

1. 전위

① $V_{BA} = -\int_A^B E dl$ [V]

② $V = -\int_\infty^r E dl = \frac{Q}{4\pi\varepsilon_0 r}$ [V]

③ $W = QV$ [J]

④ $\oint \vec{E} \cdot d\vec{l} = 0$

2. 전위경도

$$\vec{E} = -\nabla V = -\text{grad } V = -\left(\frac{\partial}{\partial x}\vec{i} + \frac{\partial}{\partial y}\vec{j} + \frac{\partial}{\partial z}\vec{k}\right)V$$

3. 푸아송의 방정식 $\nabla^2 V = -\frac{\rho}{\varepsilon_0}$

라플라스의 방정식 $\nabla^2 V = 0$

4. 전기쌍극자

① 쌍극자 모멘트 $\vec{M} = Q\vec{l}$ [C · m]

② 쌍극자 전위 $V = \frac{M\cos\theta}{4\pi\varepsilon_0 r^2}$ [V]

③ 쌍극자 전계의 세기 $E = \frac{M}{4\pi\varepsilon_0 r^3}\sqrt{1+3\cos^2\theta}$

5. 전기 이중층

① 전기 이중층의 모멘트 $\vec{M_s} = \rho_s \vec{l}$ [C/m]

② 전기 이중층의 전위 $V = \frac{M_s}{4\pi\varepsilon_0}\omega$ [V]

연 습 문 제

1. 반지름 10[cm]인 구의 표면 전계가 3[kV/mm]라면 이 구의 전위는 몇 [kV]인가?

풀이 $V = Er = 3\times10^6[\text{V/m}] \times 0.1[\text{m}] = 3\times10^5[\text{V}] = 300[\text{kV}]$

2. 두께 10[cm]의 공기층에 전압 10[V]를 가했을 때의 전위경도는 몇 [V/m]인가?

풀이 $E = -\dfrac{V}{l} = -\dfrac{10}{0.1} = -100$

전위경도는 전계의 크기와 같고 방향이 반대이므로 100[V/m]

3. 그림 3-10과 같이 A와 B에 각각 $1\times10^{-2}[\mu\text{C}]$와 $-3\times10^{-2}[\mu\text{C}]$의 전하가 있다. P점의 전위는 몇 [V]인가?

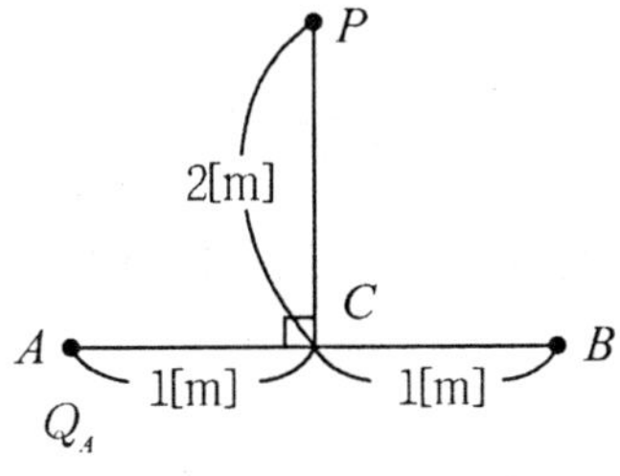

그림 3-10

풀이 $V = V_A + V_B = \dfrac{1}{4\pi\varepsilon_0}\left(\dfrac{Q_A}{r_A} + \dfrac{Q_B}{r_B}\right)$

$= 9\times10^9\times\left(\dfrac{1\times10^{-8}}{\sqrt{5}} + \dfrac{-3\times10^{-8}}{\sqrt{5}}\right) = -80.5[\text{V}]$

4. 30[V/m]의 전계 내의 50[V] 점에서 1[C]의 전하를 전계 방향으로 70[cm] 이동한 경우 그 점의 전위 [V]는?

풀이 이동한 점에서의 전위를 V'라 하면

$$V' = V - E \times d = 50 - 30 \times 0.7 = 29[V]$$

5. 평등 전계 내에서 5[C]의 전하를 30[cm]이동시키는 데 120[J]의 일이 소요되었다. 전계의 세기 [V/m]는?

풀이 $W = QV$ 에서 $V = \frac{W}{Q} = \frac{120}{5} = 24[V]$

$$\therefore\ E = \frac{V}{d} = \frac{24}{0.3} = 80[V/m]$$

6. 전위의 분포가 $V = 12x + 7y^2$으로 주어질 때 점 $(x=5,\ y=3)$에서 전계의 세기는?

풀이
$$\begin{aligned}\vec{E} &= -\nabla V = -\text{grad } V \\ &= -\left(\frac{\partial}{\partial x}\vec{i} + \frac{\partial}{\partial y}\vec{j} + \frac{\partial}{\partial z}\vec{k}\right)(12x + 7y^2) \\ &= -12\vec{i} - 14y\vec{j} = -12\vec{i} - 42\vec{j}\,[V/m]\end{aligned}$$

7. 전위가 $V = xy^2z$로 표시될 때, 이 원천인 전하밀도 ρ를 구하시오.

풀이 공간에 전하가 존재할 때의 전하밀도는 Poisson의 방정식 $\nabla^2 V = -\frac{\rho}{\varepsilon_0}$ 에서

$$\begin{aligned}\rho &= -\varepsilon_0 \nabla^2 V = -\varepsilon_0\left(\frac{\partial^2(xy^2z)}{\partial x^2} + \frac{\partial^2(xy^2z)}{\partial y^2} + \frac{\partial^2(xy^2z)}{\partial z^2}\right) \\ &= -\varepsilon_0(2xz)[C/m^3]\end{aligned}$$

8. 그림 3-11에서 반지름이 a인 원판형 전기 이중층의 축상 x되는 거리에 있는 점 P(정전하측)의 전위를 구하시오.

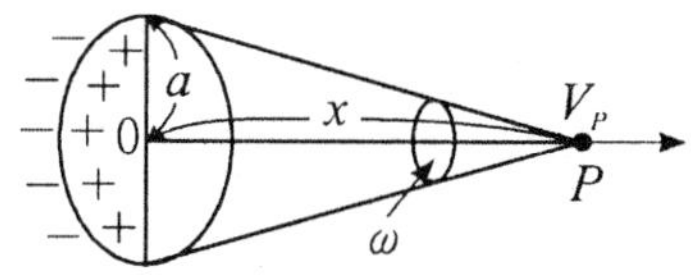

그림 3-11

풀이 $V=\dfrac{M_s}{4\pi\varepsilon_0}\omega=\dfrac{M_s}{4\pi\varepsilon_0}2\pi(1-\cos\theta)$

$=\dfrac{M_s}{2\varepsilon_0}\left(1-\dfrac{x}{\sqrt{a^2+x^2}}\right)$[V]

9. 그림 3-12는 전기쌍극자로부터 일정한 거리를 표시한 반지름 R[m]의 원이다. 원주상에서 가장 전위가 높은 점은?

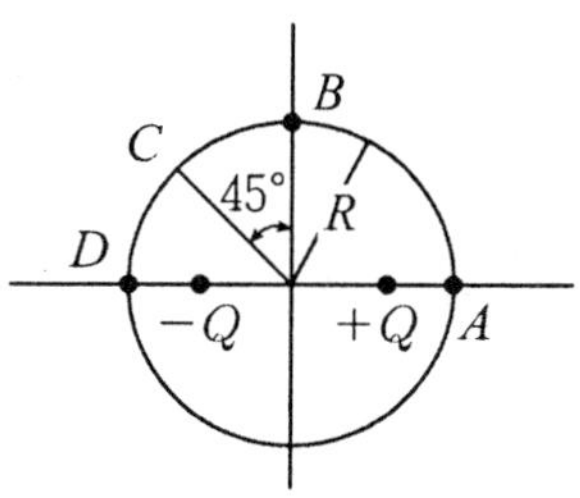

그림 3-12

풀이 전기쌍극자의 전위는 $V=\dfrac{M\cos\theta}{4\pi\varepsilon_0 r^2}$[V]이다. 여기서, $\theta=0°$일 때 최대값을 가지므로 가장 전위가 높은 점은 B가 된다.

10. 반지름 a[m]인 구도체에 Q[C]의 전하가 주어졌을 때, 구심에서 $5a$[m] 되는 점의 전위[V]를 구하시오.

풀이 구도체의 전하 또는 구대칭 전하는 구 밖에서 볼 때는 중심에 집중된 점전하를 볼 수 있으므로 전위 V는

$$V=\frac{Q}{4\pi\varepsilon_0 r}=\frac{Q}{4\pi\varepsilon_0(5a)}=\frac{1}{20\pi\varepsilon_0}\cdot\frac{Q}{a}\text{[V]}$$

제 4 장

도체계와 정전용량

4.1 전위계수

도체계에서 각 도체의 전위가 각 도체의 전하에 따라 어떻게 표시되는지 알아보기로 한다. 그림 4-1 (a)와 같이 두 개의 도체 r, s로 이루어지는 도체계가 있다고 할 때, r도체에만 전하 Q를 주면 이 전하에 의해서 r도체는 어떤 전위 V_{rr}를 가지게 되며, r도체의 전하에 의한 전계의 영향으로 s도체에게도 어떤 전위 V_{sr}을 주게 된다.

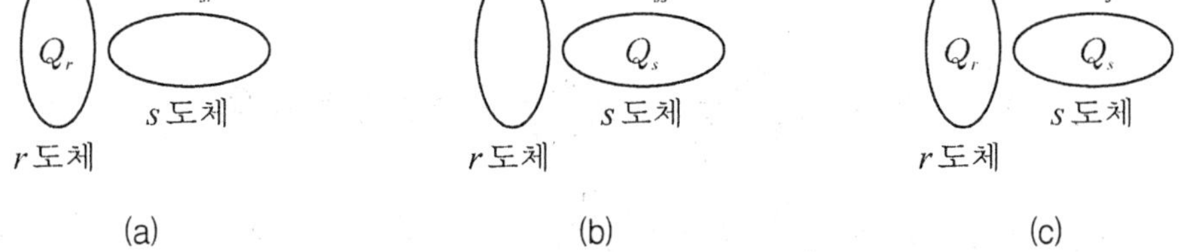

그림 4-1 전위계수

이 때, 전위가 전하에 비례함으로 비례계수를 이용하여 각 도체의 전위를 표시하면 다음과 같다.

$$V_{rr} = p_{rr} Q_r \tag{4-1}$$

$$V_{sr} = p_{sr} Q_r \tag{4-2}$$

여기서 비례계수 p_{rr}, p_{sr}는 전하 Q_r에 의해서 전위 V가 어느 정도 주어지는가를 나타내는 계수로서 이 p_{rr}, p_{sr}를 **전위계수**(coefficient of potential)라 하고, p_{rr}(또는 V_{rr})의 첨자 rr은 r도체의 전하에 의해서 r도체가 받는 영향(r도체의 전하에 의해서 r도체가 가지는 전위)을 나타내고, p_{sr}(또는 V_{sr})의 첨자 sr은 r도체의 전하에 의해서 s도체가 받는 영향(r도체의 전하에 의해서 s도체가 가지는 전위) 등과 같이 그 순서를 표기한다. 즉, 제 2첨자는 원인이 되는 곳의 도체, 제 1첨자는 결과를 주는 곳의 도체를 표시한다.

그림 4-1 (b)와 같이 s도체에만 전하 Q_s를 주었을 때, r도체가 가지는 전위를 V_{rs}, s도체가 가지는 전위를 V_{ss}라 하면 각각의 전위는 다음과 같이 표시할 수 있다.

$$V_{ss} = p_{ss} Q_s \tag{4-3}$$

$$V_{rs} = p_{rs} Q_s \tag{4-4}$$

그림 4-1 (c)와 그림 4-2와 같이 반경이 각각 R_1, R_2인 두 도체 r과 s에 동시에 각각 전하 Q_r 및 Q_s를 주고 거리가 R만큼 떨어져 있을 때, 각각의 전위 V_r, V_s를 구하면 다음과 같다.

$$V_r = V_{rr} + V_{rs} = \frac{Q_r}{4\pi\varepsilon_0 R_1} + \frac{Q_s}{4\pi\varepsilon_0 R} = p_{rr} Q_r + p_{rs} Q_s \tag{4-5}$$

$$V_s = V_{sr} + V_{ss} = \frac{Q_r}{4\pi\varepsilon_0 R} + \frac{Q_s}{4\pi\varepsilon_0 R_2} = p_{sr} Q_r + p_{ss} Q_s \tag{4-6}$$

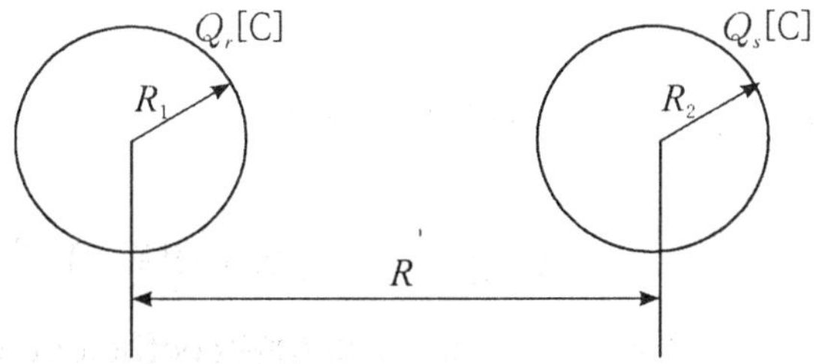

그림 4-2 각각 전하를 띤 두 도체

일반적으로 도체 1, 2, … n이 도체계를 이루고 있을 때, 각 도체에 Q_1, Q_2, … Q_n의 전하를 주면 각 도체의 전위 V_1, V_2, …, V_n은

$$\left.\begin{aligned} V_1 &= p_{11}Q_1 + p_{12}Q_2 + \cdots + p_{1n}Q_n \\ V_2 &= p_{21}Q_1 + p_{22}Q_2 + \cdots + p_{2n}Q_n \\ &\vdots \\ V_n &= p_{n1}Q_1 + p_{n2}Q_2 + \cdots + p_{nn}Q_n \end{aligned}\right\} \tag{4-7}$$

와 같이 표시될 수 있다. 이것을 **도체계의 전위식**이라 한다. 전위계수 p_{rr}, P_{rs}, p_{ss}, p_{sr} 등은 한 쪽 도체에만 단위정전하(+1[C])을 주고 나머지 도체에는 전하를 주지 않았을 때의 전위에 의해서 구할 수 있다. 전위계수는 $P = V/Q$의 형식으로 표현할 수 있으므로 단위를 [V/C]로 사용한다. 또한 정전용량단위[F](farad)의 역수인 [1/F](daraf)를 사용하기도 한다.

(1) 전위계수의 성질

p_{rr}은 r도체에 1[C]을 주었을 때의 r도체 자신의 전위이고, p_{rs}는 r도체에 1[C]을 주었을 때 r도체의 전위이므로 전위계수의 성질은 다음과 같다.

① $p_{rr} > 0$ (4-8)

② $p_{rs} = p_{sr} \geq 0$ (4-9)

(둘 다 같은 1[C]에 의한 전위이므로 $p_{rs} = p_{sr}$이며, s도체가 없는 경우 둘 다 0이다.)

③ $p_{rr} \geq p_{rs}$ (4-10)

($p_{rr} = p_{rs}$일 때는 s가 r에 포위되어 있다.)

예제 4-1 진공 중에 서로 떨어져 있는 두 도체 A, B가 있을 때 도체 A에만 1[C]의 전하를 주었더니 도체 A와 B의 전위가 3[V], 2[V]이었다. 지금 도체 A, B에 각각 2[C]과 1[C]의 전하를 주면 도체 A의 전위는 몇 [V]인가?

풀이 $V_A = p_{AA}Q_A + p_{AB}Q_B$, $V_B = p_{BA}Q_A + p_{BB}Q_B$이므로

$Q_A = 1$, $Q_B = 0$일 때, $p_{AA} = V_A = 3$[1/F], $p_{BA} = V_B = 2$[1/F] ($p_{BA} = p_{AB}$)이다.

그러므로 $Q_A = 2$, $Q_B = 1$이라면

$V_A = p_{AA}Q_A + p_{AB}Q_B = 3\times 2 + 2\times 1 = 8$[V]

4.2 용량계수와 유도계수

도체계의 전위에 관한 식 (4-7)을 전하 Q_1, Q_2, $\cdots$ Q_n에 관하여 변형시키면 다음과 같은 도체계의 전하식을 얻을 수 있다.

$$\left.\begin{aligned} Q_1 &= q_{11}V_1 + q_{12}V_2 + \cdots + q_{1n}V_n \\ Q_2 &= q_{21}V_1 + q_{22}V_2 + \cdots + q_{2n}V_n \\ &\vdots \\ Q_n &= q_{n1}V_1 + Q_{n2}V_2 + \cdots q_{nn}V_n \end{aligned}\right\} \quad (4\text{-}11)$$

이 때, 도체 r과 s의 전하량 Q_r, Q_s를 다음과 같이 구할 수 있다.

$$Q_r = 4\pi\varepsilon_0 R_1 V_r + 4\pi\varepsilon_0 R V_s = q_{rr}V_r + q_{rs}V_s \quad (4\text{-}12)$$

$$Q_s = 4\pi\varepsilon_0 R V_r + 4\pi\varepsilon_0 R_2 V_s = q_{sr}V_r + q_{ss}V_s \quad (4\text{-}13)$$

여기서, 첨자가 같은 q_{rr}, q_{ss}는 도체 자신의 전위에 의해서 도체 자신이 가지

게 되는 전하를 규정하는 비례계수로서 **정전용량계수**(coefficient of capacity)라 한다. 그리고 첨자가 다른 q_{rs}, q_{sr}은 다른 도체의 전위에 의해서 가지게 되는 전하를 규정하는 비례계수로서 **정전유도계수**(coefficient of induction)라 한다. 이러한 계수들도 전위계수와 같이 도체의 크기, 모양, 도체 상호간의 배치상태, 주위 공간의 매질 등에 의해서 결정되는 상수이다. 그리고 $q = Q/V$형식이 되므로 용량계수와 유도계수의 단위는 [C/V] 또는 [F](farad)을 사용한다.

(1) 용량계수와 유도계수의 성질

① $q_{rr} > 0$ (4-14)

② $q_{rs} = q_{sr} \leq 0$ (4-15)

(정전유도 현상에 의하여 반대 극성의 전하가 유도된다)

③ $q_{rr} \geq -q_{rs}$ (4-16)

($q_{rr} = -q_{rs}$일 때는 r이 s에 포위되어 있다.)

4.3 정전용량

용량계수 q_{rr}은 r도체 이외의 도체를 영전위로 하고 r도체에만 단위 전위를 주었을 때 r도체에 분포되는 전하량이다. 이 q_{rr}을 도체 r의 정전용량(electro-static capacity 또는 capacitance)이라고 하는데, 보통 기호로 C를 사용한다. 그림 4-3과 같이 한 도체가 갖는 전하의 크기가 Q, 전위가 V이고 다른 도체들의 전위가 0일 때, Q와 V는 비례하므로 다음과 같은 식이 성립한다.

$$Q = CV, \ C = \frac{Q}{V} \text{[F]} \quad ☆ \tag{4-17}$$

여기서, 이 비례정수 C가 정전용량(capacitance)이다. 정전용량의 의미는 일정한 전위 V를 주었을 때 전하 Q를 저축하는 능력을 말한다. 정전용량 C의 단위는 [C/V] 또는 [F](farad)을 사용한다. [F]은 너무 크므로 [μF], [pF] 등 작은 보조단위가 널리 사용되고 있다. 한편, 정전용량의 단위 [F]의 역수 [1/F]를 daraf 또는 elastance(엘라스턴스)라고 읽는다.

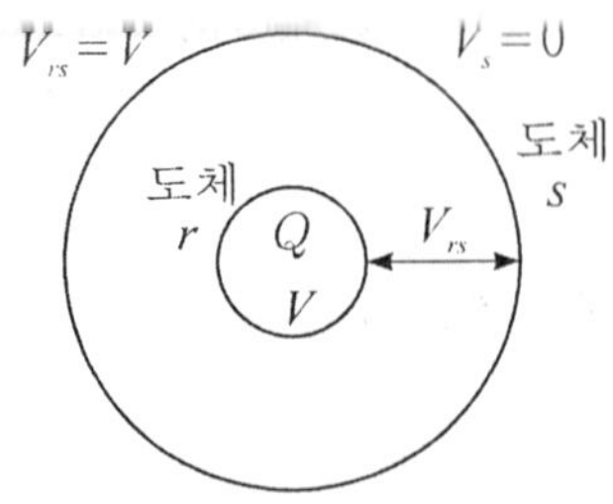

그림 4-3 도체의 정전용량

4.3.1 고립 도체구의 정전용량

그림 4-4와 같이 진공 중에 고립된 반경 a인 도체구의 정전용량 C는 다음과 같은 순서에 의해서 구해진다.

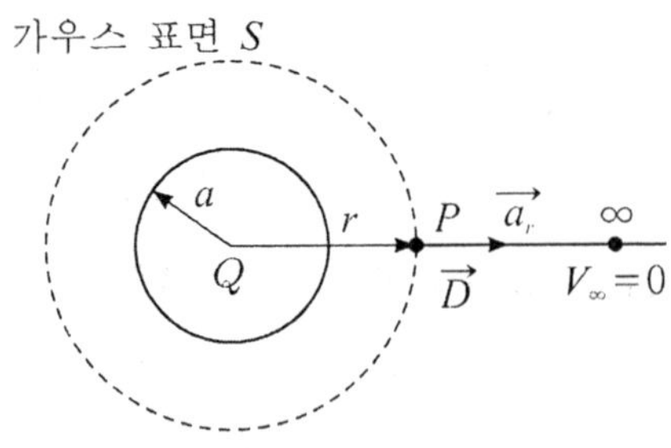

그림 4-4 고립 도체구

도체구와 무한원점의 두 도체계에서 각각 $+Q$와 $-Q$의 전하를 주고, 이들 사이의 전위차 V를 구하면, 정전용량 C를 구할 수 있다. 도체에 $+Q$의 전하를 주면, 무한원점에 $-Q$가 있는 것처럼 될 것이고, 무한원점의 전위는 0이다. 따라서 P점의 전계 E는 그림 4-4의 가우스 표면에 가우스 법칙

$$Q = \oint_s \vec{D} \cdot d\vec{S} \, (S = 4\pi r^2) \tag{4-18}$$

을 적용시키면 전속밀도와 전계의 세기는 다음과 같다.

$$\vec{D} = \frac{Q}{4\pi r^2} \vec{a_r} \tag{4-19}$$

$$\vec{E} = \frac{Q}{4\pi\varepsilon_0 r^2} \vec{a_r} \tag{4-20}$$

도체의 전위는 무한원점과 도체 표면과의 전위차 V로서 부의 전하점으로부터 정의 전하점까지 단위정전하를 이동시키는 데 필요한 일과 같으므로 다음과 같이 구할 수 있다.

$$V = -\int_{-}^{+} \vec{E} \cdot d\vec{l} = -\int_{\infty}^{a} \frac{Q}{4\pi\varepsilon_0 r^2} dr = \int_{a}^{\infty} \frac{Q}{4\pi\varepsilon_0 r^2} dr$$

$$= \frac{Q}{4\pi\varepsilon_0}\left[-\frac{1}{r}\right]_a^{\infty} = \frac{Q}{4\pi\varepsilon_0}\left[-\frac{1}{\infty} + \frac{1}{a}\right]$$

$$= \frac{Q}{4\pi\varepsilon_0 a} \tag{4-21}$$

따라서, 이 도체의 정전용량 C는 다음과 같다.

$$\boxed{C = \frac{Q}{V} = 4\pi\varepsilon_0 a \, [\mathrm{F}]} \;☆ \tag{4-22}$$

예제 4-2 반지름이 각각 2[m], 3[m], 4[m]인 3개의 절연 도체구의 전위가 각각 5[V], 6[V], 7[V]가 되도록 충전한 후, 이들을 도선으로 접속할 때의 공통 전위는 몇 [V]인가?

풀이 연결하기 전의 전하량 $Q = 4\pi\varepsilon_0(aV_1 + bV_2 + cV_3)$[C]

연결 후의 전하량 $Q' = 4\pi\varepsilon_0(a+b+c)V$[C]

공통전위 $V = \dfrac{Q'}{4\pi\varepsilon_0(a+b+c)}$[V]

등전위이므로 $Q = Q'$

$$\therefore\ V = \frac{Q'}{4\pi\varepsilon_0(a+b+c)} = \frac{Q}{4\pi\varepsilon_0(a+b+c)} = \frac{4\pi\varepsilon_0(aV_1+bV_2+cV_3)}{4\pi\varepsilon_0(a+b+c)}$$

$$= \frac{aV_1+bV_2+cV_3}{a+b+c} = \frac{2\times5+3\times6+4\times7}{2+3+4} = \frac{56}{9} = 6.22[\text{V}]$$

4.3.2 동심구 도체 사이의 정전용량

그림 4-5와 같이 반경 a인 도체구 A와 내반경 b, 외반경 c인 도체구 B가 있다.

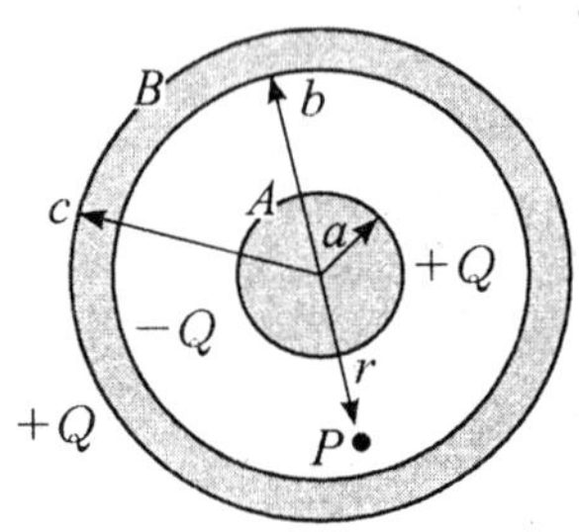

그림 4-5 동심구 도체

(1) A도체에만 Q[C]의 전하를 준 경우

내부도체에 $+Q$의 전하를 주면 반경 a의 구면에 분포되고, 반경 b인 구면에 $-Q$, 반경 c인 구면에 $+Q$의 전하가 유도된다. 그러므로 각 도체간의 전계와 각 도체의 전위를 구하면 다음과 같다.

① a와 b사이의 전계

$$E = \frac{Q}{4\pi\varepsilon_0 r^2} \tag{4-23}$$

② c와 ∞사이의 전계

$$E = \frac{Q}{4\pi\varepsilon_0 r^2} \tag{4-24}$$

③ A도체의 전위

$$V_A = \int_a^b Edl + \int_c^\infty Edl$$

$$= \int_a^b \frac{Q}{4\pi\varepsilon_0 r^2} dr + \int_c^\infty \frac{Q}{4\pi\varepsilon_0 r^2} dr$$

$$= \frac{Q}{4\pi\varepsilon_0}\left\{\left[-\frac{1}{r}\right]_a^b + \left[-\frac{1}{r}\right]_c^\infty\right\}$$

$$= \frac{Q}{4\pi\varepsilon_0}\left\{\left[-\frac{1}{b}+\frac{1}{a}\right]+\left[-\frac{1}{\infty}+\frac{1}{c}\right]\right\}$$

$$\therefore V_A = \frac{Q}{4\pi\varepsilon_0}\left(\frac{1}{a}-\frac{1}{b}+\frac{1}{c}\right)[\mathrm{V}] \tag{4-25}$$ ☆

④ B도체의 전위

$$V_B = \int_c^\infty Edl = \int_c^\infty \frac{Q}{4\pi\varepsilon_0 r^2} dr$$

$$= \frac{Q}{4\pi\varepsilon_0}\left[-\frac{1}{r}\right]_c^\infty = \frac{Q}{4\pi\varepsilon_0}\left[-\frac{1}{\infty}+\frac{1}{c}\right]$$

$$= \frac{Q}{4\pi\varepsilon_0 c}[\mathrm{V}] \tag{4-26}$$

(2) B도체에만 Q[C]의 전하를 준 경우

① a와 b사이의 전계

$$E = 0 \tag{4-27}$$

② c와 ∞ 사이의 전계

$$E = \frac{Q}{4\pi\varepsilon_0 r^2} \tag{4-28}$$

③ A도체의 전위

$$V_A = \int_a^b Edl + \int_c^\infty Edl = 0 + \int_c^\infty Edl = \frac{Q}{4\pi\varepsilon_0 c}\,[\mathrm{V}] \tag{4-29}$$

④ B도체의 전위

$$V_B = \int_c^\infty Edl = \frac{Q}{4\pi\varepsilon_0 c}\,[\mathrm{V}] \tag{4-30}$$

(3) A도체에 $+Q$〔C〕, B도체에 $-Q$〔C〕의 전하를 준 경우

① a와 b사이의 전계

$$E = \frac{Q}{4\pi\varepsilon_0 r^2} \tag{4-31}$$

② c와 ∞ 사이의 전계

$$E = 0 \tag{4-32}$$

③ A도체의 전위

$$\begin{aligned} V_A &= \int_a^b Edl + \int_c^\infty Edl = \int_a^b Edl + 0 \\ &= \int_a^b \frac{Q}{4\pi\varepsilon_0 r^2}\,dr = \frac{Q}{4\pi\varepsilon_0}\left[-\frac{1}{r}\right]_a^b \\ &= \frac{Q}{4\pi\varepsilon_0}\left(-\frac{1}{b} + \frac{1}{a}\right) \\ &= \frac{Q}{4\pi\varepsilon_0}\left(\frac{1}{a} - \frac{1}{b}\right)[\mathrm{V}] \end{aligned} \tag{4-33}$$

④ B도체의 전위

$$V_B = \int_c^{\infty} E dl = 0 \tag{4-34}$$

이와 같이 두 도체계에서 각각 $+Q$와 $-Q$의 전하를 주고, 이들 사이의 전위차 V를 구하면, 다음과 같이 도체 A와 도체 B의 동심구 사이의 정전용량 C를 구할 수 있다.

$$C = \frac{Q}{V_A} = \frac{4\pi\varepsilon_0}{\frac{1}{a} - \frac{1}{b}} \text{[F]}, \ (a < b) \tag{4-35}$$

$$\boxed{\therefore\ C = 4\pi\varepsilon_0 \left(\frac{ab}{b-a} \right) \text{[F]}} \ ☆ \tag{4-36}$$

이 식을 보면 동심구형 도체의 정전용량은 외부 도체의 외반경 c의 크기나 모양에는 아무런 관계가 없다. 그리고 외구(外球)의 내부 반경이 무한대로 커지면 $C = 4\pi\varepsilon_0 a$가 된다.

4.3.3 동축원통 도체 사이의 정전용량

그림 4-6과 같이 내부도체의 반경 a, 외부도체의 내반경 b인 동축 원통의 정전용량을 구해보자. 동축원통의 축방향의 길이를 L[m]라 하고, 내부도체에 $+Q$, 외부도체에 $-Q$의 전하를 주면 각 도체에 축방향으로 분포되는 선전하밀도는 내부도체와 외부도체에 각각 $+\rho_L = +Q/L$[C/m], $-\rho_L = -Q/L$[C/m]가 된다. 즉 내부도체에 단위 길이당의 전하밀도 ρ_L[C/m]의 전하, 외부도체의 안쪽면에는 $-\rho_L$[C/m]의 전하가 분포하게 되는 셈이다.

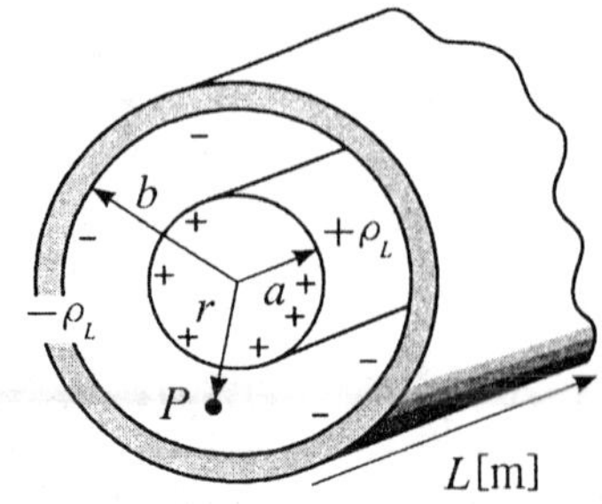

그림 4-6 동축원통

(1) 두 도체 사이의 점 P의 전계

$$E = \frac{\rho_L}{2\pi\varepsilon_0 r} \tag{4-37}$$

(2) 두 도체 사이의 전위차

$$V = -\int_{-}^{+} \vec{E}\cdot d\vec{l} = -\int_{b}^{a} \frac{\rho_L}{2\pi\varepsilon_0 r}\,dr$$

$$= \frac{\rho_L}{2\pi\varepsilon_0}[\ln r]_a^b = \frac{\rho_L}{2\pi\varepsilon_0}(\ln b - \ln a)$$

$$= \frac{\rho_L}{2\pi\varepsilon_0}\ln\frac{b}{a}\,[\mathrm{V}] \tag{4-38}$$

(3) 내부도체와 외부도체 사이의 정전용량

$$C = \frac{Q}{V} = \frac{\rho_L L}{V} = \frac{L 2\pi\varepsilon_0}{\ln\frac{b}{a}}\,[\mathrm{F}] \tag{4-39}$$

이므로 단위 길이당 정전용량 C_0는 다음과 같다.

$$C_0 = \frac{\rho_L}{V} = \frac{2\pi\varepsilon_0}{\ln\frac{b}{a}} \text{[F/m]}, \ (a < b) \tag{4-40}$$

즉 정전용량은 b/a에 따라 결정되므로 반경들을 n배 하더라도 정전용량은 변하지 않는다.

4.3.4 평행 도선 사이의 정전용량

그림 4-7과 같이 반지름 a[m], 중심 간격 d[m]인 평행 원통도체가 있다. $x \gg r$이라 하고 도체 A에 $+\rho_L$[C/m], 도체 B에 $-\rho_L$[C/m]의 전하를 줄 때 원통도체의 정전용량을 구해보자.

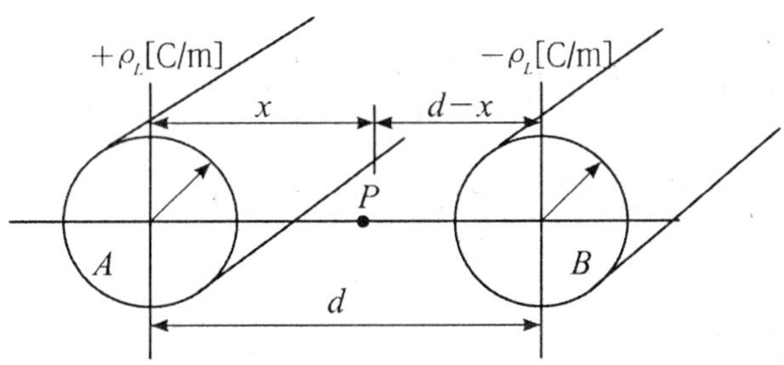

그림 4-7 평행도선

(1) 두 도체 사이의 점 P의 전계

두 도체의 중심을 연결하는 선상의 점 P의 전계의 세기는 다음과 같다.

$$E_A = \frac{\rho_L}{2\pi\varepsilon_0 x} \text{[V/m]} \tag{4-41}$$

$$E_B = \frac{-\rho_L}{2\pi\varepsilon_0 (d-x)} \text{[V/m]} \tag{4-42}$$

전계 E_A, E_B는 언제나 A도체에서 B도체 방향이 되므로 합성 전계의 세기 E는 다음과 같다.

$$E = E_A + E_B = \frac{\rho_L}{2\pi\varepsilon_0 x} + \frac{-\rho_L}{2\pi\varepsilon_0 (d-x)}$$

$$= \frac{\rho_L}{2\pi\varepsilon_0}\left(\frac{1}{x} + \frac{1}{d-x}\right) \qquad (4\text{-}43)$$

(2) 두 도체 사이의 전위차

$$V = -\int_{d-a}^{a} E dx = \int_{a}^{d-a} \frac{\rho_L}{2\pi\varepsilon_0}\left(\frac{1}{x} + \frac{1}{d-x}\right)$$

$$= \frac{\rho_L}{2\pi\varepsilon_0}\left[\ln x - \ln(d-x)\right]_{a}^{d-a}$$

$$= \frac{\rho_L}{2\pi\varepsilon_0}\left[\ln\frac{d-a}{a} - \ln\frac{a}{d-a}\right]$$

$$= \frac{\rho_L}{2\pi\varepsilon_0}\left[\ln\frac{d-a}{a} - \ln\left(\frac{d-a}{a}\right)^{-1}\right]$$

$$= \frac{\rho_L}{2\pi\varepsilon_0}\ln\left(\frac{d-a}{a}\right)^2 = \frac{\rho_L}{\pi\varepsilon_0}\ln\frac{d-a}{a} \quad (d \gg a)$$

$$\therefore\ V = \frac{\rho_L}{\pi\varepsilon_0}\ln\frac{d}{a}\,[\mathrm{V}] \qquad (4\text{-}44)$$

(3) 두 도체 사이의 정전용량

$$C = \frac{Q}{V} = \frac{\rho_L L}{V} = \frac{\rho_L L}{\dfrac{\rho_L}{\pi\varepsilon_0}\ln\dfrac{d}{a}}\,[\mathrm{F}]$$

$$\therefore\ C = \frac{\pi\varepsilon_0 L}{\ln\dfrac{d}{a}}\,[\mathrm{F}] \qquad (4\text{-}45)$$

따라서 단위 길이당 정전용량은 다음과 같다.

$$C_0 = \frac{\pi\varepsilon_0}{\ln\frac{d}{a}} \text{[F/m]} \quad ☆ \tag{4-46}$$

4.3.5 평행판 도체의 정전용량

그림 4-8과 같이 두 장의 평행판 도체가 간격 d[m]에 비해서 충분히 넓은 면적 S[m^2]를 가지고 있을 때의 정전용량을 알아보자.

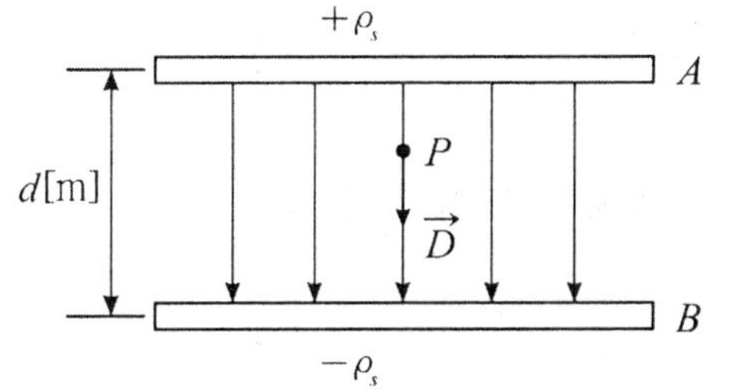

그림 4-8 평행판

도체 A와 B에 각각 $+Q$ 및 $-Q$의 전하를 주면 각 도체에는 단위면적당 $+\rho_s = +Q/S$ [C/m^2], $-\rho_s = -Q/S$ [C/m^2]의 면전하밀도가 분포된다. 따라서 전속은 A도체에서 B도체로 수직으로 향하고 간격 d가 좁기 때문에 두 도체 사이의 공간은 어느 곳이나 전속밀도가 같은 평등전계로 볼 수 있으므로, 점 P의 전속밀도 $D = \rho_s$[C/m^2]이며 $D = \varepsilon_0 E$이다.

(1) 두 도체 사이 점 P의 전계

$$E = \frac{\rho_s}{\varepsilon_0} \text{[V/m]} \tag{4-47}$$

(2) 두 도체 사이의 전위차

$$V = -\int_{-}^{+} \vec{E} \cdot d\vec{l} = -\int_{d}^{0} \frac{\rho_s}{\varepsilon_0} dr = \frac{\rho_s}{\varepsilon_0} d \tag{4-48}$$

(3) 두 극판 사이의 정전용량

$$C = \frac{Q}{V} = \frac{\rho_s S}{V}$$

$$\boxed{\therefore\ C = \varepsilon_0 \frac{S}{d}\ [\mathrm{F}]} \quad ☆☆ \tag{4-49}$$

따라서 단위면적당 정전용량은 다음과 같다.

$$C_0 = \frac{\rho_s}{V} = \frac{\varepsilon_0}{d}\ [\mathrm{F/m^2}] \tag{4-50}$$

4.4 콘덴서

콘덴서(condenser)는 정전용량을 전기나 전자회로에 이용하기 위해서 만든 장치로 커패시터(capacitor)라고도 한다.

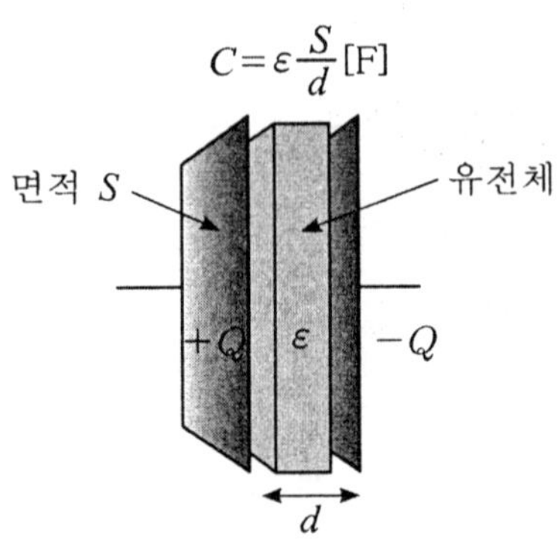

그림 4-9 콘덴서의 구조

콘덴서는 전기를 축적하는 기능을 가지고 있다. 또한 전기를 축적하는 기능 이외에 직류전류를 차단하고 교류전류를 통과시키려는 목적에도 사용된다. 그림 4-9와 같이 콘덴서는 기본적으로 두 장의 금속판(전극판)을 평행으로 놓고 그 사이에 절연물(유전체)을 삽입한 구조로 되어 있다.

보통 금속판에는 알루미늄박, 주석박 등이 사용되고 절연물에는 종이, 운모, 전해액을 포함한 산화피막 또는 공기 등이 사용된다. 절연물의 종류에 따라 종이 콘덴서, 전해 콘덴서, 세라믹 콘덴서, 마일러 콘덴서 등의 이름이 붙여진다. 절연물의 종류와 치수 및 구조에 따라 콘덴서에 가할 수 있는 전위차에는 제한이 있다. 이것을 **내압(내전압)**이라 한다. 그림 4-10과 같이 직류전압을 걸면, 각 전극에 양전하 ($+Q$)와 음전하 ($-Q$)가 축적되며, 축적하고 있는 도중에는 전류가 흐른다. 하지만 축적이 완료된 상태에서는 전류는 흐르지 않게 된다. 그러므로 직류전압이 콘덴서에 가해진 경우, 순간적으로 전류가 흐르지만 나중에는 흐르지 않기 때문에 직류를 통과시키지 않으려는(직류차단) 용도에 사용된다. 그러나 교류의 경우에는 항상 교대로 극성이 바뀌어 접속하는 것과 같으므로, 그 때마다 전류가 흐르게 되어 교류전류는 통과시키게 된다. 콘덴서에 전하를 주는 것을 **충전**(charge), 전하를 내어 보내는 것을 **방전**(discharge)이라 한다.

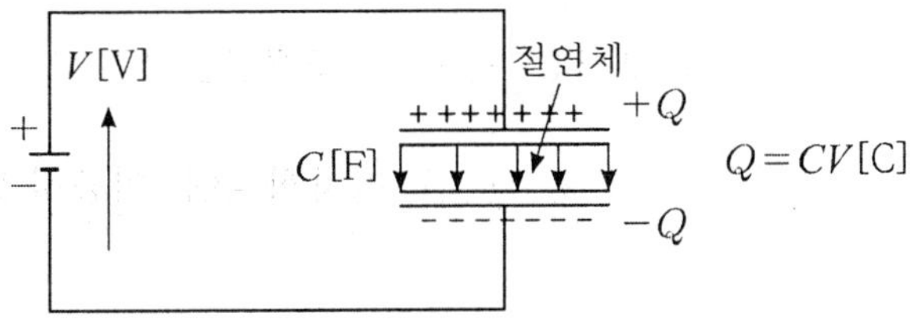

그림 4-10 콘덴서의 원리

콘덴서가 전하를 축적하는 용량을 **정전용량**(electrostatic capacity) 또는 **커패시턴스**(Capacitance)라 하며 기호는 C, 단위는 [F](farad)을 사용한다. 콘덴서의 정전용량 C는 그림 4-9에 표시한 것과 같이 유전체의 유전율 ε과 전극의 면적 S에 비례하고 전극사이의 거리 d에는 반비례한다. 그러므로 정전용량은

$$C=\varepsilon\frac{S}{d}\,[\mathrm{F}] \quad ☆ \qquad (4\text{-}51)$$

와 같이 나타내며, 그림 4-10과 같이 전압 V[V]를 가했을 경우 정전용량이 C[F]인 콘덴서에 축적되는 전하량 Q[C]는 다음과 같다.

$$\boxed{Q = CV[\mathrm{C}]} \; ☆ \tag{4-52}$$

4.4.1 콘덴서의 직렬연결

(1) 합성 정전용량

그림 4-11과 같이 정전용량 C_1, C_2, C_3인 3개의 콘덴서를 직렬로 접속하고 전압 V를 가해주면,

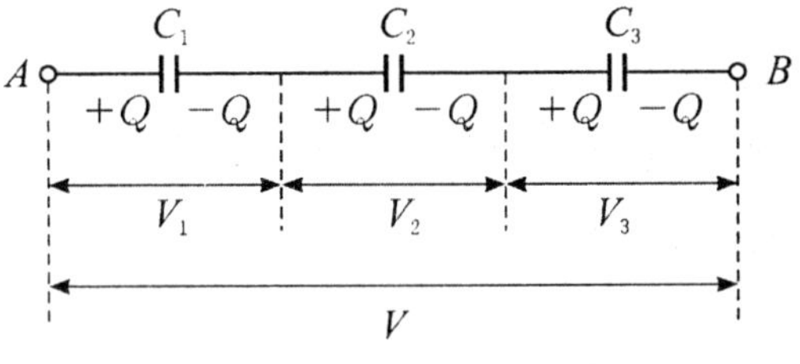

그림 4-11 콘덴서의 직렬연결

각 콘덴서의 단자에는 V_1, V_2, V_3의 전위차가 나타나고, 키르히호프의 전압의 법칙

$$V = V_1 + V_2 + V_3 \tag{4-53}$$

에 의하여 콘덴서 C_1의 한쪽 전극(+극 쪽)에 충전되는 전하를 $+Q$라 하면, 정전유도(electrostatic induction)현상에 의해 다른 쪽 전극에는 $-Q$가 유도되고 이것과 접속되어 있는 C_2의 전극에는 $+Q$가 유도된다. 마찬가지로 가장 낮은 전위인 C_3의 전극(−극 쪽)에 $-Q$가 생긴다. 즉 콘덴서를 직렬연결할 때 각 콘덴서에 분포되는 전하량은 같다.

정전용량의 정의에 따라 각 콘덴서의 정전용량을 구하면 다음과 같다.

$$C_1 = \frac{Q}{V_1},\ C_2 = \frac{Q}{V_2},\ C_3 = \frac{Q}{V_3} \tag{4-54}$$

$V = V_1 + V_2 + V_3$에서

$$V = Q\left(\frac{1}{C_1} + \frac{1}{C_2} + \frac{1}{C_3}\right) \tag{4-55}$$

그림 4-11의 A 및 B에서 본 전하는 $+Q$와 $-Q$이고, 그 전위차는 V이므로 단자 AB에서 본 합성 정전용량 C는 다음과 같다.

$$C = \frac{Q}{V} = \frac{1}{\dfrac{1}{C_1} + \dfrac{1}{C_2} + \dfrac{1}{C_3}}\,[\mathrm{F}] \tag{4-56}$$

따라서 다음과 같은 관계를 얻을 수 있다.

$$\frac{1}{C} = \frac{1}{C_1} + \frac{1}{C_2} + \frac{1}{C_3} \tag{4-57}$$

위 식의 형태는 저항의 병렬연결 공식과 같으며, 용량이 같은 콘덴서를 n개 직렬연결하면 내압은 n배, 용량은 $1/n$배로 된다. 각 콘덴서의 전압을 구하면 다음과 같다.

$$V_1 = \frac{C}{C_1} V\,[\mathrm{V}] \tag{4-58}$$

$$V_2 = \frac{C}{C_2} V\,[\mathrm{V}] \tag{4-59}$$

$$V_3 = \frac{C}{C_3} V\,[\mathrm{V}] \tag{4-60}$$

(2) 콘덴서 직렬연결시 전체내압(파괴전압)

콘덴서의 분담 전압은 콘덴서의 정전용량과 반비례하므로 최소 용량의 것이 최대 전압을 분담하게 된다. 따라서 전압 V를 서서히 증가시키면 Q값이 가장 적은 콘덴서가 제일 먼저 파괴된다. $Q_1 = C_1V_1$, $Q_2 = C_2V_2$, $Q_3 = C_3V_3$에서 $Q_1 < Q_2 < Q_3$이라면 Q_1이 제일 적으므로 C_1의 콘덴서가 먼저 파괴된다. 이 때, 전하량 Q값이 가장 적은 콘덴서 C_1이 파괴될 때의 전체 전압 V의 계산은 다음과 같다.

$$
\begin{aligned}
V &= V_1 + V_2 + V_3 \\
&= \frac{Q_1}{C_1} + \frac{Q_1}{C_2} + \frac{Q_1}{C_3} \\
&= \left(\frac{1}{C_1} + \frac{1}{C_2} + \frac{1}{C_3}\right)Q_1 \\
&= \frac{C_1}{C} V_1 [\mathrm{V}] \qquad (4\text{-}61)
\end{aligned}
$$

예 제 4-3 내압과 용량이 각각 200[V] 5[μF], 300[V] 4[μF], 400[V] 3[μF], 500[V] 3[μF]인 4개의 콘덴서를 직렬연결하고 양단에 직류전압을 가하여 전압을 서서히 상승시키면 최초로 파괴되는 콘덴서와 파괴시 전체 내압을 구하라.

풀이 각 콘덴서의 전하량은

$$Q_1 = C_1V_1 = 5 \times 10^{-6} \times 200 = 1 \times 10^{-3} [\mathrm{C}]$$

$$Q_2 = C_2V_2 = 4 \times 10^{-6} \times 300 = 1.2 \times 10^{-3} [\mathrm{C}]$$

$$Q_3 = C_3V_3 = 3 \times 10^{-6} \times 400 = 1.2 \times 10^{-3} [\mathrm{C}]$$

$$Q_4 = C_4V_4 = 3 \times 10^{-6} \times 500 = 1.5 \times 10^{-3} [\mathrm{C}]$$

따라서 Q_1이 제일 작으므로 C_1(5[μF])이 최초로 파괴된다.

$$V_1 = 200[\mathrm{V}]$$

$$V_2 = \frac{Q_1}{C_2} = \frac{1 \times 10^{-3}}{4 \times 10^{-6}} = 250[\mathrm{V}]$$

$$V_3 = \frac{Q_1}{C_3} = \frac{1\times10^{-3}}{3\times10^{-6}} \fallingdotseq 333[\mathrm{V}]$$

$$V_4 = \frac{Q_1}{C_4} = \frac{1\times10^{-3}}{3\times10^{-6}} \fallingdotseq 333[\mathrm{V}]$$

$$\therefore\ V = V_1 + V_2 + V_3 + V_4 = 200 + 250 + 333 + 333 \fallingdotseq 1,116[\mathrm{V}]$$

4.4.2 콘덴서의 병렬연결

(1) 합성 정전용량

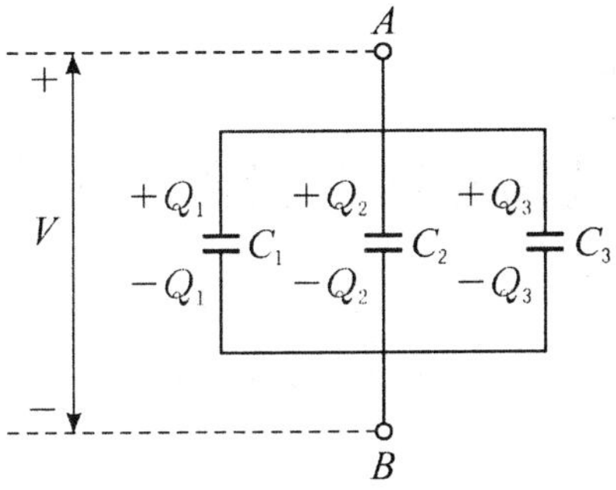

그림 4-12 콘덴서의 병렬연결

그림 4-12와 같이 정전용량 C_1, C_2, C_3인 3개의 커패시터를 병렬로 접속하고 AB단자에 전위차 V를 주면, 각 커패시터에 나타나는 전하는 다음과 같다.

$$Q_1 = C_1 V,\ Q_2 = C_2 V,\ Q_3 = C_3 V \tag{4-62}$$

여기서 A와 B단자에서 본 전하 Q는 $Q_1 + Q_2 + Q_3$이고, 전위차는 V이므로 AB단자에서 본 합성 정전용량 C는 다음과 같다.

$$C = \frac{Q}{V} = \frac{Q_1 + Q_2 + Q_3}{V} = \frac{1}{V}(C_1 V + C_2 V + C_3 V)$$

$$\therefore\ C = C_1 + C_2 + C_3[\mathrm{F}] \tag{4-63}$$

이 식의 형태는 저항의 직렬연결 공식과 같으며, 용량이 같은 콘덴서 n개를 병렬연결하면 내압은 같고, 용량은 n배로 된다.

(2) 병렬연결시 전체 전압

$$V = \frac{Q}{C} = \frac{Q_1 + Q_2}{C_1 + C_2} = \frac{C_1 V_1 + C_2 V_2}{C_1 + C_2}$$

$$= \frac{4\pi\varepsilon_0 (r_1 V_1 + r_2 V_2)}{4\pi\varepsilon_0 (r_1 + r_2)}$$

$$= \frac{r_1 V_1 + r_2 V_2}{r_1 + r_2} \qquad (4\text{-}64)$$

(3) 새로운 콘덴서를 병렬연결시 분배받는 전하량

Q_1으로 대전된 정전용량 C_1의 콘덴서에 정전용량 C_2를 연결한 경우, C_2가 분배받는 전하량은 다음과 같이 구할 수 있다.

처음 C_1 콘덴서의 전하량

$$Q_1 = C_1 V_1 [\text{C}] \qquad (4\text{-}65)$$

병렬연결 후 C_1 콘덴서의 전하량

$$Q_1' = C_1 V' [\text{C}] \qquad (4\text{-}66)$$

병렬연결 후 합성 정전용량

$$C = C_1 + C_2 [\text{F}] \qquad (4\text{-}67)$$

병렬연결 후의 전위차

$$V' = \frac{Q_1' + Q_2'}{C} = \frac{Q_1' + Q_2'}{C_1 + C_2} = \frac{Q}{C_1 + C_2} = \frac{Q_1}{C_1 + C_2} [\text{V}] \qquad (4\text{-}68)$$

병렬연결 후 C_2가 분배받는 전하량

$$Q_2' = C_2 V' = C_2 \frac{Q_1}{C_1 + C_2} = \frac{C_1 C_2}{C_1 + C_2} V_1 [\mathrm{C}] \tag{4-69}$$

4.5 콘덴서 축적 에너지

빈 콘덴서에 전하를 Q[C]까지 채우는데 드는 에너지 계산은 다음과 같다.

(방법 1) $dW = VdQ$이므로

$$W = \int dW = \int VdQ = \int \frac{Q}{C} dQ = \frac{Q^2}{2C} [\mathrm{J}]$$

$$= \frac{(CV)^2}{2C} = \frac{1}{2} CV^2 [\mathrm{J}]$$

$$= \frac{1}{2}(CV)V = \frac{1}{2} QV [\mathrm{J}] \tag{4-70}$$

(방법 2) $W = \int Pdt = \int VIdt = \int VC \frac{dV}{dt} dt$

(전류 $I = \frac{dQ}{dt} = \frac{CdV}{dt}$, 즉 C만의 회로 전류)

$$= \int VCdV = C \cdot \frac{1}{2} V^2 = \frac{1}{2} CV^2 [\mathrm{J}]$$

$$= \frac{(CV)^2}{2C} = \frac{Q^2}{2C} [\mathrm{J}]$$

$$= \frac{1}{2}(CV)V = \frac{1}{2} QV [\mathrm{J}] \tag{4-71}$$

$$\therefore W = \frac{1}{2} CV^2 = \frac{\varepsilon_0 S}{2d} V^2 [\mathrm{J}] \text{ (전압 일정시)}$$

$$= \frac{Q^2}{2C} = \frac{d}{2\varepsilon_0 S} Q^2 [\mathrm{J}] \text{ (전하량 일정시)}$$

$$= \frac{1}{2} QV [\mathrm{J}] \tag{4-72}$$

☆☆

그러므로 콘덴서에 축적되는 단위 체적당 에너지 밀도(전계에너지) w는 다음과 같다.

$$w = \frac{\text{총에너지}}{\text{부피}}$$

$$= \frac{W}{Sd} = \frac{CV^2}{2Sd} = \frac{1}{2}\varepsilon_0\left(\frac{V}{d}\right)^2$$

$$\therefore\ w = \frac{1}{2}\varepsilon_0 E^2 = \frac{1}{2}ED$$

$$= \frac{D^2}{2\varepsilon_0}\,[\text{J/m}^3] \quad ☆ \qquad (4\text{-}73)$$

4.6 정전력

그림 4-13과 같이 도체 1, 2, 3으로 이루어진 도체계에서 각 도체에 전하를 주면 각 도체에서는 서로 힘(정전력)이 작용하게 된다.

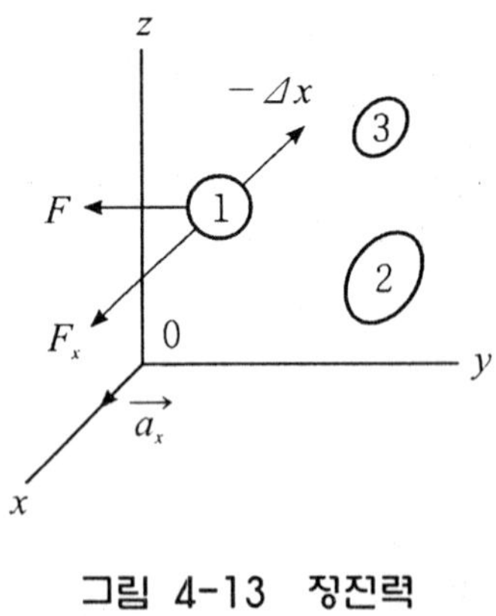

그림 4-13 정전력

여기서, 도체 1에 작용하는 힘(정전력) F를 생각해보자. 힘 F의 $\overrightarrow{a_x}$방향의 성분을 F_x라 하고 도체 1을 $\overrightarrow{a_x}$방향과 반대 방향으로 미소거리 $(-\Delta x)$만큼 옮기는 데 필요로 하는 일을 ΔW라 하면 다음과 같이 표현된다.

$$\Delta W = F_x(-\Delta x)[\text{J}] \tag{4-74}$$

이 ΔW는 도체 1을 거리 $(-\Delta x)$만큼 움직였을 때의 에너지이다. 따라서 정전력 F의 각 방향의 성분을 다음과 같이 나타낼 수 있다.

$$F_x = -\frac{\partial W}{\partial x},\ F_y = -\frac{\partial W}{\partial y},\ F_z = -\frac{\partial W}{\partial z} \tag{4-75}$$

(1) 콘덴서의 정전력

① 전하가 일정한 경우의 정전력 F : 스위치를 닫아 콘덴서를 전압 V[V]로 충전한 후에 스위치를 연 상태의 경우, 평행판 이동시 전기에너지가 기계에너지로 전환된다. 이때 정전에너지와 정전력은 다음과 같이 구할 수 있다.

$$W = \frac{Q^2}{2C} = \frac{d}{2\varepsilon_0 S} Q^2[\text{J}] \tag{4-76}$$

$$F = -\frac{\partial W}{\partial d} = -\frac{\partial}{\partial d}\left(\frac{dQ^2}{2\varepsilon_0 S}\right)$$

$$= -\frac{Q^2}{2\varepsilon_0 S}[\text{N}](\text{흡인력}) \tag{4-77}$$

② 전압이 일정한 경우의 정전력 F : 스위치를 닫아 콘덴서에 일정한 전압 V [V]로 계속 충전중인 상태일 때의 정전에너지와 정전력의 계산은 다음과 같다.

$$W = \frac{1}{2}CV^2 = \frac{\varepsilon_0 S}{2d}V^2[\text{J}] \tag{4-78}$$

$$F = \frac{\partial W}{\partial d} = \frac{\partial}{\partial d}\left(\frac{\varepsilon_0 S V^2}{2d}\right)$$

$$= -\frac{\varepsilon_0 S}{2d^2}V^2[\text{N}] \tag{4-79}$$

• 단원정리 •

1. 전위계수(p_{rr}, p_{sr})

$$V_r = V_{rr} + V_{rs} = \frac{Q_r}{4\pi\varepsilon_0 R_1} + \frac{Q_s}{4\pi\varepsilon_0 R} = p_{rr}Q_r + p_{rs}Q_s$$

$$V_s = V_{sr} + V_{ss} = \frac{Q_r}{4\pi\varepsilon_0 R} + \frac{Q_s}{4\pi\varepsilon_0 R_2} = p_{sr}Q_r + p_{ss}Q_s$$

2. 용량계수(q_{rr}, q_{ss})와 유도계수(q_{rs}, q_{rs})

$$Q_r = 4\pi\varepsilon_0 R_1 V_r + 4\pi\varepsilon_0 R V_s = q_{rr}V_r + q_{rs}V_s$$

$$Q_s = 4\pi\varepsilon_0 R V_r + 4\pi\varepsilon_0 R_2 V_s = q_{sr}V_r + q_{ss}V_s$$

3. 한 도체의 정전용량

$$C = \frac{Q}{V}$$

4. 정전용량의 계산 예

① 고립 도체구의 정전용량

$$C = \frac{Q}{V} = 4\pi\varepsilon_0 a$$

② 동심구 사이의 정전용량

$$C = \frac{Q}{V_A} = \frac{4\pi\varepsilon_0}{\frac{1}{a} - \frac{1}{b}} = 4\pi\varepsilon_0\left(\frac{ab}{b-a}\right)[\mathrm{F}]$$

③ 동심(축) 원통 사이의 단위 길이당 정전용량

$$C_0 = \frac{\rho_L}{V} = \frac{2\pi\varepsilon_0}{\ln\frac{b}{a}}[\mathrm{F/m}]$$

④ 평행 도선 사이의 단위 길이당 정전용량

$$C_0 = \frac{\pi\varepsilon_0}{\ln\frac{d}{a}}[\mathrm{F/m}],\ (d \gg a)$$

⑤ 평행판 콘덴서의 정전용량

$$C = \varepsilon_0\frac{S}{d}[\mathrm{F}]$$

5. 콘덴서 직렬연결시 합성 정전용량

$$C = \frac{Q}{V} = \frac{1}{\frac{1}{C_1} + \frac{1}{C_2} + \frac{1}{C_3}} [\mathrm{F}]$$

6. 콘덴서 병렬연결시 합성 정전용량

$$C = C_1 + C_2 + C_3 [\mathrm{F}]$$

7. 콘덴서가 축적 에너지

$$W = \frac{1}{2} CV^2 = \frac{\varepsilon_0 S}{2d} V^2 [\mathrm{J}] \text{ (전압 일정시)}$$

$$= \frac{Q^2}{2C} = \frac{d}{2\varepsilon_0 S} Q^2 [\mathrm{J}] \text{ (전하량 일정시)}$$

$$= \frac{1}{2} QV [\mathrm{J}]$$

8. 콘덴서 단위 체적당 에너지 밀도(공간 전하계가 갖는 에너지)

$$w = \frac{1}{2} \varepsilon_0 E^2 = \frac{1}{2} ED = \frac{D^2}{2\varepsilon_0} [\mathrm{J/m^3}]$$

9. 콘덴서의 정전력

① 전하가 일정한 경우

$$F = -\frac{Q^2}{2\varepsilon_0 S} [\mathrm{N}]$$

② 전압이 일정한 경우

$$F = -\frac{\varepsilon_0 S}{2d^2} V^2 [\mathrm{N}]$$

연습문제

1. 2개의 도체를 $+Q$[C]과 $-Q$[C]로 대전했을 때, 이 두 도체간의 정전용량을 전위계수로 표시하시오.

풀이 $V_1 = p_{11}Q_1 + p_{12}Q_2 = p_{11}Q - p_{12}Q$

$V_2 = p_{21}Q_1 + p_{22}Q_2 = p_{21}Q - p_{22}Q$

전위차 $V = V_1 - V_2 = (p_{11} - 2p_{12} + p_{22})Q$[V]이다.

$\therefore\ C = \dfrac{Q}{V_1 - V_2} = \dfrac{1}{p_{11} - 2p_{12} + p_{22}}$[F]

2. 반지름이 각각 a[m], b[m], c[m]인 독립 도체구를 가는 도선으로 연결한 경우, 합성 정전용량을 구하시오.

풀이 가는 도선으로 연결하면 전위가 같아지므로 이동이 생기지만 연결 후의 총 전하량은 변함이 없다.

$C = \dfrac{Q}{V}$[F], $\therefore\ Q = CV$[C]

각 고립 도체구의 정전용량

$C_1 = 4\pi\varepsilon_0 a$[F], $C_2 = 4\pi\varepsilon_0 b$[F], $C_3 = 4\pi\varepsilon_0 c$[F]

각 구에 주어진 전하를 Q_1, Q_2, Q_3이라 하고, 연결 후의 전하를 Q_1', Q_2', Q_3', 공통 전위를 V[V]라 하면,

연결하기 전의 전하 : $Q = Q_1 + Q_2 + Q_3 = 4\pi\varepsilon_0(aV_1 + bV_2 + cV_3)$[C]

연결 후의 전하 : $Q' = Q_1' + Q_2' + Q_3' = 4\pi\varepsilon_0(a + b + c)V$[C]

등전위이므로 $Q = Q'$

$\therefore$ 합성 정전용량 $C = \dfrac{Q}{V} = 4\pi\varepsilon_0(a + b + c)$[F]

3. 그림 4-14와 같은 2개의 동심구에서 내구의 반지름이 a[m], 외구의 안지름이

b[m], 외구의 바깥지름이 c[m]일 때 전위계수의 값을 구하시오.

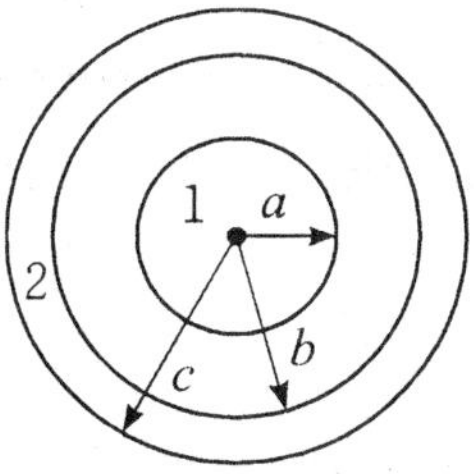

그림 4-14

풀이 도체 1 및 도체 2의 전위를 V_1, V_2 전하를 Q_1, Q_2라 하면 도체의 전위식은 다음과 같다.

$$V_1 = p_{11} Q_1 + p_{12} Q_2,\ V_2 = p_{21} Q_1 + p_{22} Q_2$$

$Q_1 = 1$, $Q_2 = 0$일 때 $V_1 = p_{11}$, $V_2 = p_{21}$

$Q_1 = 0$, $Q_2 = 1$일 때 $V_1 = p_{12}$, $V_2 = p_{22}$

먼저 $Q_1 = 1$, $Q_2 = 0$이라면, 즉 내부의 도체 1에 $Q_1 = 1$[C]을 줄 때 외구에는 -1, $+1$의 전하가 유기 되므로 내구의 전위 V_1, V_2, p_{11}, p_{21}은 다음과 같다.

$$V_1 = \frac{Q_1}{4\pi\varepsilon_0}\left(\frac{1}{a} - \frac{1}{b} + \frac{1}{c}\right)[\mathrm{V}],\ V_2 = \frac{Q_1}{4\pi\varepsilon_0 c}[\mathrm{V}]$$

$$p_{11} = \frac{V_1}{Q_1} = \frac{1}{4\pi\varepsilon_0}\left(\frac{1}{a} - \frac{1}{b} + \frac{1}{c}\right)[1/\mathrm{F}]$$

$$p_{21} = \frac{V_2}{Q_1} = \frac{1}{4\pi\varepsilon_0 c}[1/\mathrm{F}]$$

다음에 $Q_1 = 0$, $Q_2 = 1$이라 하면

$$V_1 = \frac{Q_2}{4\pi\varepsilon_0 c}[\mathrm{V}],\ V_2 = \frac{Q_2}{4\pi\varepsilon_0 c}[\mathrm{V}]$$

$$p_{12} = \frac{V_1}{Q_2} = \frac{1}{4\pi\varepsilon_0 c}[1/\mathrm{F}],\ p_{22} = \frac{V_2}{Q_2} = \frac{1}{4\pi\varepsilon_0 c}[1/\mathrm{F}]$$

4. 반지름이 6[m]되는 내부 도체구와 반지름이 9[m]인 외부 도체구로 된 동심구에서 내구를 접지할 때 이 도체의 전체 정전용량은 몇 [F]인가?

풀이 $C=4\pi\varepsilon_0\left(\dfrac{ab}{b-a}\right)=\dfrac{1}{9\times10^9}\left(\dfrac{6\times9}{9-6}\right)=2\times10^{-9}$[F]

5. 한 변이 50[cm]인 정사각형의 전극을 가진 평행판 콘덴서가 있다. 이 극판의 간격을 5[mm]로 할 때, 정전용량은 약 몇 [μF]인가?(단, 단말(端末) 효과는 무시한다.)

풀이 $C=\varepsilon_0\dfrac{S}{d}=\dfrac{8.855\times10^{-12}\times(0.5\times0.5)}{5\times10^{-3}}=443\times10^{-12}=443$[pF]

6. 반지름 a[m]인 도체구에 전하 Q[C]가 있을 때, 이 도체구가 유전율 ε인 유전체에 있다고 하면 이 도체구가 가진 에너지는 몇 [J]인가?

풀이 $W=\dfrac{Q^2}{2C}=\dfrac{Q^2}{2\times4\pi\varepsilon a}=\dfrac{Q^2}{8\pi\varepsilon a}$[J]

7. 1[μF]의 콘덴서를 30[kV]로 충전하여 200[Ω]의 저항에 연결하면 저항에서 소모되는 에너지는 몇 [J]인가?

풀이 $W=\dfrac{1}{2}CV^2=\dfrac{1}{2}\times1\times10^{-6}\times(30\times10^3)^2=450$[J]

8. 그림 4-15에서 2[μF]의 콘덴서에 축적되는 에너지[J]를 구하시오.

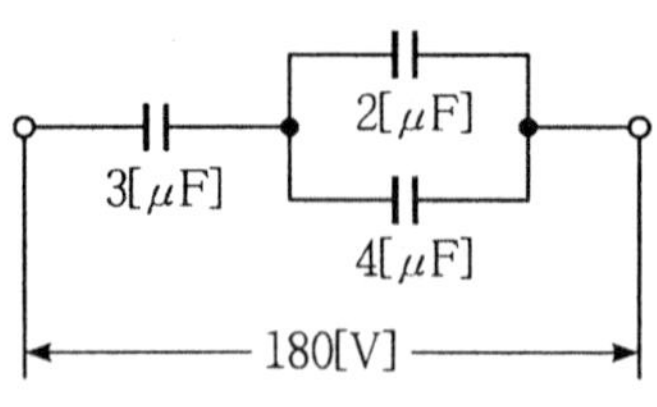

그림 4-15

풀이 이 회로는 3[μF]과 6[μF]이 직렬접속된 회로와 등가이므로 2[μF]에 걸리는 전압은 6[μF]에 걸리는 전압과 같다. 그러므로 2[μF]에 걸리는 전압 V는

$V=\dfrac{3}{3+6}\times180=60$[V]

이다. 그러므로

$$W = \frac{1}{2}CV^2 = \frac{1}{2} \times 2 \times 10^{-6} \times 60^2 = 3.6 \times 10^{-3}[\mathrm{J}]$$

9. 전압 V로 충전된 용량 C의 콘덴서에 $2C$의 콘덴서를 병렬연결한 후의 단자 전압 [V]은?

풀이 초기 충전전하량 $Q = CV[\mathrm{C}]$

합성 정전용량 $C_0 = C + 2C = 3C[\mathrm{F}]$

∴ 병렬연결 후 단자전압 $V_0 = \frac{Q}{C_0} = \frac{CV}{3C} = \frac{V}{3}[\mathrm{V}]$

10. 20[W]의 전구가 2초 동안 한 일의 에너지를 축적할 수 있는 콘덴서의 용량은 몇 [μF]인가?(단, 충전전압은 100[V]이다.)

풀이 $W = Pt[\mathrm{J}]$, $W = \frac{1}{2}CV^2[\mathrm{J}]$이므로 $Pt = \frac{1}{2}CV^2$

$$\therefore C = \frac{2Pt}{V^2} = \frac{2 \times 20 \times 2}{100^2} = 0.008[\mathrm{F}] = 8{,}000[\mu\mathrm{F}]$$

제 5 장

유 전 체

5.1 유전체와 유전율

유전체(dielectric substance)란 두 전극판의 전계 내에 절연체를 놓았을 때 표면에 전하가 유기되는 전기분극 현상이 일어나지만 직류전류는 생기지 않는 절연체를 일컫는다. 그림 5-1과 같이 두 전극판 사이에 유전체를 삽입하면, 유전체의 종류에 따라 정전용량이 변화하게 된다. 두 도체 사이의 공간이 진공일 때의 정전용량을 C_0, 유전체로 채워졌을 때의 정전용량을 C라 할 때, 다음과 같이 비를 나타낼 수 있다.

$$\varepsilon_s = \frac{C}{C_0} \tag{5-1}$$

즉 두 전극판 사이에 유전체를 넣었을 때와 넣지 않았을 때의 정전용량비 ε_s를 유전체의 비유전율(relative permittivity)이라 한다. 즉 비유전율 ε_s인 유전체가 삽입되면 정전용량이 진공 일 때의 ε_s배가 된다. 한편, 아무런 매질이 없는 진공 및 공기 중의 비유전율을 $\varepsilon_s = 1$로 취급하므로 진공중의 유전율을 ε_0로 간주한다. 따라서 두 전극판 사이에 채워진 유전체의 유전율은 $\varepsilon = \varepsilon_0 \varepsilon_s$으로 표현한다.

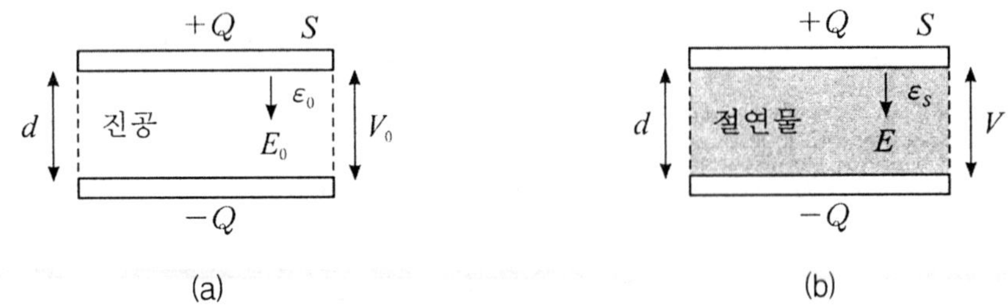

그림 5-1 유전체 삽입

그림 5-1과 같이 2개의 면적 S인 금속판을 간격 d로 두고 한쪽은 평행판 사이가 진공, 다른 쪽은 비유전율 ε_s인 유전체를 넣고 전하 $+Q$와 $-Q$를 주었을 때, 전극사이의 전하량은

$$Q = C_0 V_0 = CV = \varepsilon_s C_0 V \tag{5-2}$$

이므로 전위차는

$$V = \frac{V_0}{\varepsilon_s} \tag{5-3}$$

와 같은 관계가 있다. 즉 유전체일 때의 전위차는 진공일 때의 $1/\varepsilon_s$배가 된다. 한편, 전위차와 전계 사이의 관계는 다음과 같다.

$$V_0 = E_0 d, \ \ V = Ed \tag{5-4}$$

$$\frac{V_0}{V} = \frac{E_0}{E} = \varepsilon_s \tag{5-5}$$

$$\therefore \ E = \frac{E_0}{\varepsilon_s} \tag{5-6}$$

즉 같은 전하에 대하여 유전체가 있을 때에는 진공일 때에 비하여 전계가 $1/\varepsilon_s$배 된다. 그리고 유전체 중에서 쿨롱의 법칙은 다음과 같이 표시된다.

$$F = \frac{Q_1 Q_2}{\varepsilon_s (4\pi\varepsilon_0) r^2} \tag{5-7}$$

여기서, $\varepsilon = \varepsilon_0 \varepsilon_s$으로 두면

$$F = \frac{Q_1 Q_2}{4\pi\varepsilon r^2} \tag{5-8}$$

로 쓸 수 있다.

(1) 유전율

① 유전율의 단위 : 유전율의 단위는 [F/m]이다. 이것은 식 (5-8)을 통해서 다음과 같이 유도된다.

$$\varepsilon = \frac{1}{4\pi}\frac{Q^2}{Fr^2}[\mathrm{C^2/N \cdot m^2}]$$

$$= \frac{1}{4\pi}\frac{Q^2}{W\,r} = \frac{1}{4\pi}\frac{Q}{V\,r} = \frac{1}{4\pi}\frac{C}{r}[\mathrm{F/m}] \tag{5-9}$$

② 진공중의 유전율 ε_0 : $\frac{1}{4\pi\varepsilon_0} = 9\times10^{-9}$으로부터

$$\varepsilon_0 = \frac{1}{4\pi\times9\times10^9} = \frac{1}{36\pi}\times10^{-9}$$

$$= \frac{1}{120\pi C} = \frac{10^7}{4\pi C^2} = \frac{1}{\mu_0 C^2}$$

$$\simeq 8.854\times10^{-12}[\mathrm{F/m}] \tag{5-10}$$

여기서, C는 진공 중의 빛의 속도로서 3×10^8[m/s]이며, μ_0는 진공 중의 투자율로서 $4\pi\times10^{-7}$[H/m]이다.

③ 주요 유전체의 비유전율 : 수소 1.000264, 고무 2.0~3.5, 운모 5.5~6.6, 물 80.7

5.2 분 극

5.2.1 분극현상과 분극전하

유전체가 고체, 액체 또는 기체에 관계없이 공통적인 특성은 진공일 때보다 같은 전위차에 대하여 정전용량이 증가한다. 즉 더 많은 전기량을 축적할 수 있다는 것이다. 이것은 더 많은 전하가 축적되기 위해서는 유전체 내에 어떤 변화, 즉 외부에서 가해진 전하를 더 많이 끌어당겨 유지하려는 전기적인 변화가 있어야 한다.

유전체의 원자는 그림 5-2 (a)와 같이 전계가 가해지지 않을 때에는 중심에 원자핵이 있고 그 주위에 전자가 어떤 궤도를 가지고 돌고 있으나 전체적으로 평균해서 볼 때 외형상 원자 자체는 전기적으로 중성이라고 볼 수 있다.

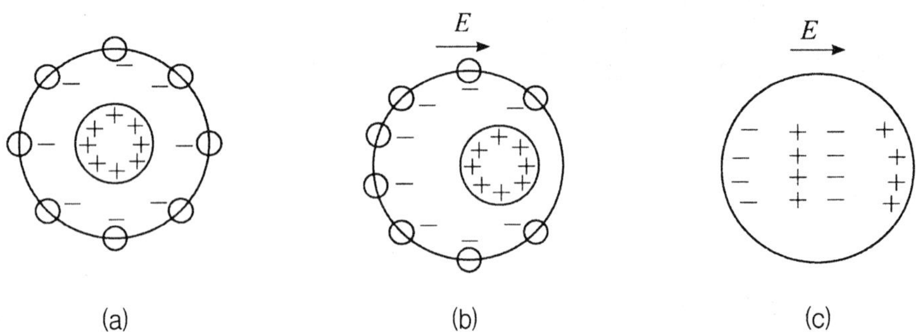

그림 5-2 유전체의 원자

원자에 전계가 가해지면 그림 5-2 (b)와 같이 전자는 전계(전계의 방향은 (+)→(−))와 반대 방향으로 움직이고 원자핵은 전계의 방향으로 힘을 받아 움직이게 되어, 원자는 그림 5-2 (c)와 같이 외관상 하나의 전기쌍극자가 된다. 원자가 이러한 상태로 되는 것을 분극(polarization)했다고 하고 이러한 현상을 전기분극현상이라 한다. 즉 전기분극이란 유전체 내의 속박 전하의 변위이다.

분극은 유전체에 따라 그 방식이 다르다. 유극성분자(polar molecule)라고 하는 분자는 정부 전하의 중심 사이에 언제나 변위가 존재하고, 이들은 하나의 쌍극자를 이루고 있으나 정상 상태에서는 쌍극자가 불규칙적인 방향을 가지고 있기 때문에 외부에는 전기적 영향을 미치지 않는 중성상태에 있다. 전계가 가해지면 쌍극자는 일정한 방향으로 배열되고 더욱 강한 전계를 가하면 정부의 전하의 변위는 크게 된다. 정상상태에서는 쌍극자를 형성하지 않는 분자를 **무극성분자**(nonpolar molecule)라 하고 전계를 가함으로써 정부 전하들이 변위하여 쌍극자를 형성하여 전계의 방향으로 배열된다.

그림 5-3과 같이 배열된 쌍극자에 의해서 유전체의 표면에는 변위에 의한 겉보기의 전하, 즉 분극전하밀도 $-\rho_s'$와 ρ_s'가 나타난다. 이 전하를 **분극전하**(polarization charge)라 하며 이 분극전하는 유전체분자 또는 원자 내의 현상이므로 이것을 따로 분리시킬 수는 없다. 분극전하에 대해서 그림 5-3의 전극에 나타난 표면전하밀도(자유전하밀도) ρ_s[C/m^2]와 같이 자유로이 분리시킬 수 있는 전하를 **진전하**(true charge)라 한다.

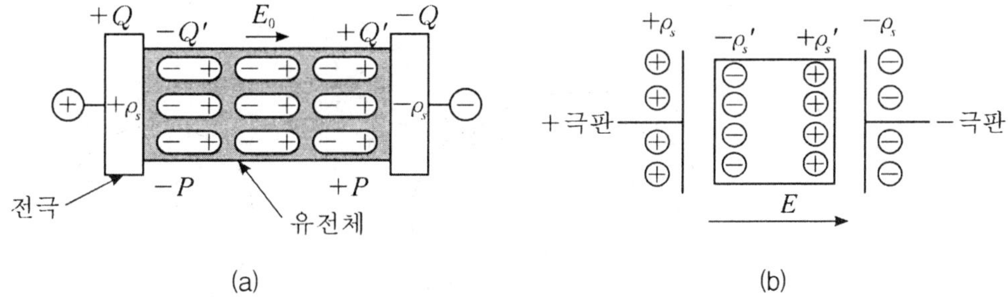

그림 5-3 유전체의 분극

5.2.2 분극의 세기

전기쌍극자가 배열된 유전체 내의 미소 쌍극자 모멘트 $\vec{m}$은 분극전하 $+dQ'$와 $-dQ'$가 미소거리 $d\vec{l}$(방향은 $-Q'$에서 $+Q'$로 향한다)로 변위되어 있다면, $\vec{m}=dQ'd\vec{l}$가 될 것이다. 여기서 어떤 점의 체적 v내의 전 쌍극자 모멘트 $\vec{M}=Q'\vec{l}$라 할 때, 단위 체적당의 쌍극자 모멘트를 분극의 세기(분극도) 또는 분극벡터 $\vec{P}$라 정의하며 다음과 같이 표시한다.

$$\vec{P} = \frac{\vec{M}}{v} \tag{5-11}$$

$\vec{P}$의 방향은 그림 5-3에서 알 수 있듯이 $\vec{M}$의 방향이므로 $-Q'$에서 $+Q'$로의 방향이고 이것은 전계의 방향과 같다. $\vec{P}$의 크기 P는 다음과 같다.

$$P = \frac{M}{v} = \frac{Q'l}{v} = \frac{Q'}{S} = \rho_s'[\mathrm{C/m^2}] \tag{5-12}$$

이와 같이 분극의 세기 P는 분극전하밀도 $\rho_s'[\mathrm{C/m^2}]$와 같다. 따라서 단위는 $[\mathrm{C/m^2}]$가 된다. 여기서 $\vec{P}$도 전계와 같이 유전체 내에서 각 점의 $\vec{P}$의 방향을 연속적으로 그린 지력선을 분극선이라고 하며, 분극선은 부의 분극전하에서 출발하여 정의 분극전하에서 끝나게 된다. 그림 5-4에서 어떤 점의 분극선밀도는 그 점의 분극의 크기를 나타낸다. 즉, 분극선 밀도는 P이다.

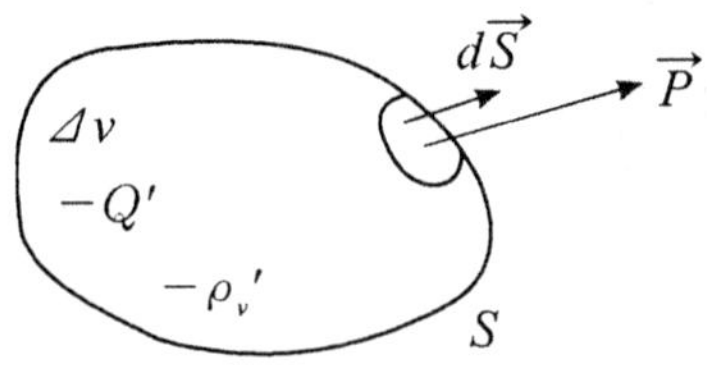

그림 5-4 분극선

그림 5-4에서 가우스의 법칙을 이용하면 다음과 같은 식을 얻을 수 있다.

$$-Q' = \oint_s \vec{P} \cdot d\vec{S} \tag{5-13}$$

여기서, Δv내의 분극전하의 체적밀도를 ρ_v라 하고 발산의 정리를 이용하면 다음의 관계식을 구할 수 있다.

$$-Q' = \int_v (-\rho_v')dv = \int_s \vec{P} \cdot d\vec{S} = \int_v (\mathrm{div}\vec{P})dv \tag{5-14}$$

$$\mathrm{div}\vec{P} = \nabla \cdot \vec{P} = -\rho_v' \tag{5-15}$$

한편, 유전체의 표면이 분극선의 출발점이 아니면 종점이 되는 것이므로 식 (5-14)와 (5-15)에서 알 수 있는 바와 같이, 단위 분극 전하에 대해서 한 개의 분극선이 있게 된다.

5.2.3 분극과 전계의 관계

일반적으로 균일한 전계 중에 유전체가 존재할 때 균일한 분극이 생겨, 분극전하는 유전체의 표면에만 나타난다.

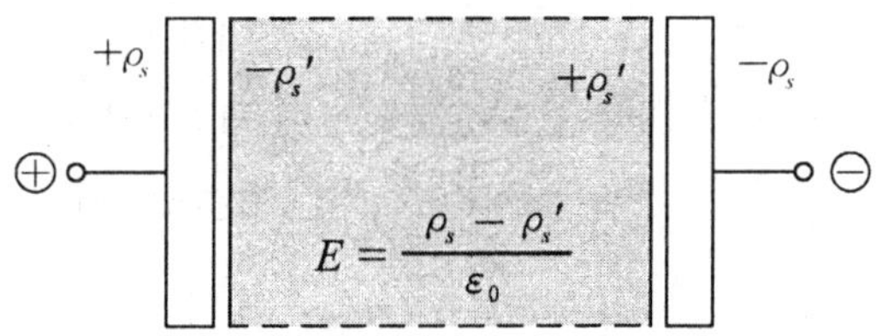

그림 5-5 분극과 전계

그림 5-5와 같이 유전체를 넣기 전에 $+\rho_s$이었던 정전극판의 전하밀도는 유전체가 있음으로서 생긴 유전체 표면의 분극전하밀도 $-\rho_s'$때문에 외관상 전하밀도에 따라 $\rho_s - \rho_s'$가 있는 것이 되고, 양 극판 사이의 전계 E는 이 외관상의 전하밀도에 따라 다음과 같이 정해진다.

$$E = \frac{\rho_s - \rho_s'}{\varepsilon_0} \tag{5-16}$$

양극판 사이가 진공일 때의 전계의 크기 E_0는

$$E_0 = \frac{\rho_s}{\varepsilon_0} \tag{5-17}$$

이며, 비유전율 ε_s인 유전체 내의 전계의 크기 E는 E_0의 $1/\varepsilon_s$이므로 다음과 같은 관계식을 얻을 수 있다.

$$E = \frac{E_0}{\varepsilon_s} = \frac{\rho_s}{\varepsilon_0 \varepsilon_s} \tag{5-18}$$

$$\rho_s = \varepsilon_0 \varepsilon_s E \tag{5-19}$$

따라서 $\rho_s{}' = P$와 $\rho_s = \varepsilon_0 \varepsilon_s E$를 식 (5-16)에 대입하여 정리하면, 다음과 같이 분극의 세기를 구할 수 있다.

$$E = \frac{\rho_s - \rho_s{}'}{\varepsilon_0} = \frac{\rho_s - P}{\varepsilon_0} \tag{5-20}$$

$$\varepsilon_0 E = \rho_s - P \tag{5-21}$$

$$P = \rho_s - \varepsilon_0 E = \varepsilon_0 \varepsilon_s E - \varepsilon_0 E \tag{5-22}$$

$$\begin{aligned} \therefore\ P &= \varepsilon_0(\varepsilon_s - 1)E \\ &= D\left(1 - \frac{1}{\varepsilon_s}\right)[\text{C/m}^2] \end{aligned} \tag{5-23}$$

☆☆

분극의 세기를 다음과 같이

$$\begin{aligned} P &= \varepsilon_0(\varepsilon_s - 1)E \\ &= \varepsilon_0 \chi_s E \\ &= \chi E[\text{C/m}^2] \end{aligned} \tag{5-24}$$

로 표시할 수 있는데, 여기서 χ를 물질의 분극률(polarizability), χ_s를 비분극률이라 하며 다음과 같이 표시한다.

$$\chi = \varepsilon_0(\varepsilon_s - 1) \tag{5-25}$$

$$\chi_s = \frac{\chi}{\varepsilon_0} = (\varepsilon_s - 1) \tag{5-26}$$

일반적으로 전계 E와 이에 따르는 분극 P 사이의 관계는 물질의 종류에 따라 다르며, E와 P의 방향이 항상 같은 방향이 되는 등방성 물질을 주로 다루고 있다. 그러나 결정물질은 쌍극자 모멘트들이 결정축 방향으로 형성되기 쉽기 때문에 전계와 분극의 방향이 반드시 같아지지는 않는다. 이러한 것을 이방성물질이라 한다. 티탄산바륨, 로셀염 등은 분극과 전계 사이에 선형관계가 되지도 않고, 과거의 상태에 따라 분극상태가 달라지는 이력효과를 가지고 있으며, 물질에 따라서는 전계가 어느 정도 이상 커지면 분극이 포화하는 수도 있다. 여기서는 등방성 유전체에 한해서 다루는 것으로 한다.

예제 5-1 비유전율이 5인 등방 유전체의 한 점에서의 전계의 세기가 10^5[V/m]일 때 이 점의 분극의 세기는 몇 [C/m²]인가?

풀이 $P = \varepsilon_0(\varepsilon_s - 1)E = \dfrac{10^{-9}}{36\pi} \times (5-1) \times 10^5 = \dfrac{10^{-4}}{9\pi}$ [C/m²]

5.2.4 분극과 전속밀도

앞에서 유전체 내의 전계 E를 다음과 같이 구하였다.

$$E = \frac{\rho_s - \rho_s'}{\varepsilon_0} \tag{5-27}$$

$$\therefore \ \varepsilon_0 E = \rho_s - \rho_s' \tag{5-28}$$

여기서 전속밀도 D는 전극판의 진전하의 밀도가 ρ_s이므로 평등전계에서 $D = \rho_s$이고 분극 전하밀도 ρ_s'는 분극의 세기 P와 같으므로 다음과 같은 관계가 얻어진다.

$$\varepsilon_0 E = D - P \tag{5-29}$$

$$D = \varepsilon_0 E + P \tag{5-30}$$

이 식은 분극물질이 있는 경우의 전속밀도는 분극물질 내의 전계강도 E가 자유공간에 있을 때의 전속수에 해당하는 $\varepsilon_0 E$와 분극선밀도 P를 합한 것과 같다는 것을 말한다.

5.3 유전체의 경계조건

그림 5-6과 같이 유전율 ε_1과 ε_2를 가진 두 유전체의 경계면에 E_1, D_1이 면의 법선방향에 대하여 θ_1의 각으로 투과하는 경우를 생각한다.

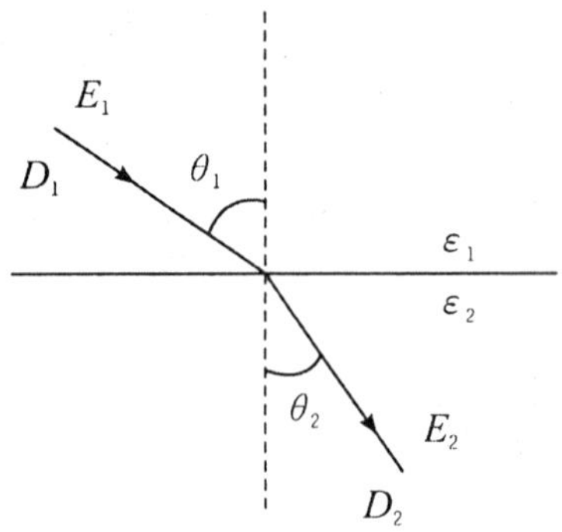

그림 5-6 유전체의 경계면

5.3.1 법선성분

그림 5-7과 같이 전속의 법선방향의 성분 $D_{1n}=D_1\cos\theta_1$, $D_{2n}=D_2\cos\theta_2$는 경계면에 걸친 미소 원통을 가우스 표면으로 잡고 원통 측면의 길이를 충분히 작게 하면 윗면과 아랫면을 통과하는 전속만 생각하면 된다.

경계면의 진전하 ρ_s가 있다고 할 때, 가우스 법칙을 적용한다.

$$\int_s \vec{D}\cdot d\vec{S}=\int_s D_n dS=\int_{\varepsilon_2} D_{2n}dS-\int_{\varepsilon_1} D_{1n}dS=\rho_s\int dS \tag{5-31}$$

$$D_{2n}-D_{1n}=\rho_s \tag{5-32}$$

그러나 일반적으로 완전 유전체에서는 자유전하가 없기 때문에 $\rho_s=0$이다. 즉 경계면에 전하가 존재하지 않을 때는 $\rho_s=0$이므로

$$D_{2n}=D_{1n} \tag{5-33}$$

이다. 이는 전속밀도의 법선성분은 같으며 연속적이라는 것을 의미한다. 위 관계에서 전계의 법선성분 E_{1n}, E_{2n}사이에는 다음과 같은 관계가 성립한다.

$$\varepsilon_2 E_{2n} = \varepsilon_1 E_{1n} \tag{5-34}$$

그러므로 전계의 법선성분은 연속되지 않는다는 것을 알 수 있다.

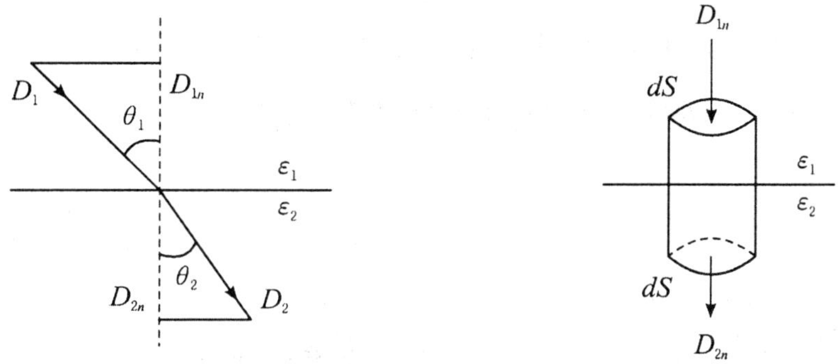

(a) (b)

그림 5-7 법선성분

5.3.2 접선성분

그림 5-8과 같이 경계면에 걸쳐있는 폐곡선에 대하여 $\oint \vec{E} \cdot \vec{dl} = 0$인 관계를 이용하여 전계의 접선성분 $E_{1t} = E_1 \sin\theta_1$, $E_{2t} = E_2 \sin\theta_2$을 생각해보자.

면에 수직인 선분은 상하의 곡선성분을 충분히 면에 접근시키면, 즉 변 DA, BC의 길이를 아주 작게 취하면 접선성분의 선적분은 무시 할 수 있다. 따라서,

$$\begin{aligned} \oint_{ABCDA} \vec{E} \cdot \vec{dl} &= \int_A^B \vec{E} \cdot \vec{dl} + \int_C^D \vec{E} \cdot \vec{dl} \\ &= \int E_{1t} dl - \int E_{2t} dl = 0 \end{aligned} \tag{5-35}$$

이므로

$$E_{1t} = E_{2t} \tag{5-36}$$

이다. 이는 전계의 접선성분은 같으며 연속적이라는 것을 의미한다. 그러나 전속밀도의 접선성분은 다음과 같이 연속이 아니다.

$$\frac{D_{2t}}{\varepsilon_2} = \frac{D_{1t}}{\varepsilon_1} \tag{5-37}$$

이와 같이 유전율 ε_1과 ε_2를 가진 두 유전체의 경계면에 대하여 $D_{2n} = D_{1n}$와 $E_{2t} = E_{1t}$인 관계를 전계와 전속밀도에 관한 경계조건이라 한다.

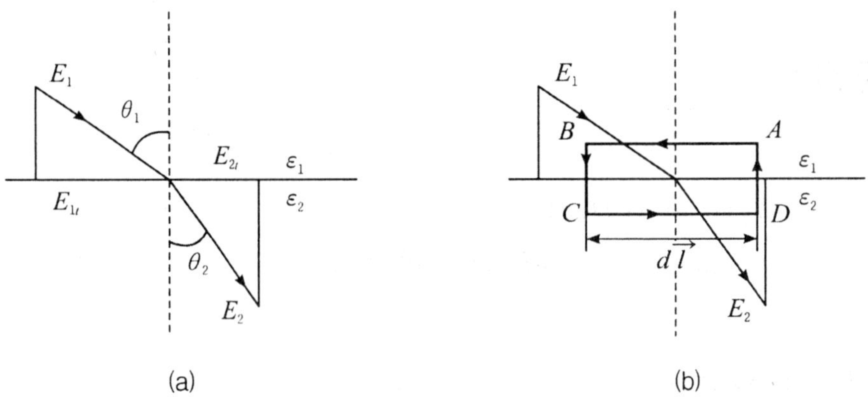

그림 5-8 접선성분

5.3.3 굴절각

위의 두 개의 경계조건에 따라 전속 및 전계가 유전율이 다른 면에서 굴절하는 데 각 성분 중 θ_1을 입사각과 θ_2을 굴절각이라 하면, $D_1 \cos\theta_1 = D_2 \cos\theta_2$, $E_1 \sin\theta_1 = E_2 \sin\theta_2$, $D_1 = \varepsilon_1 E_1$, $D_2 = \varepsilon_2 E_2$의 식으로부터 다음과 같은 입사각과 굴절각의 관계식을 얻을 수 있다.

$$\frac{E_1 \sin\theta_1}{D_1 \cos\theta_1} = \frac{E_2 \sin\theta_2}{D_2 \cos\theta_2} \tag{5-38}$$

$$\frac{E_1 \sin\theta_1}{\varepsilon_1 E_1 \cos\theta_1} = \frac{E_2 \sin\theta_2}{\varepsilon_2 E_2 \cos\theta_2} \tag{5-39}$$

$$\frac{\tan\theta_1}{\varepsilon_1} = \frac{\tan\theta_2}{\varepsilon_2} \tag{5-40}$$

$$\therefore \frac{\tan\theta_1}{\tan\theta_2} = \frac{\varepsilon_1}{\varepsilon_2} \ \text{☆} \tag{5-41}$$

위 식은 전속과 전계가 다른 유전율을 가진 경계면에서 굴절하며 $\varepsilon_1 > \varepsilon_2$이면 $\theta_1 > \theta_2$가 된다는 것을 말하고 있다.

(1) 굴절각

$\varepsilon_1 > \varepsilon_2$일때, $\varepsilon_2 \tan\theta_1 = \varepsilon_1 \tan\theta_2$이므로 $\theta_1 > \theta_2$이다.

$D_1 \cos\theta_1 = D_2 \cos\theta_2$이므로 $D_1 > D_2$이다.

$E_1 \sin\theta_1 = E_2 \sin\theta_2$이므로 $E_1 < E_2$이다.

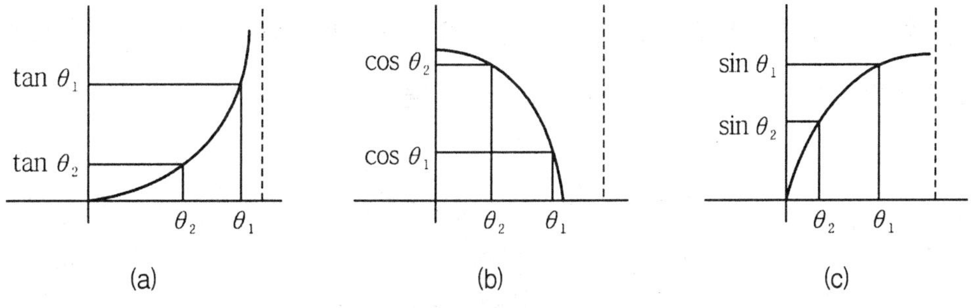

그림 5-9 굴절각($\theta_1 > \theta_2$)

예제 5-2 공기 중의 전계 E_1이 10[kV/cm]이고, 입사각 $\theta_1 = 30°$(법선과 이룬각)로 변압기유의 경계면에 닿을 때, 굴절각 θ_2는 몇 도이며, 변압기유의 전계 E_2는 몇 [V/m]인가?(단, 변압기유의 비유전율은 3이다.)

풀이 $\dfrac{\tan\theta_1}{\tan\theta_2}=\dfrac{\varepsilon_1}{\varepsilon_2}=\dfrac{1}{3}$, $\tan\theta_2=3\tan\theta_1$

$$\therefore\ \theta_2=\tan^{-1}(3\tan\theta_1)=\tan^{-1}(3\tan 30°)=\tan^{-1}\left(3\times\frac{1}{\sqrt{3}}\right)=60°$$

$$E_1\sin\theta_1=E_2\sin\theta_2,\quad E_2=\frac{\sin\theta_1}{\sin\theta_2}E_1$$

$$\therefore\ E_2=\frac{\sin 30°}{\sin 60°}\times(10\times10^3/10^{-2})=\frac{1/2}{\sqrt{3}/2}\times10^6=\frac{10^6}{\sqrt{3}}\ [\mathrm{V/m}]$$

5.4 유전체 사이에 작용하는 힘

전계 속에 두 종류의 유전체가 경계면을 이루고 있으면 각 유전체가 가지는 에너지의 차에 의해서 그 경계면에 힘이 작용하게 된다. 이 힘의 크기를 가상변위를 이용해서 알아보기로 한다.

5.4.1 전계가 경계면에 수직으로 가해지는 경우

그림 5-10과 같이 두 개의 ε_1 및 ε_2인 유전체가 경계면을 이루고 있을 때, 경계면 O에 수직으로 전계가 가해진 경우, 면 O가 Δx만큼 오른쪽으로 변위하여 O'가 되었다면,

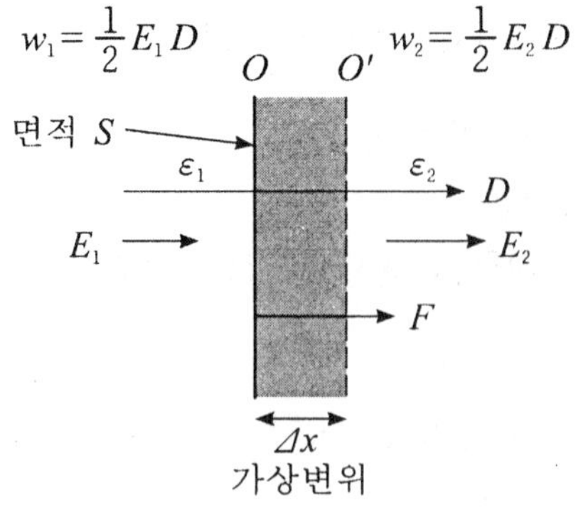

그림 5-10 경계면에 수직인 전계

OO'층은 처음의 에너지 밀도 w_2가 w_1으로 변했기 때문에 그 변화량은 다음과 같다.

$$\Delta W = (w_1 - w_2)\Delta x S \tag{5-42}$$

여기서, S는 경계면의 면적이다. 힘 F가 경계면 S를 Δx만큼 움직였다면 F가 한 일은 $\Delta W = F\Delta x$이다. 이 때, 일의 양만큼 전기에너지가 감소하므로 이것을 $-\Delta W$라 하면 경계면에 작용하는 수직력 F는 다음과 같이 구할 수 있다.

$$F = -\frac{\Delta W}{\Delta x} = -\frac{(w_1 - w_2)\Delta x S}{\Delta x} = (w_2 - w_1)S \tag{5-43}$$

그리고 경계면의 단위면적당 작용하는 힘 f_n은 다음과 같다.

$$\begin{aligned} f &= -\frac{1}{S}\frac{\Delta W}{\Delta x} = w_2 - w_1 \\ &= \frac{1}{2}D_2E_2 - \frac{1}{2}D_1E_1 = \frac{1}{2}D(E_2 - E_1) \\ &= \frac{1}{2}\left(\frac{1}{\varepsilon_2} - \frac{1}{\varepsilon_1}\right)D^2[\mathrm{N/m^2}] \end{aligned} \tag{5-44}$$

여기서, $\varepsilon_1 > \varepsilon_2$이면 $f > 0$이 되므로 유전율이 큰 유전체가 작은 유전체 쪽으로 끌려 들어가는 힘이 된다. 즉, 전계가 경계면에 수직으로 가해지는 경우 작용하는 힘은 유전율이 큰 쪽에서 작은 쪽으로 작용한다. 따라서 전계 중의 유전체는 전계방향으로 끌려 변형력을 받는다. 이와 같은 변형력을 **맥스웰의 변형력**(Max-well's stress) 또는 **정전응력**이라 한다. 그리고 두 종류의 유전체 경계면에서 전속과 전기력이 경계면에 수직으로 도달할 때, 전속과 전기력선은 굴절하지 않는다.

별해

$\theta=0$일 때, $D_1\cos 0° = D_2\cos 0°$이므로 $D_1 = D_2 = D$이다. 전속밀도 D가 일정하므로 정전응력 $f=\dfrac{D^2}{2\varepsilon}$을 사용하면 다음과 같이 구할 수 있다.

$$f=\frac{1}{2}\left(\frac{1}{\varepsilon_2}-\frac{1}{\varepsilon_1}\right)D^2[\text{N/m}^2] \tag{5-45}$$

5.4.2 전계가 경계면에 평행으로 가해지는 경우

그림 5-11과 같이 면적이 충분히 넓고 간격 d인 평행도체 전극 사이에 ε_1과 ε_2인 두 유전체가 경계면을 이루고 있을 때 전계와 경계면 S가 평행이라고 한다.

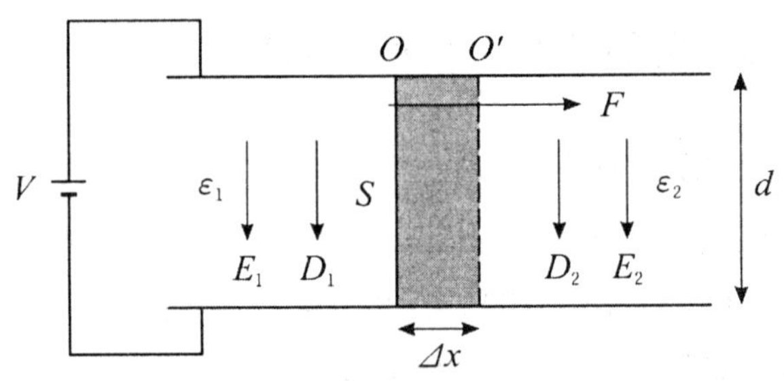

그림 5-11 경계면에 평행인 전계

이때, 두 전극사이에 가해진 전위차를 V라 하면 평행판 사이의 전계의 세기는

$$E=\frac{V}{d}=E_1=E_2 \tag{5-46}$$

이므로 각 유전체 속을 지나는 전속밀도 $D_1=\varepsilon_1 E$, $D_2=\varepsilon_2 E$가 되고 에너지 밀도도 $w_1=\frac{1}{2}\varepsilon_1 E^2$, $w_2=\frac{1}{2}\varepsilon_2 E^2$이 된다. 지금, 힘 F가 경계면을 Δx만큼 움직였다면 전술한 바와 같이 F가 한 일은 $F\Delta x$이고, 검은 부분의 전기에너지는

$(w_1 - w_2)\Delta x S$만큼 감소한다. ε_1부분이 ε_2쪽으로 Δx만큼 변위하면 OO'층의 전속밀도는 D_2에서 D_1으로 변하고, 또 유전체의 이동에 따라 에너지 밀도도 w_2에서 w_1으로 변한다. 여기서 주의할 것은 Δx부분의 전속밀도가 D_2에서 D_1으로 변하는 것이다. 이에 따라 전하밀도도 $D_2 = \rho_2$로부터 $D_1 = \rho_1$으로 변하게 되므로 이 변화량 ΔQ는 전원으로부터 충전에 의해서 보충된다. 즉

$$\Delta Q = (D_1 - D_2)\Delta x L \tag{5-47}$$

만큼의 전하가 전원으로부터 보충되므로 보충되는 에너지 ΔW_1은 다음과 같다.

$$\Delta W_1 = V\Delta Q = (D_1 - D_2) V\Delta x L \tag{5-48}$$

여기서 L은 경계면의 폭으로서 $L = S/d$이다. OO'층이 w_2가 w_1으로 에너지 밀도가 변화하므로 이에 따르는 에너지 변화량 ΔW_2는 다음과 같다.

$$\Delta W_2 = (w_1 - w_2)\Delta x S \tag{5-49}$$

따라서 실질적인 OO'층의 에너지 변화량 ΔW를 식 $L = S/d$, $E = V/d$ 등을 이용하여 구하면 다음과 같다.

$$\begin{aligned} \Delta W &= \Delta W_2 - \Delta W_1 \\ &= (w_1 - w_2)\Delta x S - (D_1 - D_2) V\Delta x \cdot \frac{S}{d} \\ &= \left(\frac{1}{2}\varepsilon_1 E^2 - \frac{1}{2}\varepsilon_2 E^2\right)\Delta x S - (\varepsilon_1 E - \varepsilon_2 E) E\Delta x S \\ &= -\frac{1}{2}(\varepsilon_1 - \varepsilon_2)E^2 \Delta x S \end{aligned} \tag{5-50}$$

위 식에서 단위 면적당 작용하는 힘 f는 다음과 같다.

$$f = -\frac{1}{S}\frac{\Delta W}{\Delta x} = \frac{1}{2}(\varepsilon_1 - \varepsilon_2)E^2 [\mathrm{N/m^2}] \tag{5-51}$$

이 경우에도 $\varepsilon_1 > \varepsilon_2$이면 $f > 0$이므로 전계에너지가 큰 쪽에서 작은 쪽으로 향하는 힘이 경계면에 작용한다.

별해

$\theta = 90°$일 때 $E_1 \sin 90° = E_2 \sin 90°$이므로 $E_1 = E_2 = E$이다. 전계 E가 일정하므로 정전응력 $f = \frac{1}{2}\varepsilon E^2$을 이용하면 다음과 같이 구할 수 있다.

$$f = \frac{1}{2}(\varepsilon_1 - \varepsilon_2)E^2 [\mathrm{N/m^2}] \tag{5-52}$$

5.5 유전체를 가진 도체계의 정전용량

도체 사이에 유전체가 있으면, 전계는 진공일 때보다 낮아지고 정전용량은 증가하게 됨을 알았다. 도체가 갖는 전하의 크기가 Q[C]일 때 도체의 전위가 V[V]이면 정전용량 C[F]은 $C = Q/V$에 의해 산출한다. 여기서는 대표적인 도체계에서 매질의 일부 또는 전부가 어떤 비유전율 ε_s인 유전체 일 때의 정전용량을 알아보기로 한다.

5.5.1 단독 도체구 주위에 유전체가 있을 경우

그림 5-12와 같이 반경 a인 도체구와 동심으로 반경 b까지 도체구 위에 유전율 ε_1의 유전체가 있는 경우, 도체 a에 전하 Q를 주면 거리 r만큼 떨어진 점 P의 전속밀도 D는

$$D = \frac{Q}{4\pi r^2} [\mathrm{C/m^2}] \tag{5-53}$$

이다. 따라서, $r \geq b$인 곳의 전계 E_1은

$$E_1 = \frac{D}{\varepsilon_0} = \frac{Q}{4\pi\varepsilon_0 r^2} \tag{5-54}$$

이고, $a \leq r \leq b$인 곳의 전계 E_2는 다음과 같다.

$$E_2 = \frac{D}{\varepsilon_1} = \frac{Q}{4\pi\varepsilon_1 r^2} \tag{5-55}$$

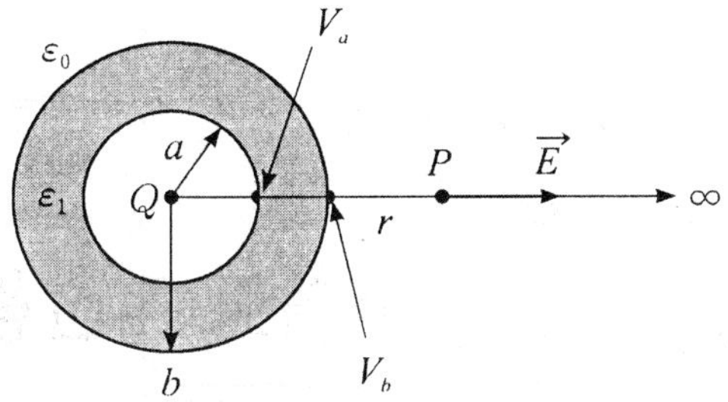

그림 5-12 도체구 주위의 유전체

$V_{ab} = V_a - V_b$이므로 Q[C]의 전하를 가진 도체구의 전위 V_a는 b점의 전위 V_b와 ab사이의 전위차 V_{ab}를 합한 것과 같다. 따라서 V_a는 다음과 같이 표현된다.

$$\begin{aligned} V_a = V_{ab} + V_b &= -\int_b^a \frac{Q}{4\pi\varepsilon_1 r^2}\,dr + \left[-\int_\infty^b \frac{Q}{4\pi\varepsilon_0 r^2}\,dr\right] \\ &= \frac{Q}{4\pi\varepsilon_1}\left(\frac{1}{a} - \frac{1}{b}\right) + \frac{Q}{4\pi\varepsilon_0}\left(\frac{1}{b}\right) \\ &= \frac{Q}{4\pi\varepsilon_0}\left[\frac{1}{\varepsilon_s a} + \frac{1}{b}\left(1 - \frac{1}{\varepsilon_s}\right)\right] \end{aligned} \tag{5-56}$$

여기서, ε_s는 유전체의 비유전율이다. 이 경우의 정전용량 C는 다음과 같다.

$$C = \frac{Q}{V_a} = \frac{4\pi\varepsilon_0}{\dfrac{1}{\varepsilon_s a} + \dfrac{1}{b}\left(1 - \dfrac{1}{\varepsilon_s}\right)}$$

$$= \frac{4\pi\varepsilon}{\frac{1}{a} + \frac{1}{b}(\varepsilon_s - 1)} \qquad (5\text{-}57)$$

유전체가 없는 경우의 $\varepsilon_s = 1$이므로 정전용량은 $C = 4\pi\varepsilon_0 a$가 된다.

5.5.2 평행 도체판 사이에 유전체가 있는 경우

(1) 직렬연결

그림 5-13과 같이 두께 d_1, d_2, 유전율 ε_1, ε_2인 두 종류의 유전체가 직렬로 연결되어 있는 경우를 생각해 본다.

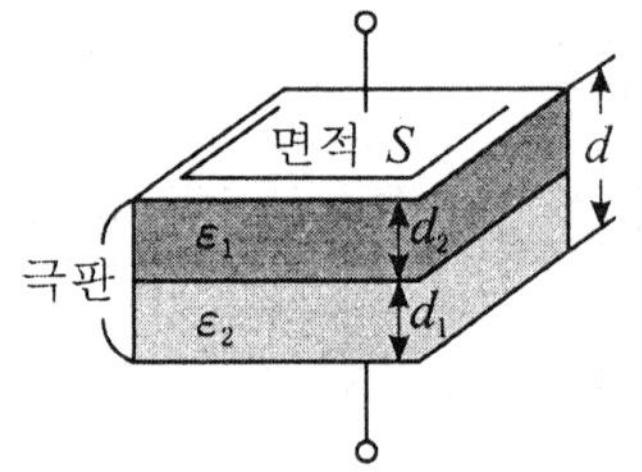

그림 5-13 유전체의 직렬연결

전극판의 진전하밀도를 ρ_s 및 $-\rho_s$[C/m²]라 하고, 각 유전체 내의 전계와 전속밀도를 E_1, D 및 E_2, D 양극판 사이의 전위차를 V라 하면 $D=\rho_s$이므로

$$\left.\begin{aligned} E_1 &= \frac{D}{\varepsilon_1} = \frac{\rho_s}{\varepsilon_1} \\ E_2 &= \frac{D}{\varepsilon_2} = \frac{\rho_s}{\varepsilon_2} \\ \frac{E_1}{E_2} &= \frac{\varepsilon_2}{\varepsilon_1} \end{aligned}\right\} \qquad (5\text{-}58)$$

이 되고, 두 유전체에 걸리는 전위차를 각각 V_1, V_2라 하면

$$\left.\begin{aligned} V_1 &= E_1 d_1 = \frac{\rho_s}{\varepsilon_1} d_1 \\ V_2 &= E_2 d_2 = \frac{\rho_s}{\varepsilon_2} d_2 \\ \frac{V_1}{V_2} &= \frac{\dfrac{\varepsilon_2}{d_2}}{\dfrac{\varepsilon_1}{d_1}} \end{aligned}\right\} \tag{5-59}$$

로부터 두 전극 사이의 전위차 V는 다음과 같다.

$$V = V_1 + V_2 = \left(\frac{d_1}{\varepsilon_1} + \frac{d_2}{\varepsilon_2}\right)\rho_s \tag{5-60}$$

따라서 단위면적당의 정전용량 C_0는

$$C_0 = \frac{\rho_s}{V} = \frac{1}{\dfrac{d_1}{\varepsilon_1} + \dfrac{d_2}{\varepsilon_2}} = \frac{\varepsilon_1 \varepsilon_2}{\varepsilon_1 d_2 + \varepsilon_2 d_1} [\text{F/m}^2] \tag{5-61}$$

이 되며, 면적 S의 정전용량 C는 다음과 같다.

$$C = \frac{\varepsilon_1 \varepsilon_2 S}{\varepsilon_1 d_2 + \varepsilon_2 d_1} [\text{F}] \tag{5-62}$$

그림 5-13에서 ε_2층을 공기로 하고 $d_1 = d_2$, $\varepsilon_2 = \varepsilon_0$, $\varepsilon_1 = \varepsilon_0 \varepsilon_s$라 하면

$$\frac{V_1}{V_2} = \frac{E_1}{E_2} = \frac{\varepsilon_0}{\varepsilon_0 \varepsilon_s} \tag{5-63}$$

$$\therefore\ E_2 = \varepsilon_s E_1,\quad V_2 = \varepsilon_s V_1 \tag{5-64}$$

이 되므로 공기층에 걸리는 전위차와 전계의 세기는 유전체층의 ε_s배가 된다.

한편, 두께 d_1, d_2 유전율 ε_1, ε_2인 별개의 콘덴서 C_1, C_2의 직렬연결을 생각하면 면적 S의 정전용량 C는 다음과 같이 구할 수 있다.

$$C=\frac{C_1C_2}{C_1+C_2}=\frac{\frac{\varepsilon_1 S}{d_1}\times\frac{\varepsilon_2 S}{d_2}}{\frac{\varepsilon_1 S}{d_1}+\frac{\varepsilon_2 S}{d_2}}=\frac{\frac{\varepsilon_1\varepsilon_2 S^2}{d_1 d_2}}{\frac{\varepsilon_1 d_2 S+\varepsilon_2 d_1 S}{d_1 d_2}} \tag{5-65}$$

$$\therefore\ C=\frac{\varepsilon_1\varepsilon_2 S}{\varepsilon_1 d_2+\varepsilon_2 d_1}[\mathrm{F}] \tag{5-66}$$

(2) 병렬연결

그림 5-14와 같이 두께 d_1, d_2 유전율 ε_1, ε_2인 두 종류의 유전체가 병렬로 연결되어 있는 경우를 생각해 본다.

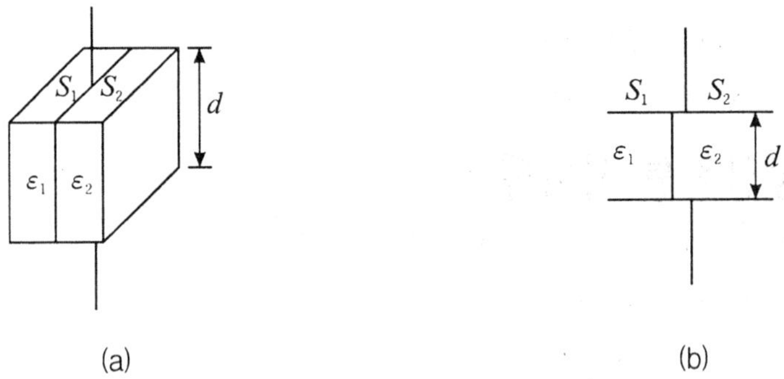

그림 5-14 유전체의 병렬연결

이를 콘덴서 C_1, C_2의 병렬연결을 생각하면 면적 S의 정전용량 C는 다음과 같이 구할 수 있다.

$$C=C_1+C_2=\frac{\varepsilon_1 S}{d_1}+\frac{\varepsilon_2 S}{d_2} \tag{5-67}$$

$$\therefore\ C=\frac{1}{d}(\varepsilon_1 S_1+\varepsilon_2 S_2)[\mathrm{F}] \tag{5-68}$$

예제 5-3 그림 5-15와 같이 유전율이 ε_1, ε_2인 두 유전체의 경계면에 중심을 둔 반지름 a인 도체구의 정전용량은?

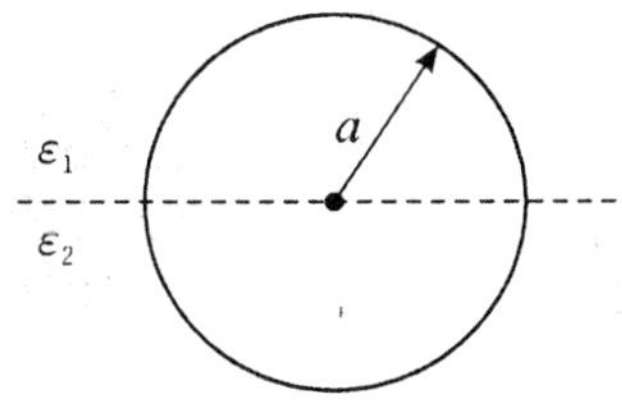

그림 5-15

풀이 유전율 ε인 유전체 내부 도체의 전위 $V=\dfrac{Q}{4\pi\varepsilon a}$[V]이므로, 고립 도체구의 정전용량 $C=\dfrac{Q}{V}=4\pi\varepsilon a$[F]이다. 따라서 반구의 정전용량은 $2\pi\varepsilon a$[F]이므로 위 반구의 정전용량 C_1과 아래 반구의 정전용량 C_2의 병렬연결로 취급할 수 있다.

$C_1=2\pi\varepsilon_1 a$[F], $C_2=2\pi\varepsilon_2 a$[F]이므로 병렬 합성정전용량 C_0는 다음과 같다.

$\therefore\ C_0=C_1+C_2=2\pi\varepsilon_1 a+2\pi\varepsilon_2 a=2\pi a(\varepsilon_1+\varepsilon_2)$[F]

5.5.3 동심원통 사이에 유전체가 있는 경우

그림 5-16과 같이 내부 도체의 반경 a, 외부 도체의 내반경 c인 동심원통 도체 사이에 ε_1 및 ε_2의 유전체를 동심 반경 b를 경계면으로 넣은 경우를 알아본다.

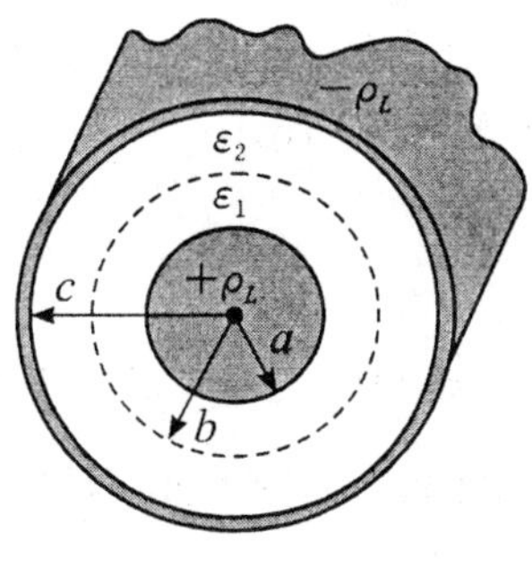

그림 5-16 동심원통

내부와 외부 도체에 단위 길이당의 전하밀도 ρ_L과 $-\rho_L$[C/m²]를 주면 $a\le r\le c$인 반경 r점의 전속밀도 $D=\rho_L/(2\pi r)$이므로 ε_1과 ε_2내의 전계 E_1과 E_2

는

$$E_1 = \frac{\rho_L}{2\pi\varepsilon_1 r}, \quad E_2 = \frac{\rho_L}{2\pi\varepsilon_2 r} \tag{5-69}$$

이 되고, 두 도체 사이의 전위차 V는

$$\begin{aligned} V &= \left[-\int_c^b \frac{\rho_L}{2\pi\varepsilon_2 r} dr \right] + \left[-\int_b^a \frac{\rho_L}{2\pi\varepsilon_1 r} dr \right] \\ &= \left[-\frac{\rho_L}{2\pi\varepsilon_2} [\ln r]_c^b \right] + \left[-\frac{\rho_L}{2\pi\varepsilon_2} [\ln r]_b^a \right] \\ &= \frac{\rho_L}{2\pi\varepsilon_2} (\ln c - \ln b) + \frac{\rho_L}{2\pi\varepsilon_1} (\ln b - \ln a) \\ &= \frac{\rho_L}{2\pi\varepsilon_2} \ln \frac{c}{b} + \frac{\rho_L}{2\pi\varepsilon_1} \ln \frac{b}{a} \end{aligned} \tag{5-70}$$

이 된다. 따라서 단위 길이당 정전용량 C_0는 다음과 같이 표시된다.

$$\begin{aligned} C_0 &= \frac{\rho_L}{V} \\ &= \frac{\rho_L}{\dfrac{\rho_L}{2\pi\varepsilon_0} \left(\dfrac{1}{\varepsilon_{s1}} \ln \dfrac{b}{a} + \dfrac{1}{\varepsilon_{s2}} \ln \dfrac{c}{b} \right)} \\ &= \frac{2\pi\varepsilon_0}{\dfrac{1}{\varepsilon_{s1}} \ln \dfrac{b}{a} + \dfrac{1}{\varepsilon_{s2}} \ln \dfrac{c}{b}} \text{ [F/m]} \end{aligned} \tag{5-71}$$

여기서 $\varepsilon_{s_1} = \varepsilon_1 / \varepsilon_0$, $\varepsilon_{s_2} = \varepsilon_2 / \varepsilon_0$이다. $C_0 = \rho_L / V$의 관계에서 $\rho_L = C_0 V$가 되므로 ρ_L을 소거하여 각 유전체내의 전계를 표시하면 다음과 같다.

$$E_1 = \frac{C_0 V}{2\pi\varepsilon_1 r}, \quad E_2 = \frac{C_0 V}{2\pi\varepsilon_2 r} \tag{5-72}$$

그리고 r에 따르는 전계의 크기를 그림으로 표시하면 그림 5-17과 같은 모양이 된다.

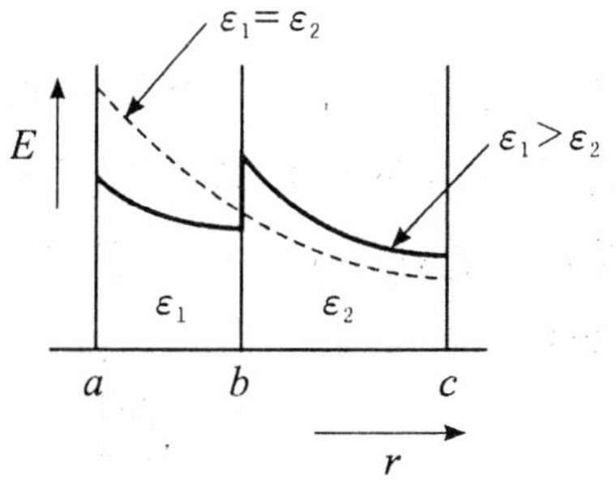

그림 5-17 계층절연

그림 5-17에서 점선은 $\varepsilon_1 = \varepsilon_2$인 경우로서 내부 도체의 표면에서 전계가 가장 강하게 된다. 따라서 절연파괴는 내부 도체의 표면에서 가장 일어나기 쉽게 된다. 그러나 실선과 같이 두 유전체를 넣은 경우에 $\varepsilon_1 > \varepsilon_2$로 하면 전계를 어느 정도 균일하게 분포시킬 수 있다. 이것은 몇 가지의 ε이 다른 유전체를 조합해서 넣게 되면 전계분포가 균일화되고 절연특성이 좋아짐을 말한다. 이것을 **계층절연**(graded insulation)이라 하며 고전압용 케이블 등에 이 원리가 이용되고 있다.

한편, 단일 유전체인 경우 $\varepsilon_{s1} = \varepsilon_{s2} = \varepsilon_s$, $b = c$이므로 단위 길이당 정전용량 C_0는 식 (5-71)로부터 다음과 같이 구할 수 있다.

$$C_0 = \frac{2\pi\varepsilon_0}{\dfrac{1}{\varepsilon_{s1}} \ln \dfrac{b}{a} + \dfrac{1}{\varepsilon_{s2}} \ln \dfrac{c}{b}}$$

$$= \frac{2\pi\varepsilon_0}{\dfrac{1}{\varepsilon_s} \ln \dfrac{b}{a} + \dfrac{1}{\varepsilon_s} \ln \dfrac{b}{b}}$$

$$= \frac{2\pi\varepsilon_0\varepsilon_s}{\ln \dfrac{b}{a}} \text{[F/m]} \qquad (5\text{-}73)$$

5.6 유전체의 특수현상

지금까지 다루어온 유전체는 유전율 ε이 일정한 경우, 즉 분극 P가 전계 E에 비례하는 이상적인 유전체만을 고찰하였다. 그러나 실제 유전체에서는 이상에서와 같은 단순한 모형으로 설명되지 않는 여러 가지 성질이 있다. 다음 실제 나타나는 몇 가지 특수한 성질을 살펴보기로 한다.

5.6.1 강유전체

로셀염(Rochelle salt), 티탄산바륨($BaTiO_3$), 수정(quarts), 전기석 등 몇 가지 물질은 어떤 온도 범위에서 그 비유전율이 수천 내지 수만에 달한다. 이와 같이 비유전율이 대단히 큰 유전체를 **강유전체**(ferroelectric materials)라고 한다. 이 강유전체에 전계가 가해지면 그 분극 P는 전계 E에 일차적으로 비례하지 않고 그림 5-18에서와 같은 이력효과(hysteresis effect)를 나타낸다.

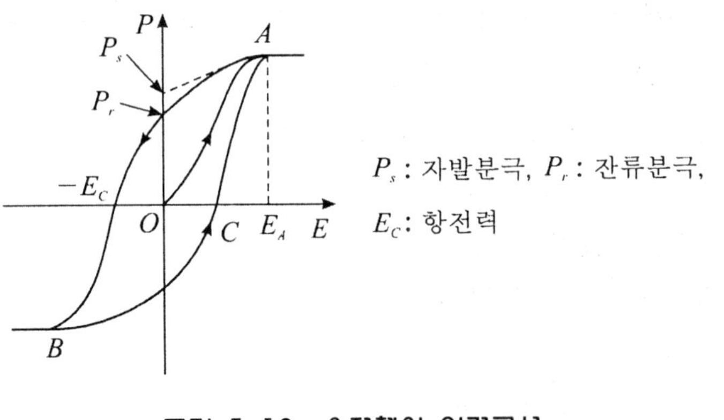

그림 5-18 유전체의 이력곡선

즉 전계를 증가시킬 때의 분극도와 감소시킬 때의 분극도의 변화는 같은 궤적을 따르지 않는다. 강유전체의 전계 E를 0에서부터 증가시키면 분극 P는 OA 곡선을 따라서 증가한다. 전계는 E_A이상 증가되어도 더 이상 분극이 되지 않는 분극 포화상태에 이르게 된다. 이와 같이 유전체에 외부 전계가 가해질 때 그 분극이 순간적으로 완결되지 않고 유한시간을 두고 분극이 어느 정도의 포화 값에 도달하게 된다. 이러한 현상을 **유전체 이완**(dielectrics relaxation)이라 한다.

전계를 E_A까지 증가시켰다가 다시 $E=0$로 감소시키면 분극 P는 곡선 AO를 따르지 않고 곡선 AP_r을 따라 감소하며, 전계가 0이 되어도 분극은 P_r만큼 남게 된다. 이 P_r을 **잔류분극**(remnant polarization)이라 한다. 이 잔류분극의 존재는 이런 이력특성을 가지고 있는 유전체가 자발분극(spontaneous polarization) P_s를 가지고 있음을 나타낸다. 이 자발분극은 강유전체의 특징이며 자발분극이란 강유전체 내의 분자들은 $E=0$에서도 쌍극자 능률을 가지고 있으며 이들은 어떤 한 영역 내에서 같은 방향으로 다수 정렬하여 보다 큰 분극을 이루고 있는 것을 말한다. 이 자발분극의 구역을 **분역**(domain)이라 한다. 그리고 잔류분극 P_r을 0으로 하기 위해서는 역으로 전계 E_c를 가해야 한다. 이 E_c를 **항전력**(coercive force)이라 한다. 이 이력현상은 자성체의 자기이력곡선과 대단히 흡사하다.

강유전체가 이러한 이력 특징을 나타내는 이유는 다음과 같이 설명된다. 보통 상태에서는 전계가 없는 한 이들 각역(各域)의 방향이 불규칙하여 서로 상쇄되고 전체로서 하나의 큰 분극을 이루지 못하지만 외부 전계가 가해지면 전계와 같은 방향의 분역이 나타나고 이것이 점점 커져서 전계와 일치하는 방향의 큰 분극을 일으키게 된다. 일단 큰 분극이 형성되고 나면 그 자체가 분극에 의하여 외부 전계가 제거되어도 어느 정도 그 분극은 남게 된다. 이것이 잔류분극이다. 이 잔류분극을 원상으로 돌리기 위해서는 반대방향의 전계 E_c가 필요하게 된다.

한편, 강유전체의 온도를 높일 때 어떤 온도에 이르면 급격하게 자발분극이 소멸되고 유전율이 감소되며 이력 특성을 잃게 된다. 이 급격한 변화가 일어나는 온도를 **큐리온도**(curie temperature)라 한다. 티탄산바륨의 큐리온도는 120[℃], 로셀염의 큐리온도는 20[℃]이다. 비유전율은 큐리온도에서 최대가 된다.

5.6.2 접촉전기

도체와 도체, 유전체와 유전체 또는 유전체와 도체, 즉 두 종류의 서로 다른 물질을 접촉시키거나 마찰시키면 한 쪽 물질의 전자가 다른 쪽으로 이동하여 정부로 대전하게 된다. 이때 나타나는 전기를 **접촉전기**(contact electricity)라 한다. 따라서 마찰전기도 이 접촉전기의 일종이라고 볼 수 있다. 도체와 도체간의 접촉전기가 일어나면 두 도체간의 전위차가 생긴다. 이 전위차를 **접촉전위차**(contact potential difference)라 하며, 이 현상을 **볼타효과**(voltaic effect)라고도 한다. 이 접촉전위차의 크기는 두 물질의 종류에 따라 정해지며 접촉면적에는 관계가 없다.

5.6.3 파이로 전기

로셀염(Rochelle salt), 티탄산바륨($BaTiO_3$), 수정(quarts), 전기석 등과 같은 결정을 가열하면 표면에 분극전하가 나타난다. 즉 한 쪽 면에 정전하가, 다른 쪽 면에는 부전하가 발생한다. 반대로 냉각시키면 가열했을 때의 역방향의 분극전하가 나타난다. 이러한 현상을 **초전효과**(Pyroelectric effect)라 하며, 이 때 발생한 전하를 **초전기** 또는 **파이로 전기**(Pyro electricity)라 한다.

5.6.4 압전기

파이로 전기가 일어나는 결정에 기계적인 압력이 가해져도 전기가 나타난다. 즉 결정에 어떤 방향으로 압축 또는 인장을 가하면, 즉 응력을 가하면 내부에 전기분극이 일어나고 그 단면에 분극전하가 나타나는데, 이러한 현상을 **압전효과**(piezo-electric effect)라 하며 단면에 나타나는 전하를 **압전기** 또는 **피에조 전기**(piezo electricity)라 한다.

기계적 응력에 의하여 압전기를 발생하는 효과를 **압전기의 직접효과**라고도 하며, 반대로 전계를 가하면 기계적인 응력이 결정에 생기는 것을 **압전기 역효과**라 한다. 이와 같은 가역성은 전기에너지와 기계에너지의 상호 변환이 가능함을 나타내는 것이다. 이 에너지 상호변환 특성은 전기공학에서 마이크, 압력측정, 초음파 발생, 전기진동의 발생 등 여러 방면으로 응용되고 있다. 압전기 진동소자로는 압전기 현상이 뛰어난 로셀염이 가장 많이 사용되고 있으며, 이외에 티탄산바륨, 수정, 전기석 등이 사용되고 있다.

• 단원정리 •

1. 분극의 세기와 전계

$$P=\varepsilon_0(\varepsilon_s-1)E=D\left(1-\frac{1}{\varepsilon_s}\right)[\mathrm{C/m^2}]$$

2. 유전체의 경계조건
   - 전속밀도의 법선성분은 같다.
   - 전계의 접선성분은 같다.

3. 유전체에 작용하는 힘

① 도체 표면에 작용하는 힘(응력)

$$f=\frac{\rho_s^2}{2\varepsilon}=\frac{D^2}{2\varepsilon}=\frac{1}{2}\varepsilon E^2=\frac{1}{2}ED[\mathrm{N/m^2}]$$

② 전계가 경계면에 수직일 때

$$f=\frac{1}{2}\left(\frac{1}{\varepsilon_2}-\frac{1}{\varepsilon_1}\right)D^2[\mathrm{N/m^2}]$$

③ 전계가 경계면에 평행일 때

$$f=\frac{1}{2}(\varepsilon_1-\varepsilon_2)E^2[\mathrm{N/m^2}]$$

4. 유전체를 가진 도체계의 정전용량

① 단독으로 있는 도체구 주위에 유전체가 있을 경우

$$C=\frac{4\pi\varepsilon_0}{\frac{1}{a}+\frac{1}{b}(\varepsilon_s-1)}$$

② 복합 유전체로 된 평행 콘덴서의 정전용량

- 직렬연결시 $C=\dfrac{\varepsilon_1\varepsilon_2 S}{\varepsilon_1 d_2+\varepsilon_2 d_1}[\mathrm{F}]$
- 병렬연결시 $C=\dfrac{1}{d}(\varepsilon_1 S_1+\varepsilon_2 S_2)[\mathrm{F}]$

③ 동축원통 사이의 단위 길이당 정전용량

· 단일 유전체의 경우 $C_0 = \dfrac{2\pi\varepsilon_0\varepsilon_s}{\ln\dfrac{b}{a}}$ [F/m]

· 복합 유전체의 경우 $C_0 = \dfrac{2\pi\varepsilon_0}{\dfrac{1}{\varepsilon_{s1}}\ln\dfrac{b}{a} + \dfrac{1}{\varepsilon_{s2}}\ln\dfrac{c}{b}}$ [F/m]

연습문제

1. 전압 V[V]로 충전되어 있는 정전용량이 C_0인 공기콘덴서의 사이에 $\varepsilon_s=10$의 유전체를 채운 경우, 전계의 세기는 공기인 경우의 몇 배가 되는가?

풀이 V로 충전한 다음, 전원을 제거시킨 경우이므로

$$E=\frac{\rho}{\varepsilon}=\frac{\rho}{\varepsilon_0\varepsilon_s}=\frac{1}{\varepsilon_s}E_0=0.1E_0$$

2. 정전용량 0.03[μF]의 평행판 공기 콘덴서가 있다. 지금 전극판 간격의 1/2 두께인 유리판을 전극에 평행하게 넣으면 용량은 약 몇 [μF]이 되는가?(단, 유리판의 비유전율은 10이다.)

풀이 $C_0=\dfrac{\varepsilon_0 S}{d}=0.03[\mu\text{F}]$라고 하면

$$C_1=\frac{\varepsilon_0 S}{\frac{d}{2}}=2C_0[\mu\text{F}]$$

$$C_2=\frac{\varepsilon_0\varepsilon_s S}{\frac{d}{2}}=2\varepsilon_s\frac{\varepsilon_0 S}{d}=2\varepsilon_s C_0=20\,C_0[\mu\text{F}]$$

$$\therefore\ C=\frac{C_1C_2}{C_1+C_2}=\frac{2C_0\times20C_0}{2C_0+20C_0}=\frac{40{C_0}^2}{22C_0}=\frac{40}{22}C_0=\frac{40}{22}\times0.03=0.055[\mu\text{F}]$$

3. 비유전율이 4이고 전계의 세기가 20[kV/m]인 유전체내의 전속밀도는 약 몇 [μC/m^2] 인가 ?

풀이 $D=\varepsilon_0\varepsilon_s E=8.855\times10^{-12}\times4\times20\times10^3$

$$=0.708\times10^{-6}[\text{C/m}^2]=0.708[\mu\text{C/m}^2]$$

4. 비유전율이 5인 운모 중의 전속밀도가 4.3×10^{-6}[C/m^2]일 때 분극의 세기를

구하시오.

풀이 $P=\varepsilon_0(\varepsilon_s-1)E=D\left(1-\frac{1}{\varepsilon_s}\right)$

$$=4.3\times10^{-6}\times\left(1-\frac{1}{5}\right)-3.44\times10^{-6}[\mathrm{C/m^2}]$$

5. 유전체 A, B의 경계면에 전하가 없을 때 각 유전체 중 전계의 방향이 그림 5-19와 같고 $E_1=100[\mathrm{V/m}]$이면, $E_2[\mathrm{V/m}]$는 얼마인가?

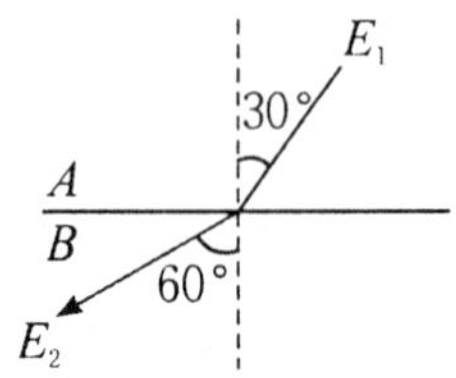

그림 5-19

풀이 $E_1\sin\theta_1=E_2\sin\theta_2$에서

$$E_2=\frac{\sin\theta_1}{\sin\theta_2}E_1=\frac{\sin30°}{\sin60°}\times100=\frac{100}{\sqrt{3}}[\mathrm{V/m}]$$

6. 정전용량이 $C_0[\mu\mathrm{F}]$인 평행한 공기 콘덴서가 있다. 그림 5-20에서와 같이 판 면적의 2/3에 해당하는 부분의 공기 간격을 비유전율 ε_s인 에보나이트 판으로 채우면 이 콘덴서의 정전용량 $[\mu\mathrm{F}]$은 얼마가 되는가?

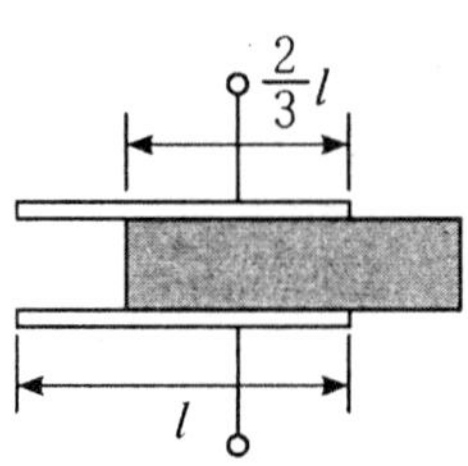

그림 5-20

풀이 ε_0에서 정전용량 $C_1=\frac{1}{3}C_0$

에보나이트 판으로 채워진 부분의 정전용량(ε_s에서) $C_2=\frac{2}{3}\varepsilon_s C_0$

$$\therefore\ C=C_1+C_2=\frac{(1+2\varepsilon_s)}{3}C_0[\mu\text{F}]$$

7. 면적이 300[cm²], 판 간격이 2[cm]인 2장의 평행판 금속 간을 비유전율 5인 유전체로 채우고 양판 간에 20[kV]의 전압을 가할 경우 판 간에 작용하는 정전 흡입력을 구하시오.

풀이 $C=\frac{\varepsilon_0\varepsilon_s S}{d}=\frac{8.855\times10^{-12}\times5\times300\times10^{-4}}{2\times10^{-2}}=6.64\times10^{-11}[\text{F}]$

$$W=\frac{1}{2}CV^2=\frac{1}{2}\times6.64\times10^{-11}\times(20\times10^3)^2=13.28\times10^{-3}[\text{J}]$$

$$\therefore\ F=\frac{W}{d}=\frac{13.28\times10^{-3}}{2\times10^{-2}}=0.66[\text{N}]$$

8. 전극판 면적 100[cm²], 간격 0.2[cm]인 평행판 콘덴서에 $\varepsilon_s=2.5$인 폴리에틸렌 수지를 가득 채웠을 때 전극판 사이에 100[V]를 가하면 극간 흡입력[N]은?

풀이 정전력 F는 단위면적당 작용하는 힘에 면적을 곱하면 된다.

$$W=f\cdot S=\frac{1}{2}\varepsilon E^2\cdot S=\frac{1}{2}\varepsilon\left(\frac{V}{d}\right)^2 S=\frac{1}{2}\varepsilon_0\varepsilon_s\left(\frac{V}{d}\right)^2 S$$

$$=\frac{1}{2}\times8.855\times10^{-12}\times2.5\times\left(\frac{100}{0.2\times10^{-2}}\right)^2\times100\times10^{-4}$$

$$=2.77\times10^{-4}[\text{N}]$$

9. Q[C]의 전하를 가진 반지름 a[m]의 도체구를 유전율 ε_s인 기름 탱크에서 공기 중으로 꺼내는 데 필요한 에너지를 구하시오.

풀이 공기중(ε_0)에서 구의 정전용량 $C_1=4\pi\varepsilon_0 a[\text{F}]$

기름중($\varepsilon_0\varepsilon_s$)에서 구의 정전용량 $C_2=4\pi\varepsilon_0\varepsilon_s a[\text{F}]$

이므로, 각각의 에너지를 W_1, W_2라 하면

$$W=W_1-W_2=\frac{Q^2}{2C_1}-\frac{Q^2}{2C_2}=\frac{Q^2}{8\pi\varepsilon_0 a}\left(1-\frac{1}{\varepsilon_s}\right)[\text{J}]$$

10. 그림 5-21에서 동심 원통간을 비유전율 $\varepsilon_{s1}=3$, $\varepsilon_{s2}=5$인 두 종류의 유전체로 채웠을 때의 단위 길이당의 정전용량[F/m]을 구하시오.(단, $a=10$[cm], $b=20$[cm], $c=40$[cm], $d=45$[cm]이다.)

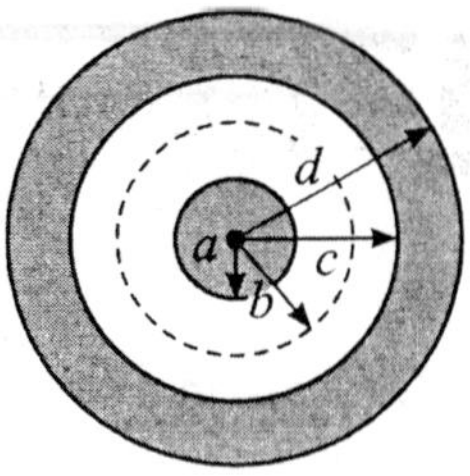

그림 5-21

풀이

$$C_0=\frac{2\pi\varepsilon_0}{\frac{1}{\varepsilon_{s1}}\ln\frac{b}{a}+\frac{1}{\varepsilon_{s2}}\ln\frac{c}{b}}=\frac{2\pi\varepsilon_0}{\frac{1}{3}\ln\frac{20}{10}+\frac{1}{5}\ln\frac{40}{20}}$$

$$=\frac{2\pi\varepsilon_0}{\left(\frac{1}{3}+\frac{1}{5}\right)\ln 2}=\frac{15\pi\varepsilon_0}{4\ln 2}\text{[F/m]}$$

제 6 장

전기영상법

6.1 전기영상법

그림 6-1 (a)와 같이 점전하 Q가 O점에 있고 이곳으로부터 거리 r인 P점의 전계를 생각할 때 O를 중심으로 반경 $a(a < r)$인 가우스 표면 S는 등전위면이 된다. 그림 6-1 (b)와 같이 위의 등전위면이 도체의 구면 S라 생각하고 여기에 전하 Q가 균일하게 분포되어 있다고 가상하더라도 점 P의 전속밀도나 전계는 같다.

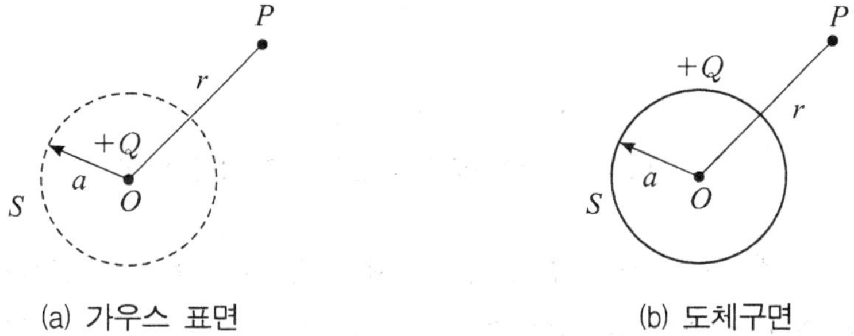

(a) 가우스 표면　　(b) 도체구면

그림 6-1 가우스 표면과 도체구면

이것은 반대로 그림 6-1 (b)와 같은 경우를 그림 6-1 (a)로 전하의 분포를 가상하더라도 P점의 전계에는 아무런 변화를 주지 않는다. 등전위면을 도체면으로 바꾸어 놓고 그 내부의 총 전하를 도체의 표면상에 분포시킨 면을 그린(Green)의 등가 대전층이라고 한다. 이와 같은 가상전하를 실제로 존재하고 있는 전하의 영상전하(image charge)라 하며, 이러한 영상전하에 의해서 전계를 결정하는 방법을 전기영상법이라 한다.

6.2 평면도체와 점전하에 의한 영상

그림 6-2 (a)와 같이 $+Q$와 $-Q$의 두 점전하가 거리 $2a$인 P와 P'점에 놓여 있을 때 직선 PP'의 수직 2등분 면 XX'는 등전위면이 되고 영전위이다. 그림 6-2 (b)와 같이 이 XX'의 등전위면에 접지한 평면도체를 두고, $-Q$의 전하를 없애도 I 영역의 전계분포에는 하등의 변화가 없다.

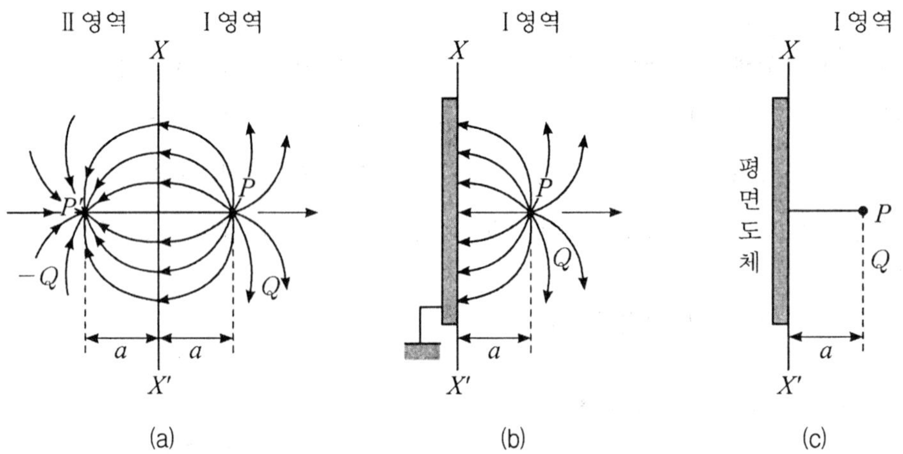

그림 6-2 평면도체와 점전하에 의한 영상

그러므로 그림 6-2 (c)와 같이 평면도체와 점전하 Q가 수직거리 a인 P점에 놓여 있는 문제는 점전하 Q와 점 P의 대칭점 P'(영상점)에 영상전하 $-Q$가 놓여 있을 때 I 영역에 관한 문제로 바꾸어서 다루어도 된다는 것을 의미한다. 따라서 그림 6-2 (c)에서 I 영역의 유전율을 ε_0이라 하면 영상전하가 있는 II 영역도 ε_0으로 두어 I 영역의 전계를 산정해야 한다. 무한 평면도체는 전위가 0이므로 그 조건을 만족하는 영상전하는 $-Q$[C]이고, 거리는 $+Q$[C]과 반대방향으로 점전하 Q[C]과 무한 평면도체와의 거리와 같다. 무한 평면도체에 의한 영상전하는 점전하의 크기와 같고 부호는 반대이다. 즉 영상전하 $Q' = -Q$이다.

그림 6-3 (a)에서 거리 AP를 r_1, 거리 AP'를 r_2라 하면 점 $A(x,\ y)$의 전위 V는 다음과 같이 구 할 수 있다.

$$V = \frac{Q}{4\pi\varepsilon_0}\left[\frac{1}{r_1} - \frac{1}{r_2}\right]$$

$$= \frac{Q}{4\pi\varepsilon_0}\left[\frac{1}{\sqrt{(y-a)^2+x^2}} - \frac{1}{\sqrt{(y+a)^2+x^2}}\right] \quad (6\text{-}1)$$

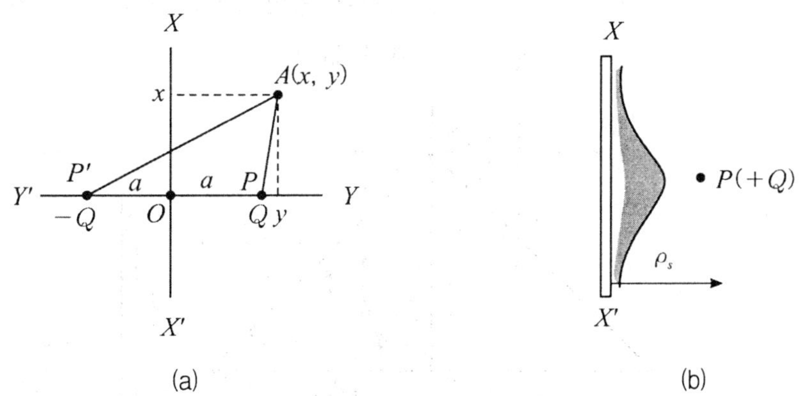

그림 6-3 평면도체와 점 $A(x,\ y)$ 전하에 의한 영상

그러나 P점의 $+Q$의 전하에서 나온 전속은 실질적으로 도체 표면에서 끝나게 되므로 도체 표면에는 $-Q$의 전하가 유도되어야 한다. 이 전하가 실제로 도체 표면에서는 어떻게 분포되는 가를 알아보자. 식 (6-1)에서 XX'면상의 전계는 $\vec{E} = -\text{grad}\,V$에 의해서 구할 수 있고 전계는 Y방향의 성분 뿐 이므로 다음과 같이 구할 수 있다.

$$E_x = 0 \quad (6\text{-}2)$$

$$E_y = -\left(\frac{\partial V}{\partial y}\right) = -\frac{Q}{2\pi\varepsilon_0}\frac{a}{(a^2+x^2)^{3/2}} \quad (6\text{-}3)$$

그러나 식 (6-3)의 유도는 미분 계산이 복잡하므로 그림 6-4를 이용하여 다음과 같이 별해로 풀 수 있다.

$$\cos\theta = \frac{E/2}{E_1} = \frac{E}{2E_1} \tag{6-4}$$

$$E = 2E_1 \cos\theta$$

$$= 2\frac{Q}{4\pi\varepsilon_0(\sqrt{a^2+x^2})^2}\frac{a}{\sqrt{a^2+x^2}} \tag{6-5}$$

$$\therefore\ E = -\frac{Q}{2\pi\varepsilon_0}\frac{a}{(a^2+x^2)^{3/2}} \tag{6-6}$$

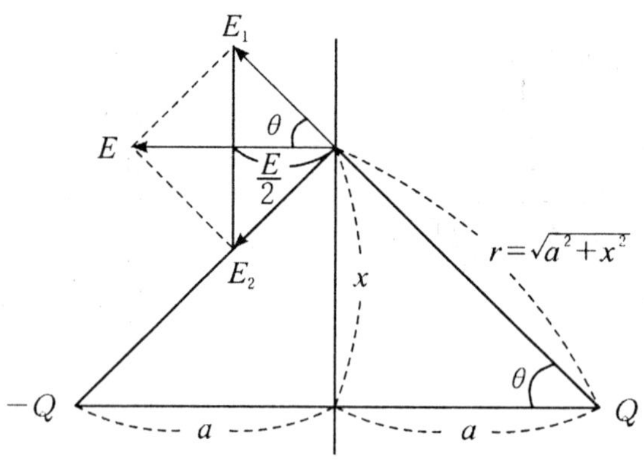

그림 6-4 영상전하를 이용한 전계계산

여기서, (−)부호는 영상전하를 고려한 것이다. 그리고 도체의 표면전하밀도 ρ_s [C/m²]는 $D=\varepsilon E$으로부터 다음과 같이 계산된다.

$$\rho_s = -\frac{Q}{2\pi}\frac{a}{(a^2+x^2)^{3/2}}\,[\mathrm{C/m^2}] \tag{6-7}$$

즉 도체 표면의 전하는 점 P에서 가장 가까운 O점에서 전하밀도가 최대이고 거리가 멀어짐에 따라 감소하는 그림 6-3 (b)와 같은 분포가 되며 이들을 모두 모으면 영상전하 $-Q$와 같아진다. 전하분포가 최대가 되는 O점의 표면전하밀도는 다음과 같다.

$$\rho_{s_{max}} = D_{max} = \frac{Q}{2\pi a^2}\,[\mathrm{C/m^2}] \tag{6-8}$$

한편, 점전하 Q와 평면도체 사이에 작용하는 힘도 Q와 영상전하 $-Q$ 사이에 작용하는 힘과 같아지므로 다음 식과 같이 언제나 흡인력을 받는다. 이러한 힘을 영상력이라고 한다.

$$F = \frac{Q(-Q)}{4\pi\varepsilon_0(2a)^2} = -\frac{Q^2}{16\pi\varepsilon_0 a^2}\,[\mathrm{N}] \quad ☆☆ \tag{6-9}$$

예제 6-1 평면도체 표면에서 d[m]의 거리에 점전하 Q[C]이 있을 때, 이 전하를 무한원까지 운반하는 데 요하는 일은 몇 [J]인가?

풀이 $W = -\int_{\infty}^{d} F dr = \int_{d}^{\infty} F dr = \int_{d}^{\infty}\left(\frac{Q^2}{16\pi\varepsilon_0 r^2}\right)dr$

$= \frac{Q^2}{16\pi\varepsilon_0}\int_{d}^{\infty}\frac{1}{r^2}\,dr = \frac{Q^2}{16\pi\varepsilon_0}\left[-\frac{1}{r}\right]_{d}^{\infty}$

$= \frac{Q^2}{16\pi\varepsilon_0 d}\,[\mathrm{J}]$

6.3 평면도체와 선전하에 의한 영상

그림 6-5와 같이 평면도체와 h[m] 떨어져 평행한 무한장 직선 도체에 ρ_L [C/m]의 선전하가 주어졌을 때, P점에서 전계의 세기 E는

$$E = \frac{-\rho_L}{2\pi\varepsilon_0(2h)} = \frac{-\rho_L}{4\pi\varepsilon_0 h}\,[\mathrm{V/m}] \tag{6-10}$$

이며, 단위 길이당 작용하는 힘 f는 다음과 같다.

$$f = \frac{F}{L} = \frac{EQ}{L} = \frac{E\cdot\rho_L\cdot L}{L} = E\cdot\rho_L$$

$$\therefore\ f = \frac{-\rho_L{}^2}{4\pi\varepsilon_0 h}\,[\mathrm{N/m}] \tag{6-11}$$

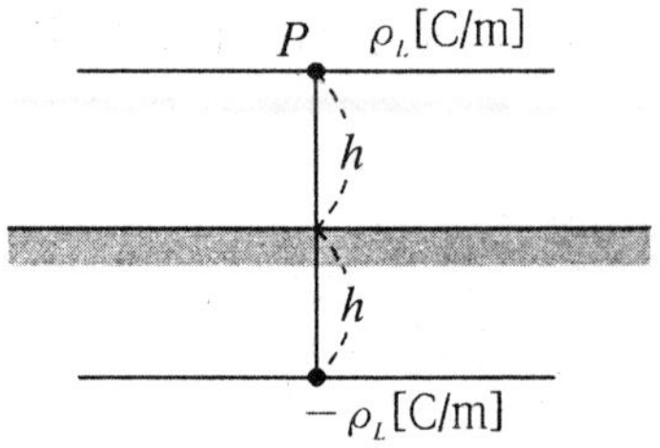

그림 6-5 평면도체와 선전하 영상

6.4 접지 도체구와 점전하에 의한 영상

6.4.1 점전하에 의한 접지 도체구에 유도되는 영상전하

그림 6-6과 같이 반경 a에 접지된 도체구와 점전하 Q가 구의 중심으로부터 거리 d에 있을 때 도체구에 유도되는 전하를 알아보자.

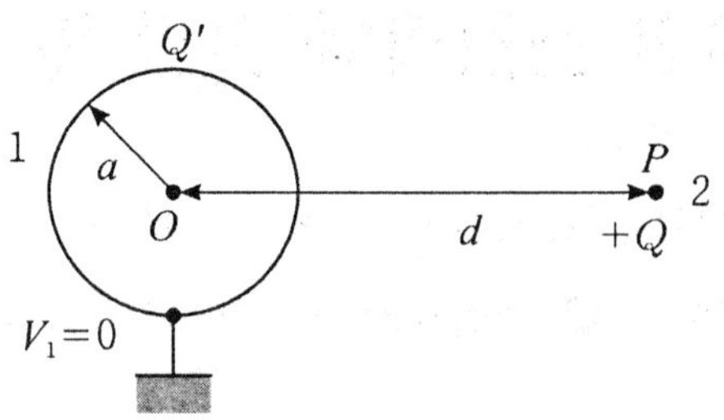

그림 6-6 접지 도체구 영상전하

도체구에 유도되는 전하를 Q'라 하면 구의 전위 V_1에 관한 전위식은 접지되었기 때문에 다음과 같이 표현된다.

$$V_1 = P_{11}Q' + P_{12}Q = 0 \tag{6-12}$$

여기서, P_{11}은 도체구에 1[C], 점 P에 0[C]을 주었을 때 구의 전위 V_1'와 같으므로

$$V_1' = P_{11} = \frac{1}{4\pi\varepsilon_0 a} \qquad (6\text{-}13)$$

이고, P_{12}는 점 P에 1[C], 도체구에 0[C]의 전하를 주었을 때 구의 전위 V_1''와 같으므로

$$V_1'' = P_{12} = \frac{1}{4\pi\varepsilon_0 d} \qquad (6\text{-}14)$$

이다. 따라서 $P_{11}Q' + P_{12}Q = 0$으로부터 점전하 Q[C]에 의하여 접지된 도체구 표면에 유도되는 총 영상전하 Q'를 구하면 다음과 같다.

$$Q' = -\frac{P_{12}}{P_{11}}Q = -\frac{a}{d}Q \qquad (6\text{-}15)$$

$$\therefore\ Q' = -\frac{a}{d}Q\text{[C]} \quad ☆☆ \qquad (6\text{-}16)$$

그러나 도체구 표면의 전하분포는 균일하다고 생각할 수 없으며 평면도체와 점전하의 경우와 같이 $+Q$에 가까운 표면에 많은 전하가 모이게 될 것이므로 전하의 분포를 정확하게 파악하지 않으면 주위 공간의 전계를 산정하기 힘들게 된다. 구에 유도된 Q를 점전하로 대체할 수 있는 영상점을 구하면 Q와 Q'에 의한 두 점전하의 문제로 바꾸어 놓을 수 있으므로 주위 공간의 전계를 산출하는데 편리하다.

6.4.2 접지 도체구에 유도된 영상전하의 위치

유도된 전하 Q'가 도체 표면에서 점전하 Q에 가까운 쪽에 많이 분포될 것이므로 그림 6-7의 P'점에 집중된 점전하로 대체하고, 이 점전하와 P점의 점전하에 의해서 도체구 표면의 전위가 영전위를 그대로 유지하도록 하면 구 바깥의 전계

분포에는 아무런 영향을 주지 않게 된다. 그렇게 하려면 구의 중심으로부터 P'까지의 거리를 일정하게 유지하도록 한다.

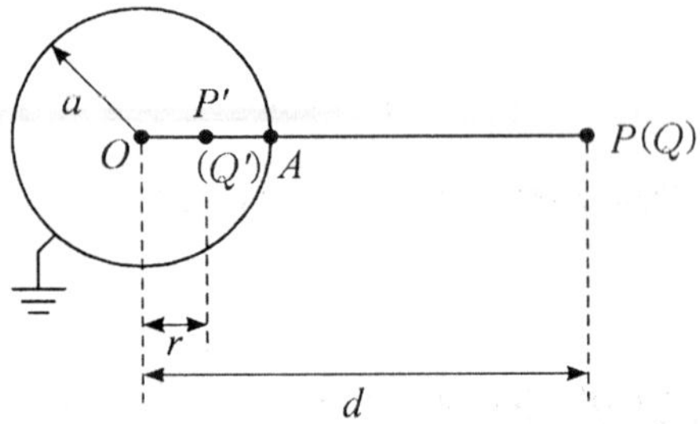

그림 6-7 영상전하의 위치

그림 6-7에서 구의 중심으로부터 P'까지의 거리를 r이라 하면 도체구 표면의 전위 V_1은 0이므로 구표면의 A점의 전위 V_A도 0이어야 하고, 이 점의 전위는 Q와 Q'에 의한 전위의 합이 된다. 즉

$$V_A = \frac{Q}{4\pi\varepsilon_0(d-a)} + \frac{Q'}{4\pi\varepsilon_0(a-r)} = 0 \qquad (6\text{-}17)$$

이고, $Q' = -\frac{a}{d}Q$이므로 이것을 위 식에 대입하여 영상전하의 위치(중심에서의 거리) r[m]을 구하면 다음과 같다.

$$\frac{Q}{4\pi\varepsilon_0(d-a)} + \frac{-\frac{a}{d}Q}{4\pi\varepsilon_0(a-r)} = 0 \qquad (6\text{-}18)$$

$$\boxed{\therefore\ r = \frac{a^2}{d}\,[\mathrm{m}]} \ ☆☆ \qquad (6\text{-}19)$$

접지된 도체구 a와 점전하 Q가 거리 d를 두고 있을 때의 전계 문제는 그림 6-8과 같이 구 중심 O와 점전하 Q를 연결하는 직선 위에 구 중심으로부터의 거리 a^2/d인 영상점(영상전하의 위치) P'에 영상전하 $-\frac{a}{d}Q$가 있는 문제로 바꾸어 놓을 수 있다.

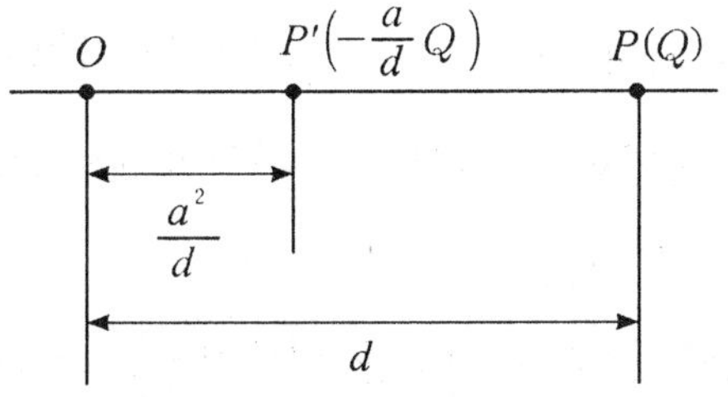

그림 6-8 직선위의 영상전하거리

6.4.3 접지 도체구와 점전하 사이에 작용하는 힘

접지 도체구와 점전하 사이에 작용하는 힘은 점전하와 영상전하 사이에 작용하는 힘에 의해서 다음과 같이 구할 수 있다.

$$F = \frac{QQ'}{4\pi\varepsilon_0(d-r)^2} = \frac{QQ'}{4\pi\varepsilon_0\left(d - \frac{a^2}{d}\right)^2}$$

$$= \frac{-\frac{a}{d}Q^2}{4\pi\varepsilon_0\left(\frac{d^2-a^2}{d}\right)^2} = \frac{-adQ^2}{4\pi\varepsilon_0(d^2-a^2)^2}\,[\mathrm{N}] \qquad (6\text{-}20)$$

위 식에서 알 수 있듯이 접지 도체구에는 항상 점전하 Q[C]과 반대 극성인 영상 전하 $Q' = -\frac{a}{d}Q$[C]이 유도되므로, 접지 도체구와 점전하 사이에 작용하는 힘은 항상 흡인력이 작용한다.

6.5 비접지 도체구와 점전하에 의한 영상

6.5.1 비접지 도체구와 점전하에 의한 영상전하

반경 a의 도체구가 접지되어 있을 때에는 Q'의 전하가 유도되었으나 비접지인 경우에는 도체에 유도된 전전하의 합은 0이 되어야 하므로 도체 내에는 다시

$-Q'$의 전하가 있어야 한다. 즉 $-Q' = \frac{a}{d}Q$라는 정전하가 있어야 하고 이 정전하에 의해서도 도체의 구면은 등전위면이 되어야 하므로 이 정전하는 도체 표면에 균등하게 분포되어야 한다.

이 $\frac{a}{d}Q$라는 유도전하는 구의 중심을 영상점으로 하는 점전하로 둘 수 있으므로 비접지 도체구의 경우는 그림 6-9와 같이 구 중심 O와 점전하가 있는 P를 연결한 직선위의 O점에 $\frac{a}{d}Q$, P'점에 $-\frac{a}{d}Q$의 두 영상전하와 P점에 Q가 있는 경우로 바꾸어 놓고 전계를 고찰하면 된다는 것을 알 수 있다.

즉 반지름 a[m]인 비접지 도체구로부터 d[m]인 점 P에 점전하 Q[C]이 있는 경우, P'점의 영상전하와 O점의 영상전하는 다음과 같다.

$$P'\text{점의 영상전하 : } Q' = -\frac{a}{d}Q \tag{6-21}$$

$$O\text{점의 영상전하 : } Q'' = +\frac{a}{d}Q \tag{6-22}$$

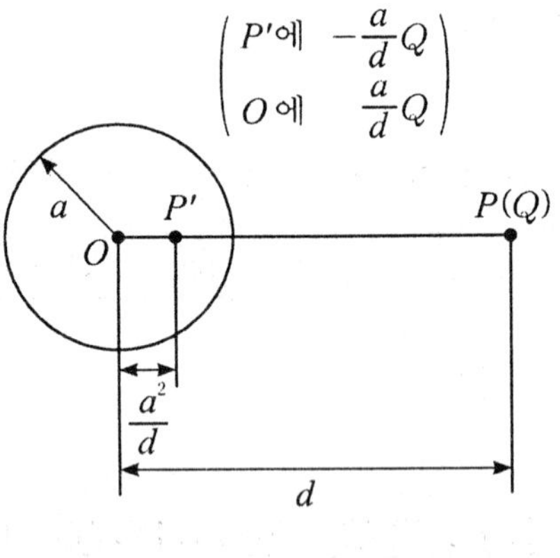

그림 6-9 비접지 도체구 영상전하

6.5.2 비접지 도체구와 점전하 사이에 작용하는 힘

비접지 도체구와 점전하 사이에 작용하는 힘은 점전하 Q와 두 영상전하 $\frac{a}{d}Q$, $-\frac{a}{d}Q$ 사이에 작용하는 힘의 합성에 의해서 다음과 같이 구할 수 있다.

$$F = \frac{QQ''}{4\pi\varepsilon_0(d)^2} + \frac{QQ'}{4\pi\varepsilon_0\left(d - \frac{a^2}{d}\right)^2}$$

$$= \frac{Q\left(\frac{a}{d}Q\right)}{4\pi\varepsilon_0(d)^2} + \frac{Q\left(-\frac{a}{d}Q\right)}{4\pi\varepsilon_0\left(d - \frac{a^2}{d}\right)^2}$$

$$= \frac{adQ^2}{4\pi\varepsilon_0}\left[\frac{1}{d^4} - \frac{1}{(d^2 - a^2)^2}\right]$$

$$\therefore\ F = -\frac{a^3Q^2(2d^2 - a^2)}{4\pi\varepsilon_0 d^3(d^2 - a^2)^2}\,[\mathrm{N}] \qquad (6\text{-}23)$$

• 단원정리 •

1. 평면도체와 점전하에 의한 영상

① 전계의 세기 $E = -\frac{Q}{2\pi\varepsilon_0}\frac{a}{(a^2+x^2)^{3/2}}$

② 표면전하밀도 $\rho_s = -\frac{Q}{2\pi}\frac{a}{(a^2+x^2)^{3/2}}$ [C/m²]

③ 작용하는 힘 $F = -\frac{Q^2}{16\pi\varepsilon_0 a^2}$ [N](흡인력)

2. 평면도체와 선전하에 의한 영상

① 전계의 세기 $E = \frac{-\rho_L}{4\pi\varepsilon_0 h}$ [V/m]

② 단위 길이당 작용하는 힘

$$f = -\rho_L E\,[\mathrm{N/m}] = \frac{-\rho_L{}^2}{4\pi\varepsilon h}\,[\mathrm{N/m}]$$

3. 접지 도체구와 점전하에 의한 영상

① 영상전하 $Q' = -\frac{a}{d}Q$[C]

② 영상점의 거리 $r = \frac{a^2}{d}$ [m]

③ 작용하는 힘 $F = -\frac{adQ^2}{4\pi\varepsilon_0(d^2-a^2)^2}$ [N]

4. 비접지 도체구와 점전하에 의한 영상

① 영상전하 $Q' = -\frac{a}{d}Q$[C], $Q'' = +\frac{a}{d}Q$[C]

② 작용하는 힘 $F = -\frac{a^3Q^2(2d^2-a^2)}{4\pi\varepsilon_0 d^3(d^2-a^2)^2}$ [N]

연 습 문 제

1. 공기 중에서 무한 평면도체 표면 아래의 1[m] 떨어진 곳에 1[C]의 점전하가 있다. 전하가 받는 힘의 크기는 몇 [N]인가?

풀이 $F=-\dfrac{Q^2}{16\pi\varepsilon_0 a^2}=-\dfrac{1^2}{16\pi\varepsilon_0\times 1^2}=-\dfrac{9}{4}\times 10^9$[N](흡인력)

2. 그림 6-10과 같이 무한 도체판으로부터 a[m] 떨어진 점 $+Q$[C] 점전하가 있을 때 $\dfrac{1}{2}a$[m]인 P점의 전계의 세기 [V/m]를 구하시오.

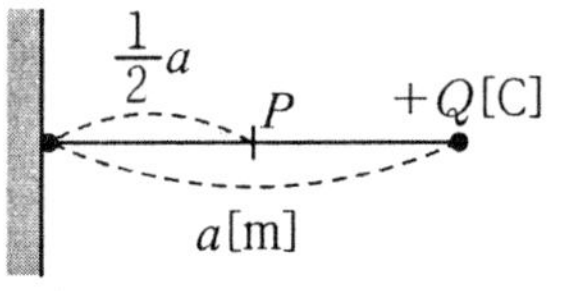

그림 6-10

풀이 $+Q$[C]의 반대편에 영상전하 $-Q$[C]을 생각하여 점 P의 전계를 구하면

$$E_P=\frac{Q}{4\pi\varepsilon_0\left(\frac{a}{2}\right)^2}+\frac{Q}{4\pi\varepsilon_0\left(a+\frac{a}{2}\right)^2}$$

$$=\frac{Q}{\pi\varepsilon_0 a^2}+\frac{Q}{9\pi\varepsilon_0 a^2}=\frac{10Q}{9\pi\varepsilon_0 a^2}\text{[V/m]}$$

3. 대지면 높이 h[m]로 평행 가설된 매우 긴 선전하가 지면으로부터 단위 길이당 받는 힘 [N/m]을 구하시오. (단, 선전하 밀도는 ρ[C/m]라 한다.)

풀이 $f=-\rho E=-\rho\cdot\dfrac{\rho}{2\pi\varepsilon_0(2h)}=-\dfrac{\rho^2}{4\pi\varepsilon_0 h}=-9\times 10^9\times\dfrac{\rho^2}{h}$[N/m]

4. 무한 평면도체로부터 거리 a[m]인 곳에 점전하 Q[C]이 있을 때 이 무한 평면 도체 표면에 유도되는 면밀도가 최대인 점의 전하밀도 ρ[C/m²]를 구하시오.

풀이 $\rho|_{x=0} = -\varepsilon_0 E|_{x=0} = -\dfrac{Qa}{2\pi(a^2+x^2)^{3/2}}\Bigg|_{x=0} = -\dfrac{Q}{2\pi a^2}$ [C/m²]

5. 그림 6-11과 같이 무한 도체판에 반지름 a[m]인 반구가 돌출되어 있다. 점 P에 Q[C]의 전하가 놓여 있을 때 Q[C]의 전하에 의하여 생기는 영상전하의 수는?

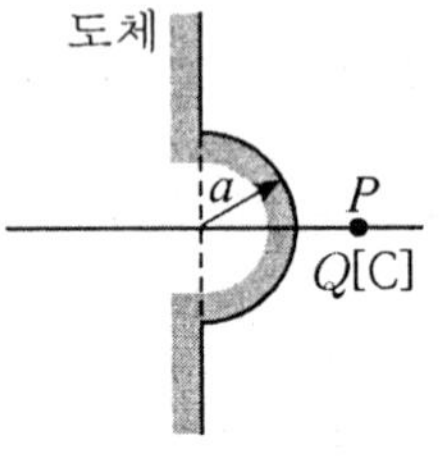

그림 6-11

풀이 무한 도체판에 의한 영상전하는 $-Q$로서 1개 존재하며, 도체구에 의한 영상전하는 도체구 중심에 $+\dfrac{a}{d}Q$ 전하와 중심으로부터 $\dfrac{a^2}{d}$의 거리에 $-\dfrac{a}{d}Q$의 영상전하가 존재하므로 총 3개의 영상전하가 존재한다.(d는 구의 중심에서 P점까지의 거리.)

6. 도체 표면에서 1.6×10^{-10}[m]의 거리 (h)에 있는 전자에 작용하는 힘을 구하시오. 또한, 이 전하를 무한대의 거리까지 운반하는 데에 필요로 하는 일을 구하시오.

풀이 $F = \dfrac{Q(-Q)}{4\pi\varepsilon_0(2h)^2} = \dfrac{(1.6\times10^{-19})^2}{4\pi\varepsilon_0(2\times1.6\times10^{-10})^2}$

$= 9\times10^9\times(1.6\times10^{-19})^2\times\dfrac{1}{(2\times1.6\times10^{-10})^2} = 2.25\times10^{-9}$[N]

$W = -\int_h^\infty \vec{F}\cdot d\vec{S} = -\int_h^\infty FdS\cos\theta$

$$= \frac{Q}{4\pi\varepsilon_0}\int_h^{\infty}\frac{1}{4h^2}dh = \frac{Q}{4\pi\varepsilon_0 4h} = 3.6\times10^{-19}[\mathrm{J}]$$

이것을 전자볼트[eV]로 치환하면 다음과 같다.

$$W = \frac{3.6\times10^{-19}}{1.6\times10^{-19}} = 2.25[\mathrm{eV}]$$

📖 **참고** 전자볼트는 에너지(일)의 단위로 전자가 전위차 1[V]인 두점 간에서 가속되었을 때에 얻어지는 에너지이다.

$$1[\mathrm{eV}] = 1.6\times10^{-19}[\mathrm{J}]$$

제 7 장

전류와 저항

7.1 전기의 3요소

그림 7-1에서 스위치를 닫으면 전류는 전지의 양(+)극에서 전구를 거쳐 전지의 음(−)극으로 흐른다. 이와 같이 전류가 흐르는 통로를 **전기회로**(electric cir-cuit)라 한다. 이 때 전지와 같은 전기의 공급원을 **전원**(electric source)이라 하며 전구와 같이 전원으로부터 전류를 공급받고 있는 것을 **부하**(load)라고 한다. 이 전원과 부하 사이를 연결하는 전선 및 스위치에 의해 회로가 완성된다. 이러한 전기회로를 이해하기 위하여 기본적으로 전기의 3요소인 전압, 전류, 저항의 개념과 이들 관계를 나타내는 오옴의 법칙에 대하여 알아보도록 한다.

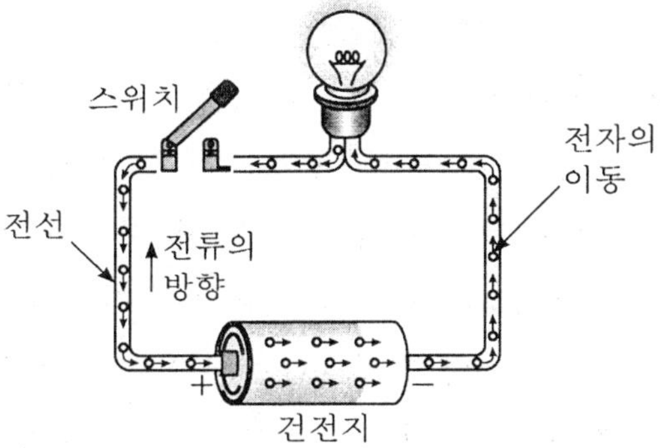

그림 7-1 전기회로

7.1.1 전 압

그림 7-2와 같이 전지의 전기적인 압력을 **전압**(Voltage)이라 한다. 이 전압에 의해 전자의 이동이 발생한다. 도체의 한 끝은 음전하를 띤 전자의 과잉 상태이고, 다른 한 끝은 양전하를 띤 전자의 부족 상태라고 하면 두 끝 사이에는 전기장이 형성된다. 전자는 음전하를 띤 끝에서 밀려나서 양전하를 띤 끝으로 끌려가려고 한다. 그러므로 전자 과잉 단자와 전자 부족 단자 사이에 적당한 통로가 마련되면 전자가 운동하게 된다. 이 때 운동을 일으키는 힘은 두 점 사이의 전위차(electric potential difference)로서 이를 **전압**(voltage)이라 하며 기호는 V, 단위는 [V](volt)를 사용한다.

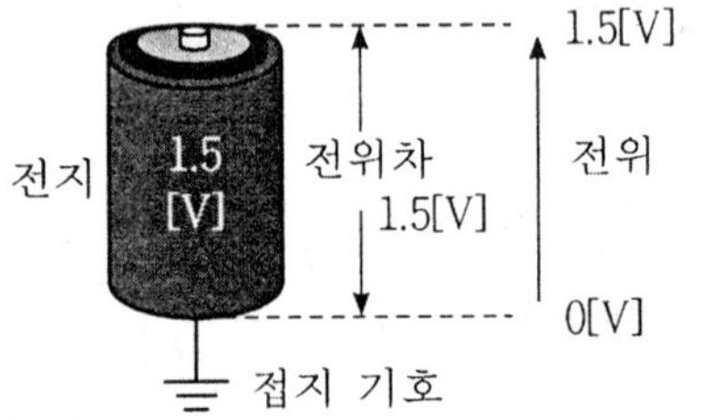

그림 7-2 건전지

7.1.2 전 류

전하는 도체 중에서 자유로이 이동할 수 있으므로 전계를 가하면 곧 이동하게 된다. 이 때 전하의 흐름을 **전류**(electric current)라 한다. 전류의 방향은 보통 양전하가 흐르는 방향을 정방향으로 한다. 이것은 전기자기학에 있어서 관습적인 규약이다. 전하는 양, 음 두 종류가 있으므로 이 규약에서 음전하가 흐르는 방향은 전류의 방향과는 반대이다. 실제 전자의 흐름, 즉 음전하의 흐름은 그림 7-1과 같이 음극에서 양극 방향으로 흐르나 전자이론이 알려지기 이전에 이미 전류의 흐름이 양극에서 음극으로 흐른다고 가정하여 사용되어 왔으므로 일반적인 통념의 전류 흐름과 실제 전자의 흐름 방향은 서로 반대인 것이다. 그러나 양전하가 음(−)극 방향으로 흐르는 것과 음전하가 그와는 반대로 양(+)극 방향으로 흐르는 것은 전류로서 같은 것으로 취급한다. 전류의 방향과 크기가 시간변화에 대하여 일정한 것을 **직류**(direct current)라 하고 방향과 크기가 양쪽 또는 한쪽이 시간과 함께 변화하는 것을 **교류**(alternative current)라고 한다. 본 장에서는 직류에 대해서만 설명하기로 한다.

전류의 기호는 I이며 단위는 [A](ampere)를 사용한다. 전류는 도체의 단면을 단위 시간당 지나간 전하량으로 정의하기도 한다. 즉 도선의 단면을 통하여 t[s] 동안에 Q[C]의 전하가 이동한다면, 이 때 전류의 크기 I는 다음과 같이 나타낸다.

$$I = \frac{Q}{t} \, [\mathrm{A}] \tag{7-1}$$

(1) 전류밀도

전류의 방향에 직각인 면적 $S[\mathrm{m}^2]$를 취하여 이 면적에 I[A]의 전류가 흐르고 있을 때 전류밀도(current density) i는 다음과 같이 정의한다.

$$i = \frac{I}{S} \, [\mathrm{A/m^2}] \tag{7-2}$$

위 식에서 전류밀도를 도전율 k[℧/m]와 전계 E에 대하여 나타내면 다음과 같다.

$$i = \frac{I}{S} = \frac{V}{RS} = \frac{V}{\frac{l}{kS} S} = k\frac{V}{l} = kE \, [\mathrm{A/m^2}] \tag{7-3}$$

그리고 그림 7-3과 같이 오른쪽으로 v[m/s]의 속도를 가진 체적 $V[\mathrm{m}^3]$ 내의 공간 전하 밀도 $\rho[\mathrm{C/m^3}]$인 전하에 의한 표면 $S[\mathrm{m}^2]$를 통과하는 전류를 대류전류(convection current)라 하며 대류전류밀도 i는 다음과 같이 표시된다.

$$i = \rho[\mathrm{C/m^3}] \times v[\mathrm{m/s}] = \rho v [\mathrm{A/m^2}] \tag{7-4}$$

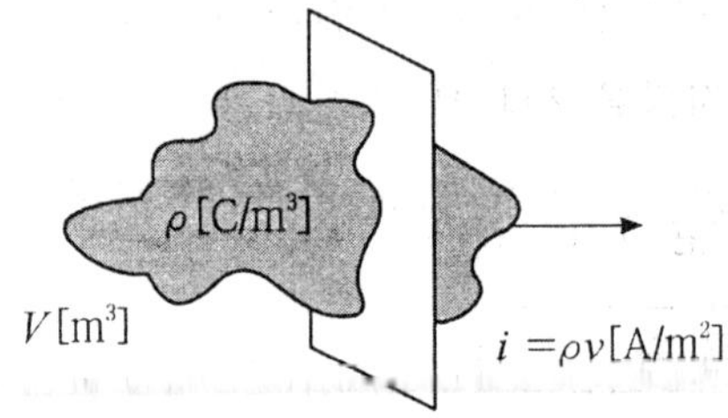

그림 7-3 대류전류밀도

또한 어느 매질 중 단위체적 1[m³]마다 n개의 전자가 있을 때에 이것에 전계 E가 작용하면 전자는 전계 E와 반대방향으로 속도 v[m/s]로 운동한다. 이 때 생기는 전류밀도 i는 다음과 같다.

$$i = n e v [\mathrm{A/m^2}] \tag{7-5}$$

7.1.3 저 항

도체 내에서 전류의 흐름을 방해하는 성질을 **저항**(resistance)이라 한다. 즉 자유전자가 도체를 이동할 때 원자와 충돌하여 이동을 방해하는 현상이라고 할 수 있다. 충돌빈도가 클수록 저항이 크다. 저항의 기호는 R이고 단위는 [Ω](ohm)을 사용한다. 한편, 전류를 잘 흐르게 하는 정도를 나타내는 것은 **컨덕턴스**(conductance)라고 하며, 다음 식 (7-6)과 같이 저항의 역수로 표현한다. 컨덕턴스의 기호는 G, 단위는 [Ω^{-1}], [℧], [S]을 사용한다. 여기서, [℧]는 모(mho), [S]는 지멘스(siemens)라고 읽는다.

$$G = \frac{1}{R} [℧] \tag{7-6}$$

도체의 전기저항은 물질의 성질, 길이, 단면적 및 온도의 4가지 요소에 의해 결정된다.

첫째 요소는 물질의 성질에 의한 것으로 물질은 그 재질의 종류에 따라 각각 전류의 흐름을 방해하는 고유한 성질을 가지고 있는 데, 이를 고유저항 또는 저항률이라고 하며 기호는 ρ, 단위는 [Ω · m]로 나타낸다. 표 7-1은 표준온도 20[℃]에서의 각종 금속의 고유저항을 나타낸 것이다.

표 7-1 각종 금속의 고유저항

금 속	고유저항[10^{-8}Ω · m]
은[Ag]	1.62
구리[Cu]	1.69
연동선	1.724(1/58)
경동선	1.818(1/55)
금[Au]	2.40
알루미늄[Al]	2.62
강심 알루미늄선	2.857(1/35)
텅스텐[W]	5.48
철[Fe]	10.0
백금[Pt]	10.5
니크롬	109.0

전선으로 사용되는 도체(conductor)는 저항이 작아야 하고, 절연체(insulator)는 저항이 매우 커야 한다. 일반적으로, 어떤 종류의 물질이라도 약간의 전류는 흐를 수 있기 때문에 완전한 절연체는 없다. 절연체와 도체의 중간 정도의 저항을 가진 물질을 반도체(semiconductor)라 하며 트랜지스터 분야에 사용된다. 전도율이 우수한, 즉 저항이 작은 도체는 자유전자의 수가 많은 물질로서 주로 금속이다. 전기 전도도가 좋은 도체는 은, 구리, 금, 알루미늄의 순이며 비금속으로는 탄소 등이 있다. 절연체는 전도율이 나쁜 것으로서 자유전자의 수가 적은 물질이며 고무, 유리, 도자기, 플라스틱 등이 있다.

둘째 요소는 도체의 길이이다. 같은 굵기의 도선이라 하더라도 길이가 길수록 저항이 커진다.

셋째 요소는 도체의 단면적이다. 단면적의 모양은 삼각형이나 사각형일 수도 있지만 일반적으로 원형이 사용된다. 같은 재질과 같은 길이에서 단면적이 반이 되면 저항은 2배가 된다. 이것은 단면적이 감소하면 전자가 운동하는 통로가 좁아지므로 전자 간에 충돌이 생기거나 원자에 흡수되어 운동이 제한되기 때문이다. 결론적으로 저항은 도체의 단면적에 반비례한다.

이상의 요소들에 의한 저항의 영향을 정리해 보면 도체의 저항은 길이에 비례하고 단면적에 반비례하며 도체의 재질에 따라 달라진다는 것을 알 수 있다.

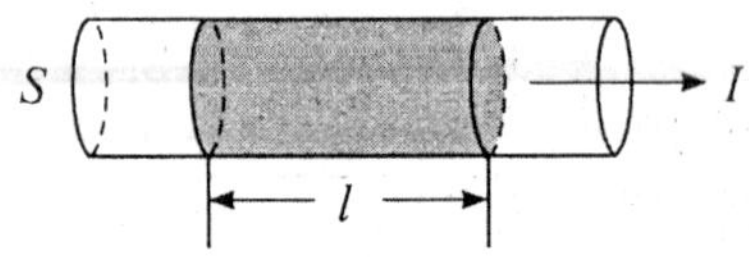

그림 7-4 도 선

그림 7-4와 같이 도선의 길이를 l[m], 단면적을 S[m²], 그리고 저항률(고유저항)을 ρ라 하면, 도체의 저항 R은 다음과 같이 표시된다.

$$R = \rho \frac{l}{S} [\Omega] \quad ☆ \tag{7-7}$$

위 식에서 도체의 저항률(고유저항) ρ는 다음과 같이 표시할 수 있다.

$$\rho = R \frac{A}{l} [\Omega \cdot \mathrm{m}] \tag{7-8}$$

또한 저항률의 역수 k를 도전율 또는 전도도라 하며 다음과 같이 나타낼 수 있다.

$$k = \frac{1}{\rho} [℧/\mathrm{m}] \tag{7-9}$$

도선 저항에 미치는 넷째 요소는 온도이다. 대부분 금속의 저항률은 0[℃]에서 200[℃] 정도의 온도 범위에서 온도 상승에 비례하여 증가한다. 그것은 금속원자의 열진동이 심해져서 자유전자의 운동을 방해하기 때문이다. 온도 t_1에서의 저항이 R_1이라 하면, 상승한 온도 t_2에서의 저항 R_2는 다음과 같이 표현된다.

$$R_2 = R_1[1 + \alpha_t(t_2 - t_1)][\Omega] \quad ☆ \tag{7-10}$$

여기서, α_t는 온도가 1[℃] 상승하는데 따른 저항의 증가비율로 저항의 온도계수라 한다. 위 식에서 알 수 있듯이 온도가 상승하면 저항이 증가한다. 금속도체는 온도 상승과 함께 저항은 점점 직선적으로 증가하여 정특성(正特性) 저항이라 한다. 반면에 반도체, 절연체, 전해액, 탄소 등은 온도가 상승하면 반대로 저항이 감소한다. 부(−)의 온도계수를 가지므로 이것을 부특성(負特性) 저항이라고 한다. 이중에서 반도체는 그림 7-5에 나타낸 바와 같이 온도와 반비례하여 급격한 저항 감소를 보인다. 즉 반도체의 단점은 높은 온도에서 견디지 못한다는 것이다.

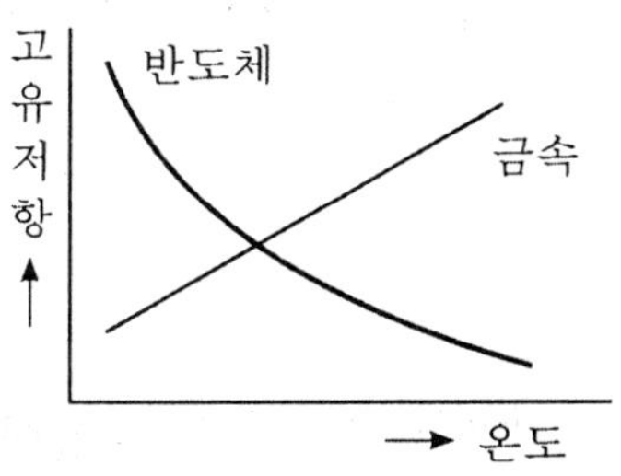

그림 7-5 온도와 저항특성

한편, 전기저항 R과 정전용량 C와의 관계는 유전율 ε, 고유저항 ρ라 할 때,

$$R = \rho\frac{l}{S} \tag{7-11}$$

$$C = \frac{\varepsilon S}{l} \tag{7-12}$$

이므로, 위 두 식으로부터 다음과 같은 관계가 성립한다.

$$RC = \rho\frac{l}{S} \times \frac{\varepsilon S}{l} \tag{7-13}$$

$$\therefore RC = \rho\varepsilon \quad ☆ \tag{7-14}$$

예제 7-1 저항 10[Ω]인 구리선과 30[Ω]인 망간선을 직렬접속하면 합성저항 온도계수는 몇 [%]인가?

풀이 합성저항 온도계수 $\alpha_t = \dfrac{\alpha_1 R_1 + \alpha_2 R_2}{R_1 + R_2}$

여기서, α_1 : 동선의 저항 온도계수

α_2 : 망간선의 저항 온도계수

동선과 망간선이 1[℃] 상승할 때의 저항값을 r_1, r_2라 하면,

$$r_1 = \alpha_1 R_1 = 0.004 \times 10 = 0.04[\Omega]$$

$$r_2 = \alpha_2 R_2 = 0 \times 30 = 0[\Omega]$$

$$\therefore \alpha_t = \frac{\alpha_1 R_1 + \alpha_2 R_2}{R_1 + R_2} = \frac{0.04}{10 + 30} = 0.001 = 0.1[\%]$$

7.1.4 오옴의 법칙

전류, 전압, 저항을 하나의 관계로 정립시킨 것이 바로 오옴의 법칙이다. 그림 7-6과 같이 물의 흐름에 비유하면, 물탱크에 연결한 파이프를 타고 흐르는 물은 파이프에 걸리는 수압이 높을수록 양이 많아진다.

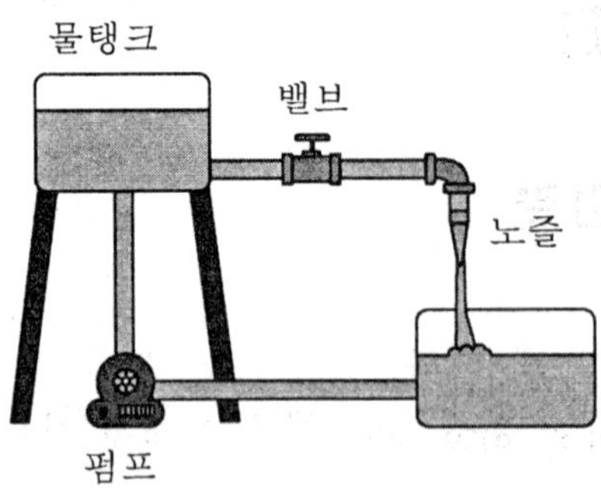

그림 7-6 물의 흐름

만약 파이프가 가늘어서 물의 흐름에 대한 저항이 커지면 물의 양은 적어지게 된다. 전류도 이와 마찬가지이다. 즉 도체에 흐르는 전류의 크기는 도체의 양끝에 가해진 전압에 비례하고 그 도체의 저항에 반비례한다는 것이다. 이것이 오옴의

법칙(Ohm's law)이다. 이 법칙은 전기의 기본법칙으로 아주 중요한 법칙이다. 그림 7-7 (a)의 전기회로와 같이 도체에 가해지는 전압을 V[V], 도체의 저항을 R [Ω], 흐르는 전류를 I[A]라 할 때, 이 오옴의 법칙은 식 (7-15)와 같이 정리된다. 한편, 오옴의 법칙은 그림 7-7 (b)와 같이 삼각형을 이용하여 쉽게 이해할 수 있다.

$$\boxed{V = IR} \quad ☆☆ \tag{7-15}$$

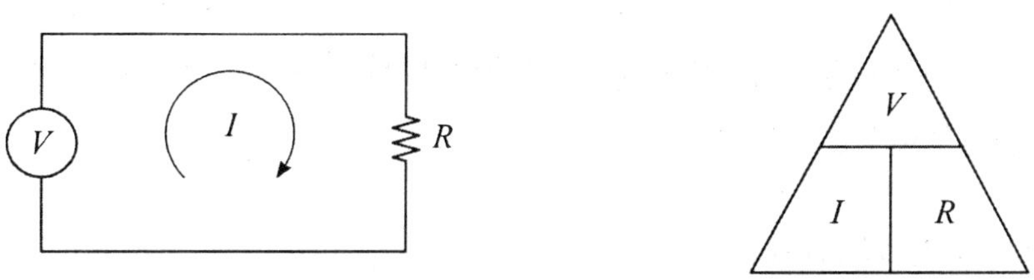

(a) 전기회로 (b) 삼각형

그림 7-7 전기회로와 삼각형

7.2 전기에너지

7.2.1 전력과 전력량

회로에 전류가 흐르는 동안에 하는 일(에너지)의 양을 **전력량**이라고 한다. 즉 전기가 발생시키는 에너지의 양을 말한다. 그림 7-8과 같이 길이가 l인 도체의 양끝에 전위차 V를 유지하면 도체내의 전하들이 이동하여 주위의 고정된 입자에 충돌한다. 고정된 입자는 충돌시 얻은 열에너지로 진동이 활발해져서 도체의 온도가 높아진다.

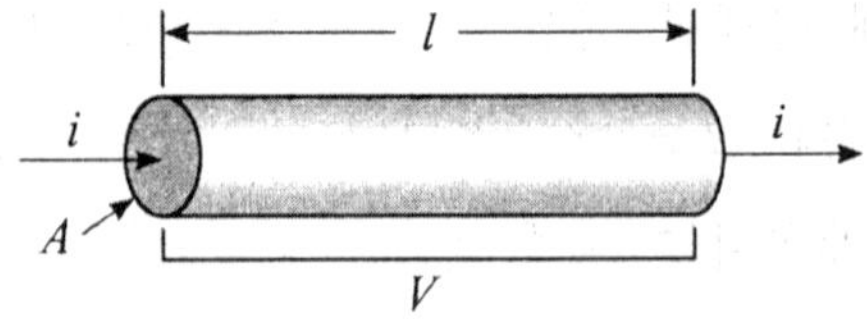

그림 7-8 길이 l인 도선

도체에 흐르는 전류의 세기가 I[A]일 때 시간 t초 동안에 도체의 한 쪽 끝으로 $Q=I\cdot t$[C]의 전하가 들어가고 동시에 다른 쪽 끝으로 같은 양의 전하가 나온다. 각 전하는 조금씩 이동하지만 실제로 t초 동안에 도선의 단면을 통과한 전하량은 $Q=I\cdot t$[C]가 된다. 그러므로 전위차 V인 도체에 Q[C]의 전하에 의해 공급되는 전기에너지의 양, 즉 전력량은 식 (7-16)과 같이 표현되며 기호는 W, 단위는 [VASec], [Ws], [J] 등이 사용된다.

$$\begin{aligned} W &= VQ = VIt[\text{VASec}] \\ &= Pt[\text{Ws}] \\ &= I^2Rt[\text{J}] \end{aligned} \tag{7-16}$$

이와 같이 t초 동안에 소비한 전기에너지의 양을 **전력량**(electric energy)이라고 하며 특히 단위시간에 소비한 전력량을 **전력**(electric power)이라 부르는데 이는 얼마만큼의 전력을 소비하는가를 알기 위한 것이다. 전력의 기호는 P, 단위는 [W](watt)를 사용하며 식 (7-17)과 같이 전압과 전류에 비례하는 것으로 표현된다.

$$P = VI[\text{W}] \tag{7-17}$$

7.2.2 주울의 법칙

도체 속을 이동하는 전자는 도체를 구성하고 있는 금속원자와 충돌해서 금속원자로 하여금 불규칙적인 열진동이 일어나도록 만든다. 이렇게 보면 열이라는 것은 실은 물체의 원자나 분자의 불규칙적인 운동에 불과한 것이다. 영국의 주울(Joule)

은 1840년 발열량에 대해 상세한 실험을 해서 하나의 법칙을 발견했는데, 그에 따르면 t초 동안 도체에 전류 I를 흘렸을 때 발생하는 열량 H는 전류의 제곱과 도체 저항 R의 곱에 비례한다는 것이다. 즉 열량 H는

$$H = I^2Rt[\mathrm{J}] \tag{7-18}$$

가 되는데, 이것을 **주울의 법칙**(Joule's law)이라고 한다. 이때 발생되는 열은 **주울열**이라 한다. 1[J]의 전기에너지에 의해 발생되는 주울열은 0.24[cal]이다. 그러므로 전류에 의해 발생되는 전기에너지를 열에너지로 표시하면 열량 H는 다음과 같이 나타낼 수 있다.

$$H = 0.24I^2Rt[\mathrm{cal}] \tag{7-19}$$

예제 7-2 내부저항 r이 2[Ω]이고, 전압 E가 24[V]인 축전지에서 최대전력을 흡수하기 위한 부하저항 R[Ω]값을 구하고 그때의 전력 P[W]는 얼마인가?

풀이 $P = I^2R = \left(\dfrac{E}{r+R}\right)^2 R = \dfrac{R}{(r+R)^2}E^2[\mathrm{W}]$

여기서, 최대 전력전달 조건이 되는 것은 $\dfrac{R}{(r+R)^2}$이 이차함수이므로 미분값이 0일 때이다. 따라서

$$\frac{d}{dR}\frac{R}{(r+R)^2} = \frac{r\cdot(r+R)^2 - R\cdot 2(r+R)}{(r+R)^4}$$

$$= \frac{(r+R)-2R}{(r+R)^3} = \frac{r-R}{(r+R)^3} = 0$$

이 때, $r=R$일 때 최대 전력을 얻는다.

그러므로 $R = 2[\Omega]$, $P = \dfrac{V^2}{r+R} = \dfrac{24^2}{2+R} = 144[\mathrm{W}]$

7.3 키르히호프의 법칙

비교적 간단한 전류와 전압 계산은 오옴의 법칙을 이용하여 쉽게 구할 수 있다. 그러나 몇 개의 전원과 저항이 여러 형태로 조합되어 있는 복잡한 회로의 전류와 전압 계산에는 키르히호프의 법칙이 사용된다. 키르히호프의 법칙은 오옴의 법칙을 응용한 것으로 전류에 관한 법칙(제1법칙)과 전압에 관한 법칙(제2법칙)으로 되어 있다.

7.3.1 키르히호프의 제1법칙

전기회로망에서 도선이 분기되는 임의의 접속점에서, 그 점에 흘러들어오는 전류의 합은 흘러나가는 전류의 합과 같다. 즉, 다음 식과 같이 유입하는 전류의 총합은 유출하는 전류의 총합과 같다.

$$\sum \text{유입전류} = \sum \text{유출전류} \qquad (7\text{-}20)$$

이것을 키르히호프의 제1법칙 또는 키르히호프의 **전류법칙**(Kirchhoff's current law : KCL)이라 한다. 그림 7-9와 같이 접속점 O에 흘러들어오는 전류를 I_1, I_2라 하고, 접속점으로부터 흘러나가는 전류를 I_3라 하면 다음 식이 성립한다.

$$I_1 + I_2 = I_3 \qquad (7\text{-}21)$$

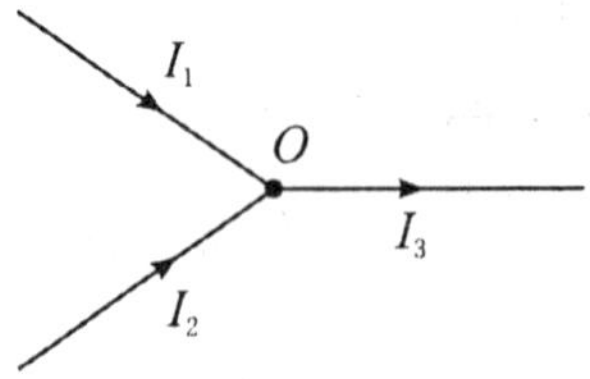

그림 7-9 진류법칙

7.3.2 키르히호프의 제2법칙

이 법칙은 회로망 중의 임의의 폐회로 내에서 그 폐회로를 따라 한 방향으로 일주하면서 생기는 소비전압 즉 전압 강하의 합은 그 폐회로 내에 포함되어 있는 공급전압 즉 기전력의 합과 같다는 것이다.

$$\sum 공급전압 = \sum 소비전압 \qquad (7\text{-}22)$$

이는 전기회로를 전류가 한바퀴 도는 동안 (+)와 (−)의 방향을 고려하여 합하면 전위차의 합은 0이 된다. 즉 기전력과 전압강하 전체의 합은 0이라는 의미이다. 이것을 **키르히호프의 제2법칙** 또는 **키르히호프의 전압법칙**(Kirchhoff's voltage law : KVL)이라 한다.

7.4 저항의 접속

7.4.1 저항의 직렬접속

저항의 접속은 합성저항이 증가하는 직렬접속과 합성저항이 감소하는 병렬접속이 있다. 직렬접속은 저항의 합이 증가하는 것으로 합성저항은 전체를 더한 것과 같다. 그림 7-10과 같이 저항 R_1, R_2, R_3를 접속한 것을 **직렬접속**(series connection)이라 하고 전원과 저항이 모두 직렬로 접속되어 있는 회로를 **직렬회로**(series circuit)라 한다.

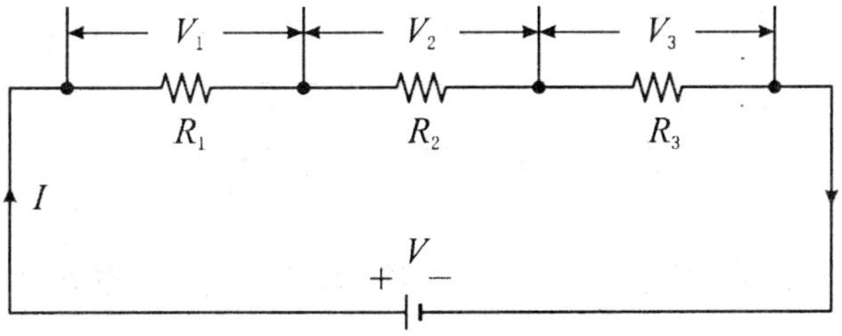

그림 7-10 저항의 직렬접속

직렬회로에서 전체전류 I는 항상 일정하다. 그리고 공급전압 V는 각각의 저항에 비례하여 나누어지고 각각의 전압강하를 더한 값과 같아진다. 그림 7-10에 키르히호프의 전압법칙을 적용하면,

$$V = V_1 + V_2 + V_3 \tag{7-23}$$

$$IR = IR_1 + IR_2 + IR_3 \tag{7-24}$$

가 된다. 여기서, 전류 I는 일정하므로 전체 합성저항 R은 다음과 같다.

$$\boxed{R = R_1 + R_2 + R_3} \ ☆ \tag{7-25}$$

7.4.2 저항의 병렬접속

그림 7-11과 같이 저항 R_1, R_2, R_3을 접속한 것을 **병렬접속**(parallel connec-tion)이라 하고, 전원과 저항이 모두 병렬로 접속되어 있는 회로를 **병렬회로**(pa-rallel circuit)라 한다.

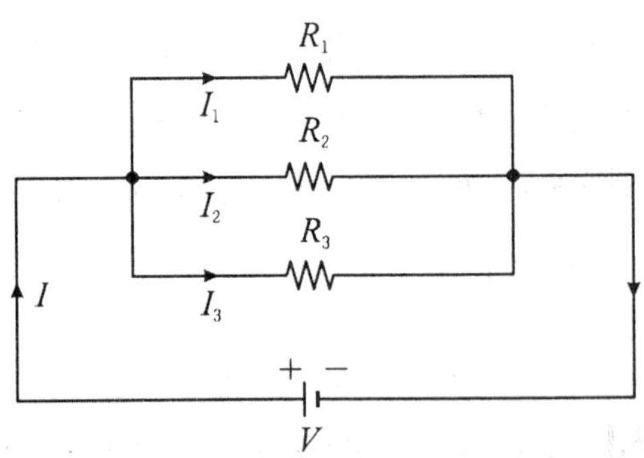

그림 7-11 저항의 병렬접속

저항이 병렬로 접속된 회로에서는 각 저항마다 동일한 전압이 가해지고 저항에 흐르는 전류는 저항에 반비례하여 흐른다. 그러므로 공급전압 V는 R_1, R_2, R_3에 그대로 걸리며, 전체 전류 I는 각각의 전류를 더한 값과 같다. 그림 7-11에

키르히호프의 전류의 법칙을 적용하면 다음과 같다.

$$I = I_1 + I_2 + I_3 \tag{7-26}$$

$$\frac{V}{R} = \frac{V}{R_1} + \frac{V}{R_2} + \frac{V}{R_3} \tag{7-27}$$

여기서, 전압 V는 일정하므로 전체 합성저항 R은 다음 식 (7-28)과 같이 먼저 $\frac{1}{R}$을 구한 다음에 역수를 취하면 된다.

$$\boxed{\frac{1}{R} = \frac{1}{R_1} + \frac{1}{R_2} + \frac{1}{R_3}} \ ☆ \tag{7-28}$$

예제 7-3 두 개의 저항 R_1, R_2를 직렬연결하면 16[Ω], 병렬연결하면 3.75[Ω]이 된다. 두 저항값은 각각 몇 [Ω]인가?

풀이 $R_s = R_1 + R_2 = 16[\Omega]$ ①

$$R_p = \frac{R_1 R_2}{R_1 + R_2} = 3.75[\Omega] \quad ②$$

에서 $R_1 R_2 = 3.75(R_1 + R_2) = 3.75 \times 16 = 60[\Omega]$

$$\therefore\ R_2 = \frac{60}{R_1} \quad ③$$

식 ③을 식 ①에 대입하면, $R_1 + \frac{60}{R_1} = 16$, $(R_1 - 6)(R_1 - 10) = 0$

$\therefore\ R_1 = 6[\Omega]$, $R_2 = 10[\Omega]$ 또는 $R_1 = 10[\Omega]$, $R_2 = 6[\Omega]$

7.5 열전현상

그림 7-12 (a)와 같이 양끝이 접합되어 있는 두 개의 서로 다른 종류의 금속선이 있다. 처음에는 아무런 일도 일어나지 않는다. 그러나 한쪽 접점에 열을 가하면 닫힌 회로 내에서 소량의 전류가 흐르게 된다. 이 현상을 제어벡 효과(See-beck effect)라 한다.

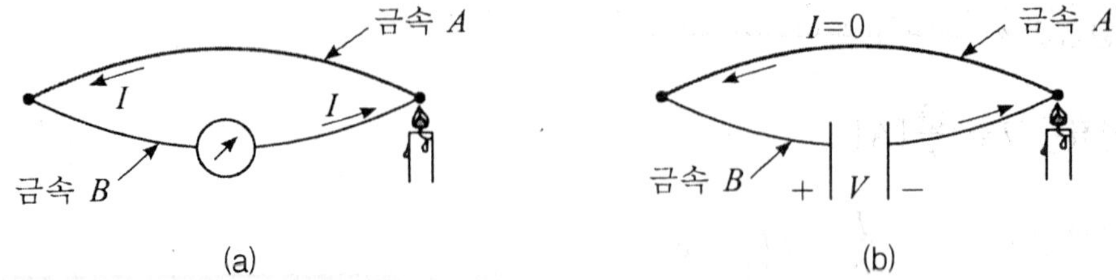

그림 7-12 열전현상

결국 제어벡 효과란 서로 다른 종류의 금속으로 이루어진 폐회로에서 양 접점의 온도가 다르면 전류가 흐르는 현상이다. 반대의 현상도 일어날 수 있다. 즉 두 개의 서로 다른 금속으로 이루어진 폐회로에 전류를 흘리면 양 접점의 온도가 달라지는 현상을 말하며 이것을 **펠티에 효과**(Peltier effect)라 한다. 제어벡 효과와 펠티에 효과를 통칭하여 **열전 효과**(thermoelectric effect)라 한다.

제어벡 효과는 온도를 재는 열전대(thermocouple)에 응용된다. 만일 그림 7-12 (b)처럼 온도차가 있을 때 회로를 단절시키면 전류는 흐르지 않게 되지만 전위차가 생긴다. 이 전위차 즉 전압은 볼트미터(voltmeter)로 측정할 수 있다. 이렇게 생성된 전압은 온도차에 비례하므로 한 접점의 온도를 알고 있다면 다른 쪽 접점의 온도를 전압을 측정함으로서 알 수 있다. 따라서 이와 같은 방식으로 온도를 잴 수 있게 만든 전선을 **열전대**라고 한다. 보통 사용되는 열전대로는 copper-con-stantan(T-type), iron-constantan(J-type) 및 chromel-alumel(K-type) 등이 있다. 또한 제어벡 효과는 전류를 만드는 즉 전력을 생산하는 장치로 이용할 수도 있는데 이것을 **열전발전**(thermoelectric generator)이라 한다.

한편 펠티에 효과는 전류를 일부러 흘려주어 온도차를 만들게 되므로 상대적으로 찬 부분을 이용한다면 냉동기로 사용될 수 있는데 이것을 **열전냉동기**라 한다. 펠티에 효과나 제어벡 효과는 서로 다른 금속 도체에서 설명하였다. 그러나 동일한 금속이라도 그 도체 중에 온도차가 있으면 열의 발생 또는 흡수가 일어나는 현상이 있다. 이 현상을 **톰슨 효과**(Thomson effect)라 한다.

• 단원정리 •

1. 전류 $I=\frac{Q}{t}$[A]

2. 전류밀도 $i=\frac{I}{S}=kE=Qv=nev$[A/m^2]

3. 도체의 저항 $R=\rho\frac{l}{S}$[Ω]

4. 저항과 온도관계 $R_2=R_1[1+\alpha_t(t_2-t_1)]$[Ω]

5. 저항과 정전용량 관계 $RC=\rho\varepsilon$

6. 오옴의 법칙 $V=IR$

7. 전력 $P=VI$[W]

8. 전력량 $W=VQ=VIt$[VASec]

$=Pt$[Ws]

$=I^2Rt$[J]

9. 키르히호프의 법칙

전류의 법칙 Σ유입전류=Σ유출전류

전압의 법칙 Σ공급전압=Σ소비전압

10. 저항의 연결

직렬연결 $R=R_1+R_2+R_3$

병렬연결 $\frac{1}{R}=\frac{1}{R_1}+\frac{1}{R_2}+\frac{1}{R_3}$

연 습 문 제

1. 원점 주위의 전류밀도가 $\vec{i} = \frac{2}{r}\vec{a_r}$[A/m²]의 분포를 가질 때, 반지름 5[cm]의 구면을 지나는 전 전류는 몇 [A]인가?

풀이 $I = \int_s \vec{i} \cdot d\vec{S} = \frac{2}{r} \times 4\pi r^2 = 8\pi r = 8\pi \times (5\times10^{-2}) = 0.4\pi$[A]

2. 대지 중의 두 전극 사이에 있는 어떤 점의 전계의 세기가 6[V/cm], 지면의 도전율이 10^{-4}[V/cm]일 때, 이 점의 전류밀도는 몇 [A/cm²]인가?

풀이 $i = kE = 10^{-4} \times 6 = 6\times10^{-4}$[A/cm²]

3. 그림 7-13에서 ab 및 bc가 5[Ω], ad 및 dc가 10[Ω]이다. 합성저항은 얼마인가?

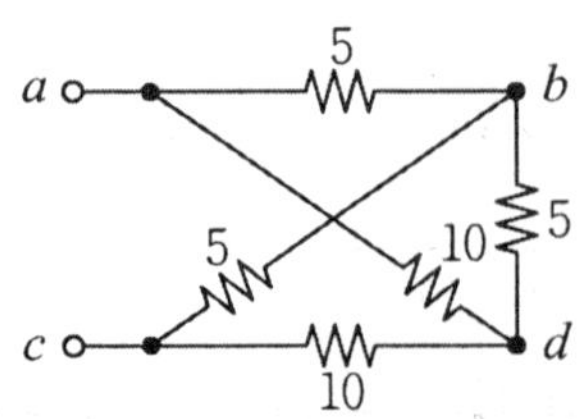

그림 7-13

풀이 브릿지 평형회로이므로 $R_{ac} = \frac{20\times10}{20+10} = 6.67$[Ω]

4. 전압 100[V]에서 1[kW]의 전열기를 70[V]로 사용할 때의 전력 P[W]는?

풀이 $P \propto V^2$이므로

전력 $P=\left(\frac{70}{100}\right)^2 \times 1,000 = 490$ [W]

5. 그림 7-14에서 내부저항 20[Ω] 및 25[Ω], 최대 지시 눈금이 다같이 1[A]인 전류계 A_1 및 A_2를 그림과 같이 접속했을 때 측정할 수 있는 최대전류의 값은 몇 [A]인가?

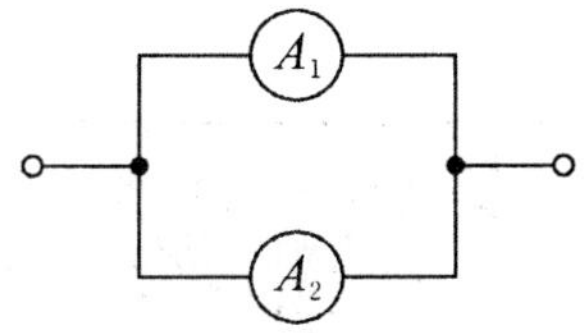

그림 7-14

풀이 측정 가능한 전류를 I_m이라 하고, A_1에 흐르는 전류를 I_1, A_2에 흐르는 전류를 I_2라 하면

$$I_1 = \frac{r_2}{r_1 + r_2} I_m = 1,\ \ I_m = \frac{45}{25} = 1.8[\text{A}]$$

$$I_2 = \frac{r_1}{r_1 + r_2} I_m = 1,\ \ I_m = \frac{45}{20} = 2.25[\text{A}]$$

여기서, 적은 값을 기준으로 한다.

6. 그림 7-15와 같은 회로에서 소비되는 전력은 몇 [W]인가?

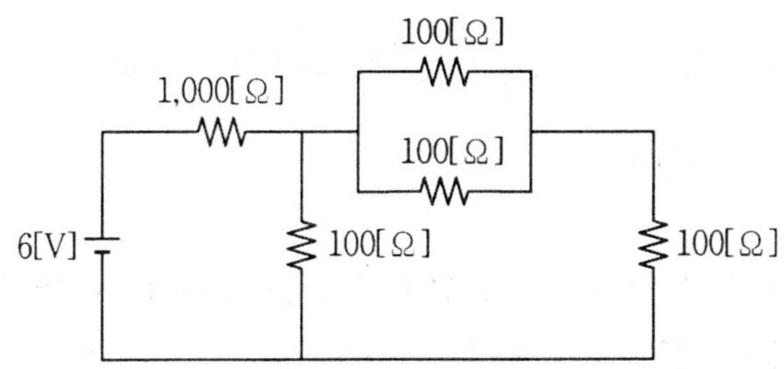

그림 7-15

풀이 $R = 100 + \dfrac{100 \cdot \left(\dfrac{100 \cdot 100}{100 + 100} + 100\right)}{100 + \left(\dfrac{100 \cdot 100}{100 + 100} + 100\right)} = 160[\Omega]$

$$P=\frac{V^2}{R}=\frac{6^2}{160}\fallingdotseq 0.22[\mathrm{W}]$$

7. 그림 7-16에 표시한 반지름 a[m]의 반구형 도체를 전극으로 한 경우, 유전율 ε, 고유저항 ρ인 대지에 접지할 경우의 도체와 대지간의 저항은 몇 [Ω]인가? (단, ρ는 전극의 고유저항에 비해 매우 크다.)

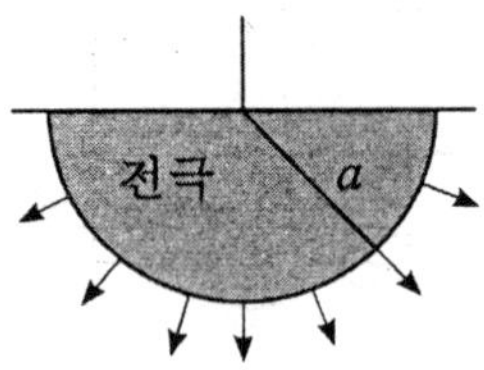

그림 7-16

풀이 반지름 a[m] 구의 정전용량은 $C=4\pi\varepsilon a$[F]이므로

반구의 정전용량 $C=2\pi\varepsilon a$[F]이다.

그러므로 $RC=\rho\varepsilon$으로부터

$$R=\frac{\rho\varepsilon}{C}=\frac{\rho\varepsilon}{2\pi\varepsilon a}=\frac{\rho}{2\pi a}[\Omega]$$

8. 단면적이 5[cm²]인 도체구가 있다. 이 단면을 3[s]초 동안에 30[C]의 전하가 이동하면 전류는 몇 [A]가 되는가?

풀이 전류의 크기는 단위시간당 이동한 전기량이다. 그러므로

$$I=\frac{Q}{t}=\frac{30}{3}=10[\mathrm{A}]$$

9. 내경이 2[cm], 외경이 3[cm]인 동심구 도체간에 고유저항이 1.884×10^2[Ωm]인 저항 물질로 채워져 있는 경우 내외 구간의 합성저항은 약 몇 [Ω] 정도 되겠는가?

풀이 $$C=\frac{4\pi\varepsilon}{\frac{1}{a}-\frac{1}{b}}=6.67\times10^{-12}[\mathrm{F}]$$

$$R=\frac{\rho\varepsilon}{C}=\frac{1.884\times10^{2}\times8.885\times10^{-12}}{6.67\times10^{-12}}=250[\Omega]$$

10. 온도 t[℃]에서 저항 $R_t[\Omega]$인 동선은 30[℃]일 때, 저항은 어떻게 변하는가?

풀이 0[℃]일 때의 저항을 R_0, t[℃]일 때의 저항을 $R_t[\Omega]$라 하면, 0[℃]에 있어서 동선의 저항 온도계수 $\alpha_0=\frac{1}{234.5}\fallingdotseq0.00427$이다. 그러므로

$$R_t=R_0(1+\alpha_0 t)[\Omega]$$

$$R_{30}=R_0(1+\alpha_0 30)[\Omega]$$

에서 R_0을 소거하면

$$\frac{R_{30}}{R_t}=\frac{R_0(1+\alpha_0 30)}{R_0(1+\alpha_0 t)}=\frac{1+30\alpha_0}{1+\alpha_0 t}$$

여기에 $\alpha_0=\frac{1}{234.5}$을 대입하면

$$\frac{R_{30}}{R_t}=\frac{1+30\alpha_0}{1+\alpha_0 t}=\frac{1+30\times\frac{1}{234.5}}{1+\frac{1}{234.5}t}$$

$$\therefore\ R_{30}=\frac{264.5}{234.5+t}R_t[\Omega]$$

📖 **참고** 동(구리)선의 절대온도의 추정값은 -234.5[℃]이다.

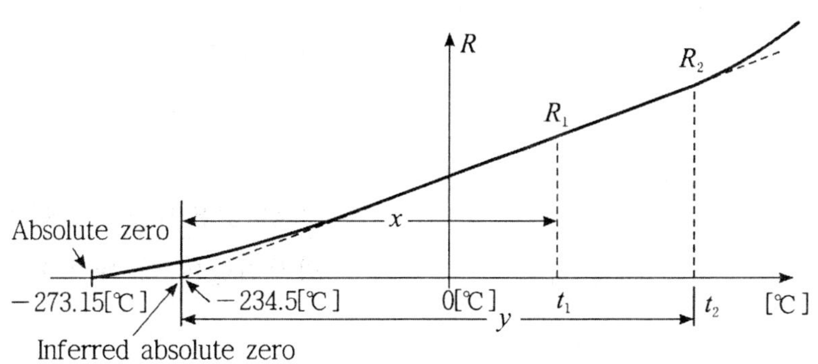

그림 7-17

제 8 장

정 자 계

8.1 자기력과 자계

8.1.1 쿨롱의 법칙

쇠붙이 종류는 자석에 잘 붙지만 나무나 플라스틱 등은 자석에 붙지 않는다. 자석의 사이에 종이나 유리, 책받침을 넣고 자석과 자석끼리 혹은 자석과 쇠붙이끼리 붙여 보면 그래도 잘 붙는다. 이렇게 자석이 쇠붙이를 끌어당기는 성질의 근원을 **자기**(magnetism)라 하고 자석의 힘을 **자기력**(magnetic force)이라고 한다. 또한 자기력이 작용하는 공간을 **자기장** 또는 **자계**(magnetic field)라 하며 자계의 크기와 방향을 가상적인 선으로 나타낸 것을 **자기력선**(line of magnet force)이라 한다. 그리고 자극 사이에 작용하는 힘은 서로 같은 극 사이에서 척력이 작용하고 다른 극 사이에서는 인력이 작용한다. 이런 힘을 가진 양단의 자기의 양을 **자극의 세기** 또는 **자하**(磁荷)라고 부르고 기호는 m, 단위는 [Wb](웨버)를 사용한다.

자석 사이에 작용하는 힘을 양적으로 취급하는데 정전기에서와 같은 쿨롱(Clou-lomb)의 법칙이 그대로 적용된다. 그런데 자석에서는 자극을 분리할 수 없으므로 힘을 측정하기 위한 자석은 매우 가늘고 길어서 한 자석의 양극이 서로 영향을 미치지 않는 경우의 것을 가정하여 생각한다. 이러한 조건을 만족하는 자극을 **점자극**(point pole)이라 한다. 이러한 조건의 두 점자극의 자극의 세기를 각각

m_1[Wb], m_2[Wb], 두 자극 사이의 거리를 r[m], 상호간에 작용하는 힘을 F [N]라 하면 다음과 같은 관계가 있다.

$$F = k\frac{m_1 m_2}{r^2} = 6.33\times10^4 \times \frac{m_1 m_2}{r^2}\,[\mathrm{N}] \tag{8-1}$$

이것을 자극에 관한 **쿨롱의 법칙**이라 한다. 정전계에 관한 쿨롱의 법칙과 동일한 모양으로 하기 위하여

$$6.33\times10^4 = \frac{1}{4\pi\mu_0} \tag{8-2}$$

이라 놓으면 μ_0는 다음과 같이 계산된다.

$$\mu_0 = \frac{1}{4\pi\times6.33\times10^4} = 4\pi\times10^{-7}[\mathrm{H/m}] \tag{8-3}$$

여기서 μ_0를 진공에 대한 투자율(permeability)이라 하며 정자계에 관한 쿨롱의 법칙을 정리하면 다음과 같이 표시된다.

$$\boxed{F = \frac{1}{4\pi\mu_0}\frac{m_1 m_2}{r^2}\,[\mathrm{N}]}\ ☆ \tag{8-4}$$

8.1.2 자 계

그림 8-1과 같이 자석 옆에 나침반을 놓으면 자침이 움직인다. 이것은 자석의 주위에 자기적인 힘이 작용하는 공간이 존재하기 때문이다. 이와 같은 공간을 자계(magnetic field)라 한다. 자계는 장소에 의해 방향과 크기가 다른 벡터량이다.

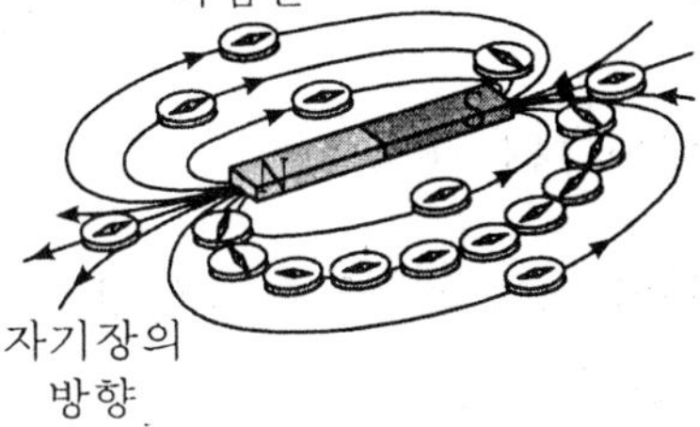

그림 8-1 막대자석과 나침반

자계 중에 m[Wb]의 자극을 놓으면 자극은 다음과 같은 힘 F[N]을 받는다.

$$F = mH[\mathrm{N}] \quad ☆☆ \tag{8-5}$$

여기서, H는 자계 중에 놓여진 단위 정자극 1[Wb]에 작용하는 힘의 크기를 나타내고 이것을 이점에서의 자계의 세기라고 정한다. 또 자극에 작용하는 힘의 방향을 자계의 방향으로 정한다. 이들 자계의 방향과 크기를 합쳐서 자계의 세기(magnetic field strength)라 한다. 자계의 세기 단위에는 [A/m] 또는 [AT/m]를 사용한다.

8.1.3 자기력선

자계의 형태는 직접 눈으로 볼 수 없지만 자석 위에 종이를 놓고 그 위에 철분을 흩뜨리고 가볍게 두드리면 그림 8-2 (a)와 같이 철분이 선상의 배열 모양을 띤다. 이러한 자계의 모양을 눈으로 보기 쉽도록 하기 위하여 그림 8-2 (b)와 같이 자기력선(line of magnetic force)이라 하는 가상적인 선을 고려한다.

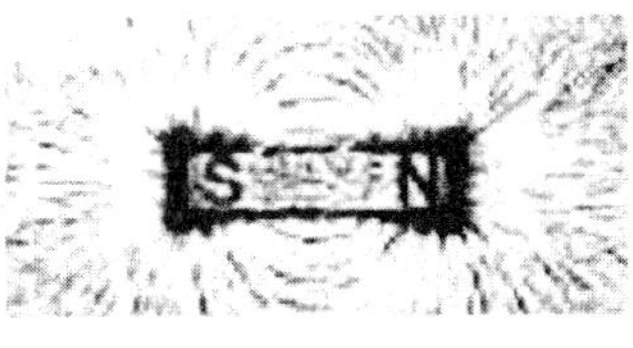

(a)

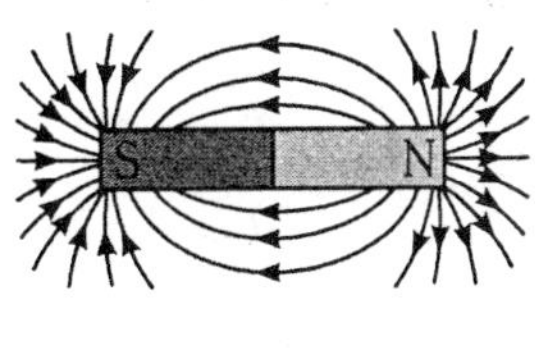

(b)

그림 8-2 막대자석과 자기력선

(1) 자기력선의 성질

자기력선의 성질을 정리하면 다음과 같다.

① 자기력선은 N극으로부터 나와 S극으로 들어간다.

② 자기력선은 서로 교차하지 않는다.

③ 임의의 점에 있어서 자기력선의 접선의 방향은 그 점의 자계의 방향과 같다.

④ 임의의 점에서 자기력선의 밀도는 그 점에서 자계의 크기와 같다. 즉 자기력선에 수직한 단위면적을 지나는 자기력선의 수 n[개/m²]은 자계의 세기 H [A/m]을 나타낸다.

⑤ 총 자기력선수 $\phi_m = \frac{m}{\mu_0}$, 자속수 $\phi = m$

8.1.4 점 자극에 의한 자계의 세기

(1) 쿨롱의 법칙 이용

m[Wb]의 점자극에서 r[m]의 거리에 있는 점의 자계의 세기 H는 다음과 같이 구할 수 있다.

$$H = \frac{m \cdot 1}{4\pi\mu_0 r^2} = 6.33\times10^4\times\frac{m}{r_2}\,[\mathrm{AT/m}] \tag{8-6}$$

(2) 가우스의 법칙 이용

자극의 세기 m[Wb]에서 나오는 총 자기력선은 정전계의 가우스의 정리를 그대로 적용할 수 있다. 따라서 자계의 세기 H는 다음과 같이 구할 수 있다.

$$\oint_s \vec{H}\cdot d\vec{S} = \frac{m}{\mu_0} \tag{8-7}$$

$$\therefore\ H = \frac{m}{4\pi\mu_0 r^2}\,[\mathrm{AT/m}] \tag{8-8}$$

여기서, S는 자극을 포위하는 폐곡면이다.

8.2 자속과 자속밀도

자계에 수직인 단면을 지나는 자기력선의 총수를 **자속**(magnetic flux)이라 한다. 자속은 기호 ϕ로 나타내고 단위로는 자극과 같이 [Wb]를 사용한다. $+m$ [Wb]의 자극으로부터는 항상 m[Wb]의 자속이 나온다. 그리고 자속에 수직한 단위 면적을 지나는 자속을 **자속밀도**(magnetic flux density)라 하며 기호는 B로 나타낸다. 자속밀도의 단위는 [Wb/m²] 또는 [T](Tesla, 테슬라)를 사용한다. 따라서 자속과 자속밀도의 관계는 다음과 같다.

$$B = \frac{\phi}{S}\,[\mathrm{Wb/m^2}] \tag{8-9}$$

한편, 자속밀도와 자계는 다음과 같은 관계가 있다.

$$B = \frac{m}{S}$$

$$= \frac{m}{4\pi r^2} \times \frac{\mu_0}{\mu_0} \tag{8-10}$$

$$\boxed{\therefore\ B = \mu_0 H\,[\mathrm{Wb/m^2}]}\ ☆ \tag{8-11}$$

8.3 자위와 자위경도

전위의 정의와 같이 무한원에서 자계 중의 한 점까지 단위 정자극을 운반할 때 소요되는 일을 그 점에 대한 자위(magnetic potential)라 한다. 기호는 U를 사용하고 단위는 [A] 또는 [AT]을 사용한다. 자계 $\vec{H}$내의 한 점 P의 자위는 다음과 같이 주어진다.

$$U = -\int_{\infty}^{r} \vec{H} \cdot d\vec{l}$$

$$= \frac{m}{4\pi\mu_0 r} \text{[AT]} \tag{8-12}$$

자계 H 중에서 단위 정자극을 dl 만큼 변위시켰을 때 소요되는 일, 즉 자위의 증가 dU는 전위에서와 같이

$$dU = -H\cos\theta dl = -\vec{H} \cdot d\vec{l} \tag{8-13}$$

로 계산된다. 여기서 θ는 H와 dl이 만드는 각이다. 따라서

$$H\cos\theta = -\frac{dU}{dl} \tag{8-14}$$

가 되며 자계의 dl방향 성분은 그 점의 자위경도와 같다. 이 관계는 직각좌표 x, y, z의 각 축성분에 대하여도 성립할 것이므로 임의의 점에서 자계 및 자위를 각각 H, U라 하면 자위경도는 다음과 같이 된다.

$$\boxed{H = -\text{grad}\,U \text{[AT/m]}} \;☆ \tag{8-15}$$

8.4 자기쌍극자

막대자석의 N극과 S극은 단독으로 존재하지 않고 반드시 맞대어져 있다. 이것을 **자기쌍극자**(magnetic dipole)라 한다. 그림 8-3과 같이 자기쌍극자의 N극의 세기를 $+m$[Wb], S극의 세기를 $-m$[Wb], 양극 사이의 거리를 l[m]로 하면 자기쌍극자의 세기를 나타내는 양, 즉 자기 모멘트(magnetic moment) M은 다음과 같다.

$$M = ml \tag{8-16}$$

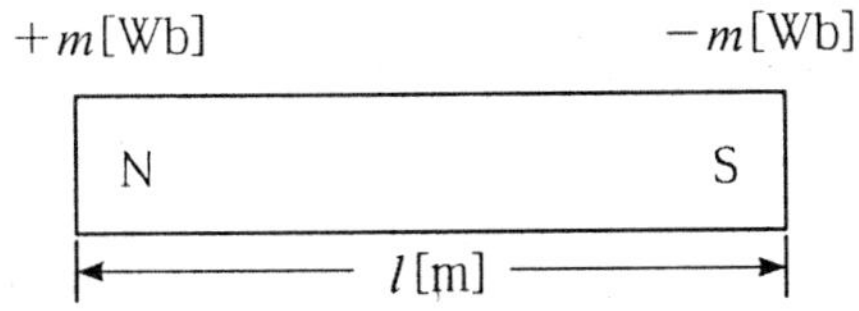

그림 8-3 자기쌍극자

그림 8-4와 같이 자극의 세기 ±m[Wb], 길이 l[m]의 막대 소자석에 의한 임의의 점 P에서 자위 및 자계를 구하여 보자. 자석의 중심을 좌표의 원점으로 취하였을 때 임의의 점 $P(r,\ \theta)$의 자위를 U라 하면

$$U=\frac{m}{4\pi\mu_0}\left(\frac{1}{r_1}-\frac{1}{r_2}\right) \tag{8-17}$$

이 된다. 여기서, $l\ll r_1$, $l\ll r_2$이면 $r_1r_2\approx r^2$, $r_2-r_1\approx l\cos\theta$로 볼 수 있으므로 위 식에 대입하여 정리하면 다음과 같다.

$$U=\frac{ml\cos\theta}{4\pi\mu_0 r^2}=\frac{M\cos\theta}{4\pi\mu_0 r^2}\text{[AT]} \tag{8-18}$$

여기서, $M=ml$은 자기쌍극자 모멘트이다. 점 P의 자계 H의 r방향과 이에 수직방향의 성분을 각각 H_r, H_θ라 하면

$$H_r=-\frac{\partial U}{\partial r}=\frac{2M\cos\theta}{4\pi\mu_0 r^3} \tag{8-19}$$

$$H_\theta=-\frac{1}{r}\frac{\partial U}{\partial\theta}=\frac{M\sin\theta}{4\pi\mu_0 r^3} \tag{8-20}$$

가 되어 전기쌍극자에서의 값과 같은 모양이 된다. 그리고 점 P의 자계 H의 크기는 다음과 같이 정해진다.

$$\begin{aligned}H&=\sqrt{{H_r}^2+{H_\theta}^2}\\&=\frac{M}{4\pi\mu_0 r^3}\sqrt{\sin^2\theta+(2\cos\theta)^2}\end{aligned}$$

$$= \frac{M}{4\pi\mu_0 r^3}\sqrt{1+3\cos^2\theta}\,[\text{AT/m}] \qquad (8\text{-}21)$$

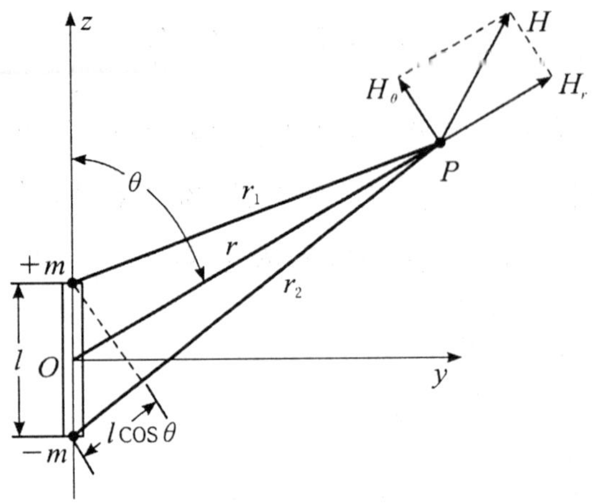

그림 8-4 자기쌍극자의 자계

8.5 자기 이중층

매우 얇은 판모양의 자석을 판자석 혹은 자각(magnetic shell)이라 한다. 그림 8-5와 같이 폐곡선을 주변으로 하는 판자석의 표면밀도를 $\pm\rho\,[\text{Wb/m}^2]$라 하고 두께를 $\delta\,[\text{m}]$라 하였을 때, 단위면적당의 자기모멘트, 즉 판자석의 세기 P는 다음과 같다.

$$P = \rho \cdot \delta\,[\text{Wb/m}] \qquad (8\text{-}22)$$

판자석의 세기 P가 균일한 판자석에 의한 임의의 점 P의 자위를 구하여 보자. 판상의 한 점 A주위에 미소 면적 dS를 취하면 dS 양면의 자기량 $\pm\rho dS$는 길이 δ의 소자석이라 볼 수 있다. 그 자축 $\overline{An}$과 $\overline{AP}=r$이 만드는 각을 θ라 할 때, 이 소자석에 의한 점 P의 자위는 다음과 같이 구한다.

$$dU = \frac{1}{4\pi\mu_0} \cdot \frac{PdS\cos\theta}{r^2}\,[\mathrm{J/Wb}] \tag{8-23}$$

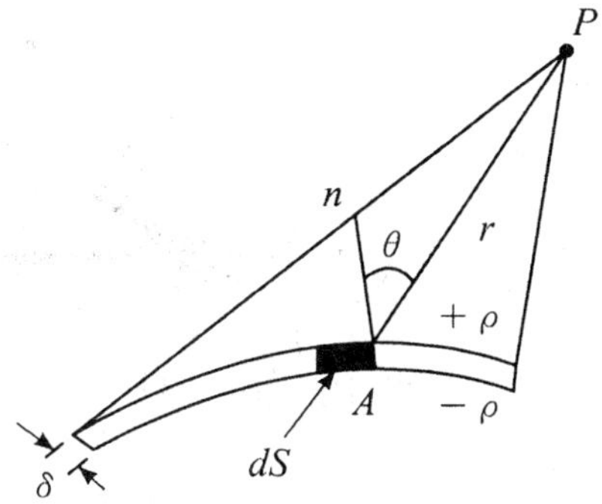

그림 8-5 판자석

그리고 판 전체에 대한 자위는 다음과 같다.

$$U = \frac{P}{4\pi\mu_0}\int_s \frac{dS\cos\theta}{r^2} \tag{8-24}$$

여기서, $\int_s \frac{dS\cos\theta}{r^2}$는 판 S가 점 P에 대하여 만드는 입체각 ω가 되므로 점 P의 자위는 다음과 같다.

$$\boxed{U = \frac{P}{4\pi\mu_0}\,\omega\,[\mathrm{AT}]}\ ☆ \tag{8-25}$$

8.6 전류와 자기현상

8.6.1 앙페르의 오른나사법칙

그림 8-6 (a)와 같이 두꺼운 종이에 철가루를 뿌리고 도선에 전류를 흘리면 철가루가 일정한 방향으로 향하고 있음을 알 게 되는데, 이는 전류 주변에 발생되는

자기장이 도선과 수직인 평면에 동심원을 그리며 생성된다는 것을 의미한다. 이렇게 도선에 전류가 흐를 때, 그 주위에 자기력이 발생되는 현상은 1820년에 외르스테드(Oersted)에 처음으로 발견되었다.

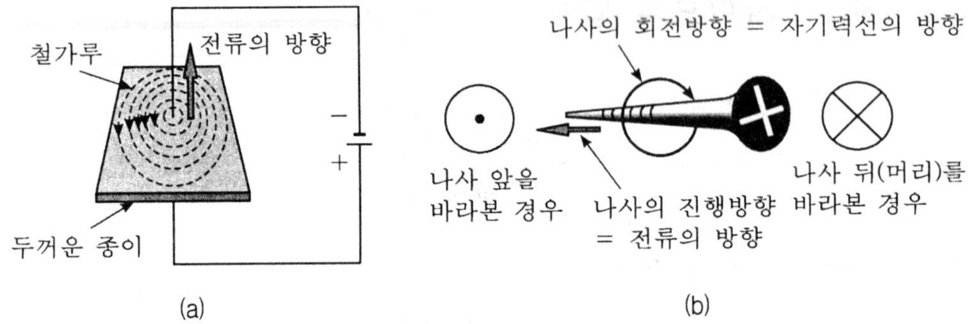

그림 8-6 앙페르의 오른나사법칙

외르스테드는 도선 가까이 놓여진 자침이 도선에 흐르는 전류에 의하여 움직인다는 사실로부터 전류가 흐르는 도선 주위에 자기력이 발생된다는 것을 발견하였고, 곧 이어 1822년에 프랑스의 물리학자인 앙페르(Ampere)가 그림 8-6 (b)와 같이 전류의 방향을 오른나사의 진행 방향으로 잡으면, 자기력선의 방향은 오른나사가 회전하는 방향과 같다는 자기력선의 방향과 전류의 방향 사이의 관계를 발견하였는데, 이것을 앙페르의 오른나사 법칙(Ampere's right-handed screw rule)이라고 한다. 이 때, 나사를 뒤에서 바라볼 경우의 표시는 ⊗으로 하고, 나사를 앞에서 바라볼 경우의 표시는 ◉와 같이 나타낸다.

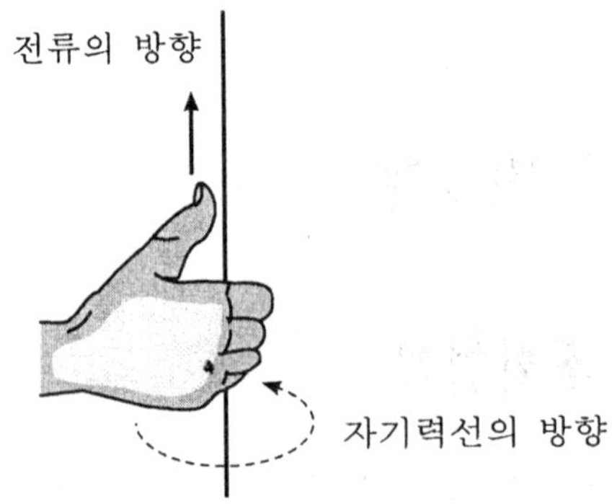

그림 8-7 앙페르의 오른손법칙

한편, 앙페르의 오른나사법칙을 오른손에 비유하기도 한다. 그림 8-7과 같이 엄지손가락의 방향을 전류의 방향으로 삼으면 자기력선의 방향은 나머지 네 손가락의 방향이 된다. 이를 앙페르의 오른손법칙이라고도 한다.

8.6.2 비오-사바르의 법칙

이 법칙은 임의의 장소에 작용하는 자계의 크기를 주어 자계 계산의 기초로 되는 법칙이다. 그림 8-8과 같이 도선에 전류 I[A]가 흐르고 있을 때, 도선 상의 임의점 O에 있는 미소길이 l[m]의 부분에 흐르는 전류에 의해 점 O로부터 θ의 방향에 r[m] 떨어진 점 P에 생기는 자계의 크기 $\varDelta H$는 다음 식으로 나타내어진다.

$$\varDelta H = \frac{I\varDelta l}{4\pi r^2}\sin\theta\,[\mathrm{AT/m}] \tag{8-26}$$

이것은 비오와 사바르에 의해 유도되어져 비오-사바르의 법칙(Biot-Savart law)이라 한다. 여기서 자계의 방향은 앙페르의 오른나사법칙에 따른다.

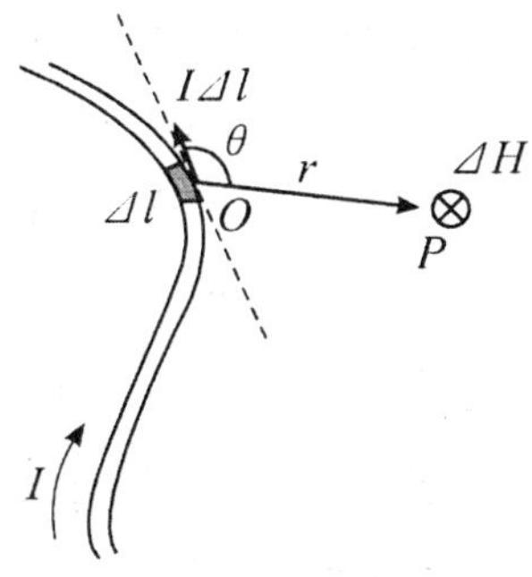

그림 8-8 비오-사바르 법칙

8.6.3 앙페르의 주회법칙

전류가 작용하는 자계의 크기를 구하는 것에 자계의 형상에 따라 앙페르의 주회법칙을 사용하는 경우가 있다. 이 법칙을 이용하는 것에 의해 자계의 세기를 비교적 간단하게 계산할 수 있다.

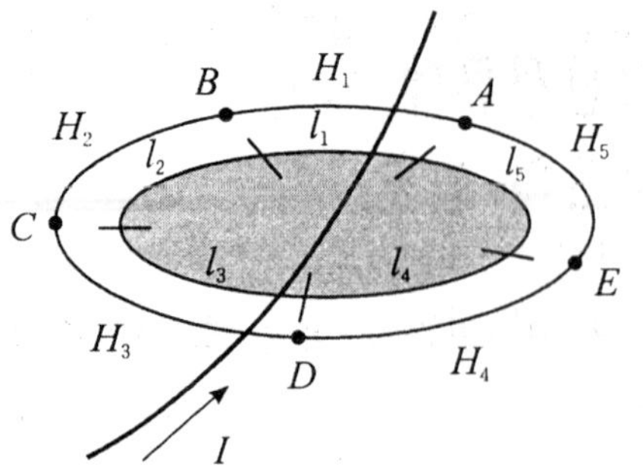

그림 8-9 앙페르의 주회법칙

그림 8-9와 같이 전류 I[A]의 주위에는 동심원상의 자계가 생기지만 자계에 접하여 한 번 회전한 길이 l을 n등분하고 미소길이 Δl_1, Δl_2, Δl_3, $\cdots$, Δl_n의 위치에서 자계의 세기를 ΔH_1, ΔH_2, ΔH_3, $\cdots$, ΔH_n 으로 하면, 다음과 같은 관계가 성립한다.

$$H_1\Delta l_1 + H_2\Delta l_2 + H_3\Delta l_3 + \cdots + H_n\Delta l_n = I \tag{8-27}$$

이것을 연속적인 적분형태로 표현하면

$$\oint_C \vec{H} \cdot d\vec{l} = I \tag{8-28}$$

이 된다. 식 (8-27)과 (8-28)의 의미는 전류가 작용하는 자계에 접하여 일주의 폐곡선을 고려하였을 때 자계에 접한 각 부분의 길이와 그 위치에서 자계 크기의 곱의 합은 폐곡선을 관통하는 전전류와 같다는 것이다. 이것을 앙페르의 주회법칙(Ampere's circuital law)이라 한다.

8.7 전류에 의한 자계의 세기 구하기

8.7.1 무한장 직선전류에 의한 자계의 세기

그림 8-10에 나타낸 바와 같이 무한히 긴 직선상의 도선에 전류 I[A]가 흐르고 있을 때 전류로부터 r[m] 떨어진 점 P에서의 자계의 크기 H[AT/m]를 구한다.

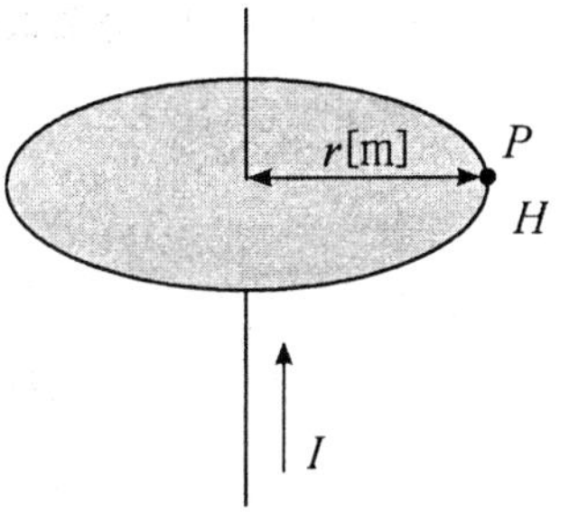

그림 8-10 무한장 직선전류

전류의 주위에는 앙페르의 오른나사법칙에 의해 그림 8-10과 같은 방향으로 동심원통상의 자계가 생기기 때문에 전류로부터 r[m] 떨어진 자계에 접하여 한바퀴의 폐곡선을 고려하면 이 폐곡선 상에서는 자계의 크기는 일정하다. 또 이 폐곡선을 통과하는 전류는 I[A]이기 때문에 앙페르의 주회법칙 식 (8-27)을 이용하면 식 (8-29)와 같이 표시할 수 있다.

$$H(\Delta l_1 + \Delta l_2 + \Delta l_3 + \cdots + \Delta l_n) = I \tag{8-29}$$

여기서, 반경 r[m]인 원주의 길이는 $2\pi r$[m]이기 때문에 무한히 긴 직선 전류로부터 r[m] 떨어진 점에서의 자계의 세기는 다음과 같이 된다.

$$H \times 2\pi r = I \tag{8-30}$$

$$\therefore\ H = \frac{I}{2\pi r}\ [\text{AT/m}] \ ☆ \tag{8-31}$$

예제 8-1 비투자율 $\mu_s = 1,000$인 매질 속에 길이가 무한대인 직선 도체가 있다. 여기에 전류 $I = 10$[A]가 흐르고 있을 때, 도체에서 수직거리 10[m] 떨어진 점의 자속밀도는 몇 [Gauss]인가?

풀이 $H = \frac{I}{2\pi r}$ [AT/m]

$$B = \mu H = \frac{\mu_0 \mu_S I}{2\pi r}$$

$$= \frac{4\pi \times 10^{-7} \times 1000 \times 10}{2\pi \times 10}$$

$$= 2 \times 10^{-4}[\text{Wb/m}^2] = 2[\text{Gauss}]$$

$\because$ 1[Gauss]$=10^{-4}$[Wb/m^2], 1 [Wb/m^2]$=10^4$[Gauss]

8.7.2 유한장 직선전류에 의한 자계의 세기

그림 8-11과 같이 z축상에 길이 $l(=l_1+l_2)$인 유한 길이의 직선전류 존재시 자계의 세기를 구하여 보자. 자계가 대칭이 아니므로 앙페르의 주회법칙을 적용할 수는 없다.

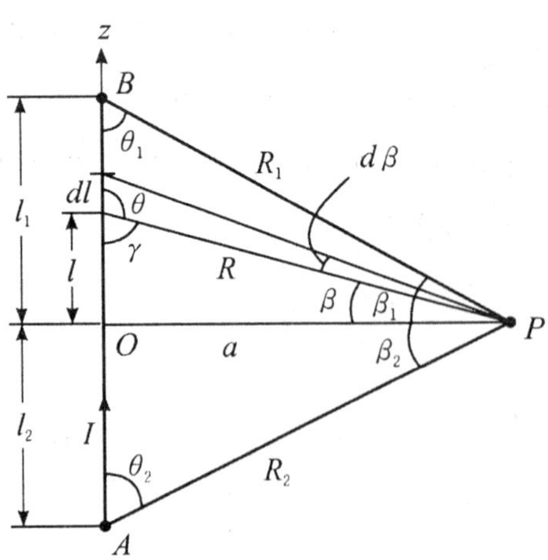

그림 8-11 유한장 직선전류

그림 8-11에서

$$\sin\theta = \sin(180-\gamma) = \sin\gamma = \cos\beta = \frac{a}{R} \tag{8-32}$$

$$\sec\beta = \frac{R}{a}, \quad R = a\sec\beta \tag{8-33}$$

$$l = a\tan\beta \rightarrow dl = a\sec^2\beta d\beta \tag{8-34}$$

이므로 선상의 미소 길이 dl에 의한 점 P의 자계 dH를 비오-사바르 법칙에 의하여 구하면 다음과 같다.

$$\begin{aligned} dH &= \frac{Idl\sin\theta}{4\pi R^2} = \frac{Idl\cos\beta}{4\pi R^2} \\ &= \frac{Ia\sec^2\beta d\beta\cos\beta}{4\pi a^2\sec^2\beta} = \frac{I\cos\beta d\beta}{4\pi a} \end{aligned} \tag{8-35}$$

따라서 선 전체 길이의 전류에 의한 자계는 다음과 같다.

$$H = \frac{I}{4\pi a}\int_{-\beta_1}^{\beta_2}\cos\beta d\beta = \frac{I}{4\pi a}(\sin\beta_2 + \sin\beta_1) \tag{8-36}$$

$$\begin{aligned} \therefore H &= \frac{I}{4\pi a}(\sin\beta_1 + \sin\beta_2) \\ &= \frac{I}{4\pi a}(\cos\theta_1 + \cos\theta_2) \end{aligned} \quad ☆ \tag{8-37}$$

한편, 무한장 직선전류인 경우는 $\beta_1 = \beta_2 = \frac{\pi}{2}$ 또는 $\theta_1 = \theta_2 = 0$인 경우에 해당되므로 자계의 세기는 다음과 같다.

$$H = \frac{I}{2\pi a}\,[\mathrm{AT/m}] \tag{8-38}$$

8.7.3 무한장 원통에 흐르는 전류에 의한 자계의 세기

그림 8-12와 같이 반경 a[m]인 원통 도체에 전류 I[A]가 균일하게 흐를 때,

중심축에서 r[m] 만큼 떨어진 점의 자계의 세기를 구하여 보자. 그림 8-12 (a)의 C와 (b)의 C_1, C_2는 반경 r[m]인 적분경로이다.

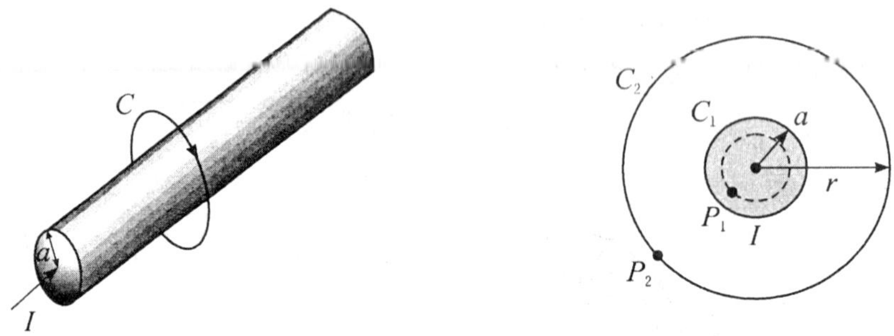

(a) (b)

그림 8-12 무한길이의 원주(통)형 도체

(1) 외부 자계의 세기($r>a$: P_2), (적분경로 C_2)

무한장 직선전류에 의한 자계의 세기와 같다.

$$\oint_{C_2} \vec{H} \cdot d\vec{l} = H \cdot 2\pi r = I \tag{8-39}$$

$$\boxed{\therefore\ H = \frac{I}{2\pi a}\,[\text{AT/m}]}\ ☆ \tag{8-40}$$

(2) 내부 자계의 세기($r<a$: P_1), (적분경로 C_1)

$$\oint_{C_1} \vec{H} \cdot d\vec{l} = H \cdot 2\pi r = I \cdot \frac{체적(r)}{체적(a)} = I \cdot \frac{\pi r^2 l}{\pi a^2 l} \tag{8-41}$$

$$\therefore\ H = \frac{rI}{2\pi a^2}\,[\text{AT/m}] \tag{8-42}$$

여기서, 무한장 원통 도체에 전류 I[A]가 표면에만 흐른다면, 도체 내부에는 폐곡선 C 중을 통하는 전류가 없으므로 자계의 세기는 0이다.

8.7.4 환상 솔레노이드에 의한 자계의 세기

그림 8-13과 같이 환상(ring solenoid or toroid)으로 감은 코일에 전류를 흘리면 코일에는 그림 8-13과 같은 방향으로 자계가 생긴다(엄지손가락의 법칙). 여기서 점 O으로부터 코일 중심축까지의 거리를 r[m]로 하면 코일 중심축 상에서 자계의 세기는 일정하다.

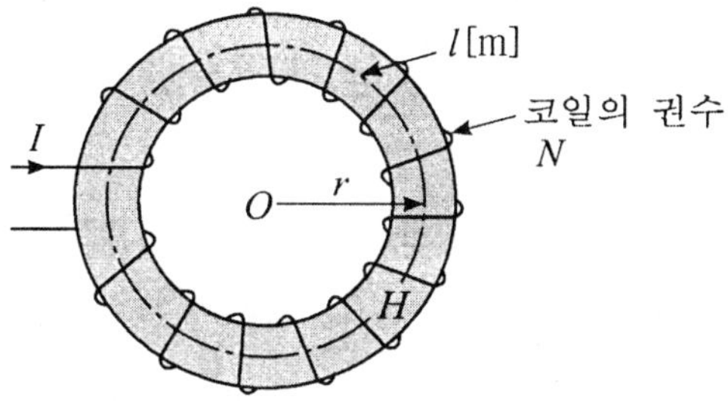

그림 8-13 환상 솔레노이드

전류를 I[A], 코일 중심축의 길이를 l[m], 코일의 권수를 N으로 하면 코일 중심축에서 자계의 세기 H[AT/m]는 앙페르의 주회적분법칙에 의하여 다음과 같이 구할 수 있다.

$$\int_c \vec{H} \cdot d\vec{l} = Hl = NI \tag{8-43}$$

$$2\pi r H = NI \tag{8-44}$$

$$\therefore\ H = \frac{NI}{2\pi r}\ [\mathrm{AT/m}] \quad ☆ \tag{8-45}$$

8.7.5 무한장 원주 솔레노이드에 의한 자계의 세기

그림 8-14와 같이 코일에 전류를 흘려보낼 때, 네 손가락으로 전류가 흐르는 도선을 감아쥐게 하면 엄지손가락이 가리키는 방향이 자기장의 N극 방향이 된다. 이를 앙페르의 오른손 엄지손가락 법칙이라 한다.

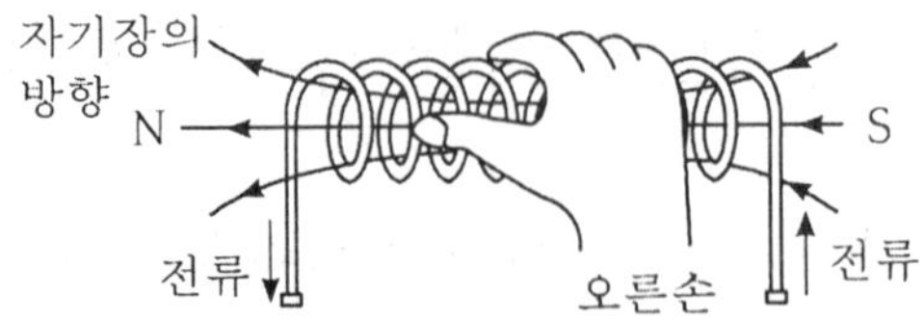

그림 8-14 오른손 엄지손가락 법칙

그림 8-15 (a)와 같이 원통에 코일을 감은 무한장 원주 솔레노이드(solenoid)가 있다. 앙페르의 주회법칙을 이용하여 무한장 원주 솔레노이드 내외의 자계의 세기를 계산하여 보자.

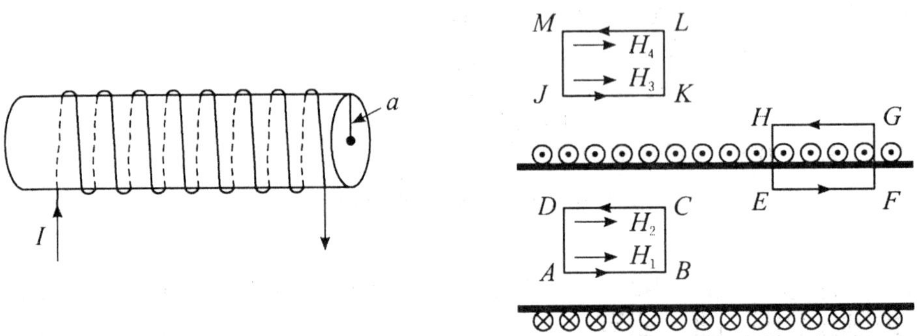

(a) 무한장 솔레노이드 (b) 적분경로

그림 8-15 무한장 솔레노이드

(1) 솔레노이드 내부

그림 8-15 (b)와 같이 솔레노이드 내부에 폐곡선 $ABCD$를 취하면 $B\to C$와 $D\to A$경로에서 $\vec{H}$와 $d\vec{l}$은 서로 직교하므로 $\vec{H}\cdot d\vec{l}=0$이다. 또, 폐곡선을 통하는 전류는 0이기 때문에 앙페르의 주회법칙에 의해 내부 자계의 세기도 0이다.

적분경로를 $A\to B\to C\to D\to A$로 하면

$$\oint_C \vec{H}\cdot d\vec{l} = \int_A^B \vec{H_1}\cdot d\vec{l_1} + \int_B^C \vec{H}\cdot d\vec{l} + \int_C^D \vec{H_2}\cdot d\vec{l_2} + \int_D^A \vec{H}\cdot d\vec{l}$$

$$= H_1\, dl - H_2 dl = 0 \qquad (8\text{-}46)$$

그러므로

$$H_1 = H_2 \tag{8-47}$$

이다. 이와 같이 솔레노이드 내부의 자계의 세기는 어디에서나 일정함을 알 수 있다. 이러한 자계를 **평등자계**(uniform magnetic field)라 한다.

(2) 솔레노이드 외부

솔레노이드 외부의 자계의 세기는 어디에서나 일정하다. 마찬가지로 무한원점에서도 일정하다. 그런데 무한원점에서는 자계의 세기는 0으로 되기 때문에 솔레노이드 외부의 자계의 세기도 마찬가지로 0이다. 적분경로를 $J \to K \to L \to M \to J$로 하면

$$H_3 = H_4 = 0 (\because \text{무한원점의 자계} = 0) \tag{8-48}$$

이 된다.

(3) 솔레노이드 내·외부

솔레노이드 내·외부를 포함하는 폐곡선 $EFGH$를 취하면 $F \to G$와 $H \to E$경로에서 $\vec{H}$와 $d\vec{l}$은 서로 직교하므로 $\vec{H} \cdot d\vec{l} = 0$이고, 외부의 자계($G \to H$)는 0이기 때문에 $E \to F$ 부분에만 자계가 존재한다. 또, 코일에 흐르는 전류를 I[A], 단위 길이당 권수를 n으로 하면 폐곡선을 통하는 전류는 nlI[A]이기 때문에 앙페르의 주회법칙에 의해 솔레노이드 내부의 자계의 세기는 다음과 같다. 적분경로를 $E \to F \to G \to H \to E$로 하면

$$\oint_C \vec{H} \cdot d\vec{l} = \int_E^F \vec{H} \cdot d\vec{l} + \int_F^G \vec{H} \cdot d\vec{l} + \int_G^H \vec{H} \cdot d\vec{l} + \int_H^E \vec{H} \cdot d\vec{l}$$

$$= Hdl = ndlI \tag{8-49}$$

$$\boxed{\therefore H = nI \text{ [AT/m]}} ☆ \tag{8-50}$$

예 제 8-2 길이 1[cm]마다 권수 50을 가진 무한장 솔레노이드에 500[mA]의 전류를 흘릴 때, 내부 자계는 몇 [AT/m]인가?

풀이 단위 길이당 권수 $n = 50[회/cm] = 50 \times 100[회/m]$

$\therefore\ H = nI = 50 \times 100 \times 500 \times 10^{-3} = 2,500[AT/m]$

8.7.6 원형코일에 의한 자계의 세기

그림 8-16과 같이 반경 r[m]인 원형코일에 전류 I[A]가 흐르고 있을 때, 비오-사바르의 법칙을 이용하여 중심점 P에서 자계의 세기를 구하여 보자.

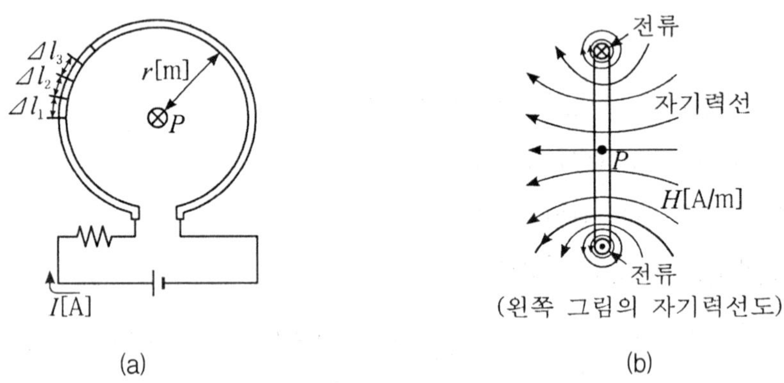

그림 8-16 원형 코일

코일을 n등분하고 각각의 미소길이를 Δl_1, Δl_2, Δl_3, ⋯, Δl_n으로 한다. 임의의 미소길이 Δl_i의 부분에 흐르는 전류 I[A]에 의해서 코일 중심 P에 생기는 자계의 세기 ΔH_i는 $\theta = 90°$일 때 $\sin\theta = 1$에 의해 다음과 같이 된다.

$$\Delta H_i = \frac{I\Delta l_i}{4\pi r^2}\sin 90° = \frac{I\Delta l_i}{4\pi r^2}\,[AT/m] \tag{8-51}$$

ΔH_i의 방향은 모든 Δl_i에 대하여 같기 때문에 점 P에 생기는 자계의 세기 H는 이들을 합하여 다음과 같이 계산된다.

$$H = \Delta H_1 + \Delta H_2 + \Delta H_3 + \cdots + \Delta H_n$$

$$= \frac{I}{4\pi r^2}(\Delta l_1 + \Delta l_2 + \Delta l_3 + \cdots + \Delta l_n)$$

$$= \frac{I}{4\pi r^2} \times 2\pi r \qquad (8\text{-}52)$$

$$\therefore\ H = \frac{I}{2r}\,[\mathrm{AT/m}] \ ☆ \qquad (8\text{-}53)$$

여기서, 자계의 방향은 그림 8-16에 나타낸 것과 같으며 코일의 권수가 N인 경우에는 점 P에서 자계의 세기는 다음과 같다.

$$H = \frac{NI}{2r}\,[\mathrm{AT/m}] \qquad (8\text{-}54)$$

예제 8-3 그림 8-17과 같이 반지름 r[m]인 원의 임의의 점 a, b사이에 전류 I [A]가 흐른다. 원의 중심 O의 자계의 세기는 몇 [AT/m]인가?

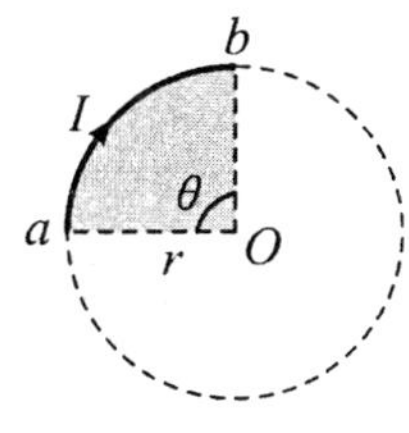

그림 8-17

풀이 원형코일 중심의 자계 $H_0 = \frac{I}{2r}$[AT/m]

원주상에 θ[rad] 만큼 전류가 흐르므로

$$H = H_0 \times \frac{\theta}{2\pi} = \frac{I}{2r} \times \frac{\theta}{2\pi} = \frac{I\theta}{4\pi}\,[\mathrm{AT/m}]$$

8.7.7 기타 자계의 세기를 구하는 문제

(1) 정삼각형 중심의 자계의 세기

그림 8-18과 같은 정삼각형 중심의 자계의 세기를 유한장 직선전류의 자계의 세기를 이용하여 구하면 다음과 같다.

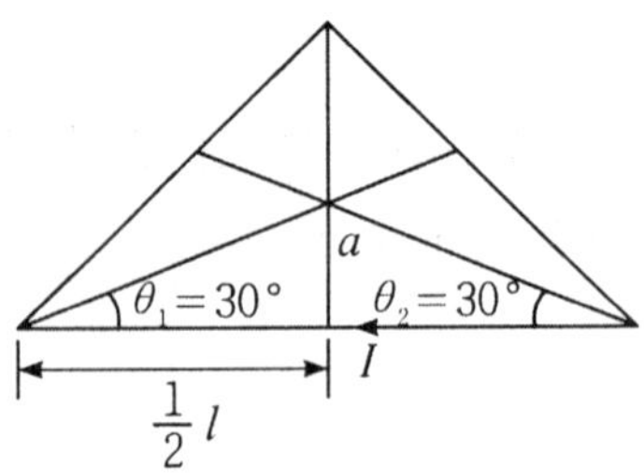

그림 8-18 정삼각형

그림 8-18에서

$$\tan 30° = \frac{1}{\sqrt{3}} = \frac{a}{\frac{1}{2}l} \tag{8-55}$$

$$a = \frac{l}{2\sqrt{3}} \tag{8-56}$$

이며, 식 (8-37)로부터

$$\begin{aligned} H &= \frac{I}{4\pi a}(\cos 30° + \cos 30°)\times 3 \\ &= \frac{I}{4\pi \frac{l}{2\sqrt{3}}}\left(\frac{\sqrt{3}}{2} + \frac{\sqrt{3}}{2}\right)\times 3 \end{aligned} \tag{8-57}$$

$$\therefore\ H = \frac{9I}{2\pi l}\,[\mathrm{AT/m}] \tag{8-58}$$

(2) 정사각형 중심의 자계의 세기

그림 8-19와 같은 정사각형 중심의 자계의 세기를 유한장 직선전류의 자계의 세기를 이용하여 구하면 다음과 같다.

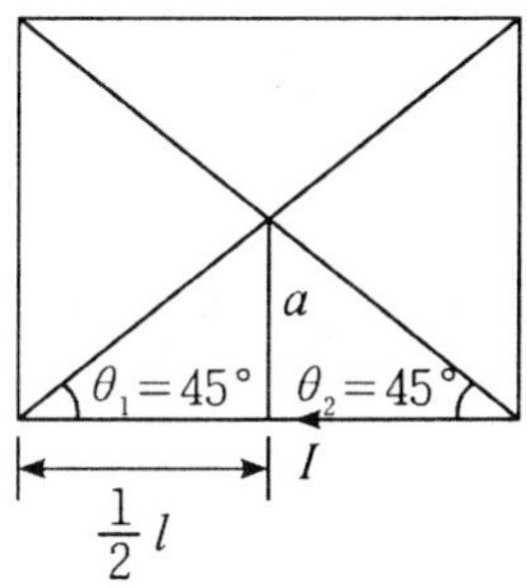

그림 8-19 정사각형

그림 8-19에서

$$\tan 45° = 1 = \frac{a}{\frac{1}{2}l} \tag{8-59}$$

$$a = \frac{l}{2} \tag{8-60}$$

이며, 식 (8-37)로부터

$$\begin{aligned} H &= \frac{I}{4\pi a}(\cos 45° + \cos 45°) \times 4 \\ &= \frac{I}{4\pi \frac{l}{2}}\left(\frac{\sqrt{2}}{2} + \frac{\sqrt{2}}{2}\right) \times 4 \end{aligned} \tag{8-61}$$

$$\therefore\ H = \frac{2\sqrt{2}I}{\pi l}\,[\mathrm{AT/m}] \tag{8-62}$$

(3) 정육각형 중심의 자계의 세기

그림 8-20과 같은 정육각형 중심의 자계의 세기를 유한장 직선전류의 자계의 세기를 이용하여 구하면 다음과 같다.

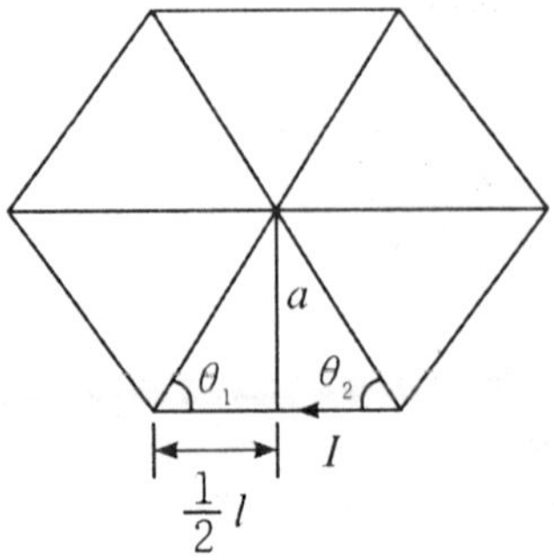

그림 8-20 정육각형

그림 8-20에서

$$\tan 60° = \sqrt{3} = \frac{a}{\frac{1}{2}l} \tag{8-63}$$

$$a = \frac{\sqrt{3}l}{2} \tag{8-64}$$

이며, 식 (8-37)로부터

$$H = \frac{I}{4\pi a}(\cos 60° + \cos 60°) \times 6$$

$$= \frac{I}{4\pi \frac{\sqrt{3}l}{2}}\left(\frac{1}{2} + \frac{1}{2}\right) \times 6 \tag{8-65}$$

$$\therefore\ H = \frac{\sqrt{3}I}{\pi l}\ [\mathrm{AT/m}] \tag{8-66}$$

• 단원정리 •

1. 쿨롱의 법칙 $F=\frac{1}{4\pi\mu_0}\frac{m_1 m_2}{r^2}$ [N]

2. 자기력과 자계의 관계 $F=mH$[N]

3. 총 자기력선수 $\phi_m=\frac{m}{\mu_0}$, 자속수 $\phi=m$

4. 점(구)자극에 의한 자계의 세기 $H=\frac{m}{4\pi\mu_0 r^2}$ [AT/m]

5. 자속과 자속밀도 관계 $B=\frac{\phi}{S}$ [Wb/m²][T]

6. 자속밀도와 자계의 세기 관계 $B=\mu_0 H$[Wb/m²]

7. 자위와 자위경도

$$U=\frac{m}{4\pi\mu_0 r}\text{[AT]}$$

$$H=-\text{ grad}\,U\text{[AT/m]}$$

8. 자기쌍극자의 자위

$$U=\frac{ml\cos\theta}{4\pi\mu_0 r^2}=\frac{M\cos\theta}{4\pi\mu_0 r^2}\text{[AT]}$$

9. 자기쌍극자의 자계의 세기

$$H=\frac{M}{4\pi\mu_0 r^3}\sqrt{1+3\cos^2\theta}\text{[AT/m]}$$

10. 자기 이중층의 자위 $U=\frac{P}{4\pi\mu_0}\omega$[AT]

11. 전류 $I=\frac{Q}{t}$[A]

12. 앙페르의 오른나사법칙

전류 방향은 오른나사의 진행방향이며 자기력선의 방향은 나사가 회전하는 방향이다.

13. 비오-사바르의 법칙 $\Delta H=\frac{I\Delta l}{4\pi r^2}\sin\theta$[AT/m]

14. 앙페르의 주회법칙 $\oint_C \vec{H} \cdot d\vec{l} = I$

15. 무한장 직선전류에 의한 자계의 세기

$$H = \frac{I}{2\pi r}\,[\mathrm{AT/m}]$$

16. 유한장 직선전류에 의한 자계의 세기

$$H = \frac{I}{4\pi a}(\sin\beta_1 + \sin\beta_2) = \frac{I}{4\pi a}(\cos\theta_1 + \cos\theta_2)[\mathrm{AT/m}]$$

17. 무한장 원주에 흐르는 전류에 의한 자계의 세기

① 외부 자계의 세기 $H = \frac{I}{2\pi a}\,[\mathrm{AT/m}]$

② 내부 자계의 세기 $H = \frac{rI}{2\pi a^2}\,[\mathrm{AT/m}]$

18. 환상 솔레노이드에 의한 자계의 세기

$$H = \frac{NI}{2\pi r}\,[\mathrm{AT/m}]$$

19. 무한장 솔레노이드에 의한 자계의 세기

① 솔레노이드 내부 $H_1 = H_2$

② 솔레노이드 외부 $H_3 = H_4 = 0$

③ 솔레노이드 내외부 $H = nI\,[\mathrm{AT/m}]$

20. 원형 코일의 자계의 세기 $H = \frac{I}{2r}\,[\mathrm{AT/m}]$

21. 정삼각형 중심의 자계의 세기 $H = \frac{9I}{2\pi l}\,[\mathrm{AT/m}]$

22. 정사각형 중심의 자계의 세기 $H = \frac{2\sqrt{2}I}{\pi l}\,[\mathrm{AT/m}]$

23. 정육각형 중심의 자계의 세기 $H = \frac{\sqrt{3}I}{\pi l}\,[\mathrm{AT/m}]$

연 습 문 제

1. 공기 중에서 자극 1.6×10^{-4}[Wb]와 2×10^{-3}[Wb] 사이에 작용하는 힘이 12.66 [N]이었다면 두 자극 사이의 거리 [cm]는?

풀이 쿨롱의 힘 $F=6.33\times10^4\times\frac{m_1m_2}{r^2}$[N]에서

$$r=\sqrt{\frac{6.33\times10^4\times m_1m_2}{F}}=\sqrt{\frac{6.33\times10^4\times1.6\times10^{-4}\times2\times10^{-3}}{12.66}}=4[\text{cm}]$$

2. 진공 중에서 4π[Wb]의 자하로부터 발산되는 총 자기력선의 수는?

풀이 $\phi_m=\frac{m}{\mu_0}=\frac{4\pi}{\mu_0}=\frac{4\pi}{4\pi\times10^{-7}}=10^7$[개]

3. 비투자율 μ_s, 자속밀도 B[Wb/m^2]의 자계 중에 있는 m[Wb]의 자극이 받는 힘은 몇 [N]인가?

풀이 $B=\frac{m}{S}=\frac{\phi}{S}=\mu H=\mu_0\mu_s$[Wb/m^2]

$$F=mH=m\cdot\frac{B}{\mu_0\mu_s}=\frac{mB}{\mu_0\mu_s}[\text{N}]$$

4. 그림 8-21과 같은 모양의 코일에 A에서 D쪽으로 I[A]의 전류가 흐를 때 중심 O점의 자계의 세기 [A/m]를 구하시오.

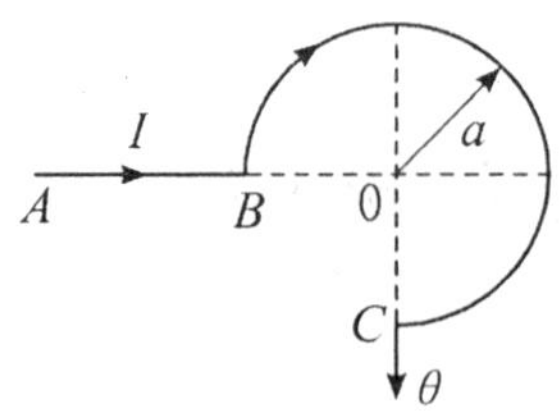

그림 8-21

풀이 $H=\frac{I}{2a}\times\frac{3}{4}=\frac{3I}{8a}$ [A/m]

5. 반지름 25[cm]인 원주형 도선에 π[A]의 전류가 흐를 때, 도선의 중심축에서 50[cm]되는 점의 자계의 세기는 몇 [AT/m]인가?(단, 도선의 길이 l은 매우 길다.)

풀이 $H=\frac{I}{2\pi r}=\frac{\pi}{2\pi\times 0.5}=1$[AT/m]

6. 공심 환상 철심에서 코일의 권수 500회, 단면적 6[cm²], 평균 반지름 15[cm], 코일에 흐르는 전류를 4[A]라 하면 철심 중심에서의 자계의 세기는 약 몇 [AT/m]인가?

풀이 $H=\frac{NI}{2\pi r}=\frac{500\times 4}{2\pi\times 0.15}=2,123$[AT/m]

7. 길이 40[cm]인 철선을 정사각형으로 만들고 전류 5[A]를 흘렸을 때, 그 중심에서의 자계의 세기는 몇 [AT/m]인가?

풀이 40[cm]인 철선으로 정사각형을 만들면 한 변의 길이 l은 10[cm]이다.

$$H=\frac{2\sqrt{2}I}{\pi l}=\frac{2\sqrt{2}\times 5}{\pi\times 0.1}=45\text{[AT/m]}$$

8. 반경 a[m]의 반원형 전류 I[A]에 의한 중심의 자계는 무한장 직선 도선에 전류 I[A]가 흐를 때 이로부터 수직하게 a[m] 떨어진 점의 자계의 몇 배가 되겠는가?

풀이 원형 코일 중심의 자계의 세기 $H_0 = \frac{1}{2} \times \frac{I}{2a}$ [AT/m]

무한장 직선전류에 의한 자계의 세기 $H = \frac{I}{2\pi a}$ [AT/m]

$$\therefore \frac{H_0}{H} = \frac{\frac{I}{4a}}{\frac{I}{2\pi a}} = \frac{\pi}{2}$$

9. 그림 8-22와 같은 길이 $\sqrt{3}$[m]인 유한장 직선 도선에 π[A]의 전류가 흐를 때 도선이 일단 B에서 수직하게 1[m]되는 P점의 자계의 세기 [AT/m]를 구하시오.

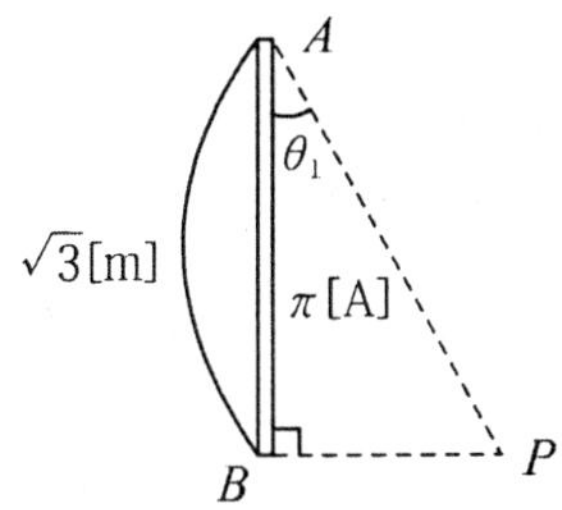

그림 8-22

풀이 유한장 직선 도체의 자계의 세기는 $H = \frac{I}{4\pi a}(\cos\theta_1 + \cos\theta_2)$

여기서, $\cos\theta_1 = \frac{\sqrt{3}}{2}$, $\cos\theta_2 = 0$이다.

$$H = \frac{\pi}{4\pi \times 1}\left(\frac{\sqrt{3}}{2} + 0\right) = \frac{\sqrt{3}}{8} \text{ [AT/m]}$$

10. 그림 8-23과 같이 무한장 직선 도체에 I[A]의 전류가 흐를 때 도체에서 d[m] 떨어진 곳에 있는 가로, 세로가 a[m], b[m]인 구형의 면적을 통과하는 자속[Wb]을 구하시오.

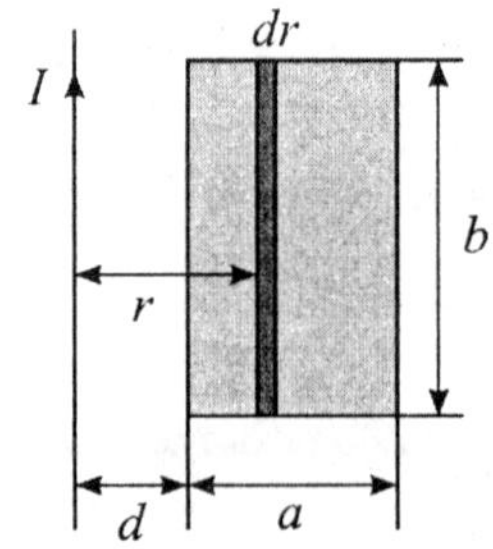

그림 8-23

풀이 폭 dr 부분의 미소 면적을 $ds = bdr[\mathrm{m}^2]$라 하면 전류로부터 $r[\mathrm{m}]$ 떨어진 점의 자계의 세기는 $H = \dfrac{I}{2\pi r}[\mathrm{AT/m}]$이고, ds 면을 통과하는 자속은

$$d\phi = Bds = \mu_0 Hds = \frac{\mu_0 Ib}{2\pi r}dr$$

이 된다. 따라서 구형면적을 통과하는 총 자속은

$$\phi = \int_d^{d+a} d\phi = \frac{\mu_0 Ib}{2\pi}\int_d^{d+a}\frac{1}{r}dr = \frac{\mu_0 Ib}{2\pi}\ln\frac{d+a}{d}[\mathrm{Wb}]$$

제 9 장

전자력과 전자유도

9.1 전자력

그림 9-1과 같이 일정한 크기의 자기장 내에 하나의 도선을 놓아두고, 이 도선에 전류를 흘리면 자기장(자계)과 전류의 상호작용에 의해서 도선에 힘이 작용하게 되는데, 이 힘을 전자력(electromagnetic force)이라고 한다.

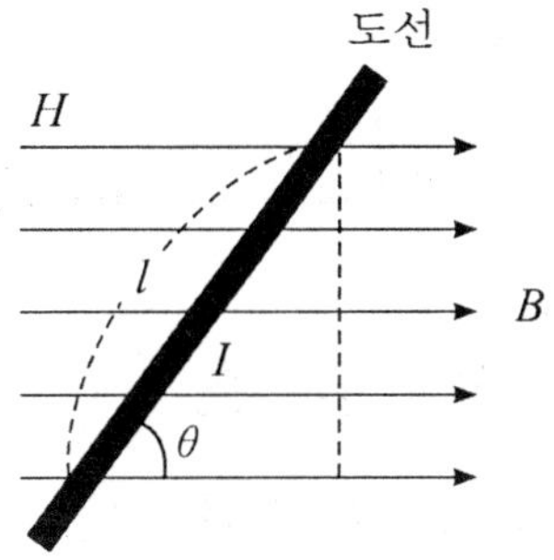

그림 9-1 전자력

자기장 내에서 도체가 받는 힘 F[N]는 자기장 B[T]와 전류의 세기 I[A]에 비례하고, 자기장 내에 들어 있는 도선의 길이 l[m]에 비례한다. 그리고 도체와 자기장의 방향이 θ의 각을 이룰 때, 전자력 F[N]는 다음과 같다.

$$F = (\vec{B} \times \vec{I})\,l\,[\mathrm{N}] \tag{9-1}$$

$$\boxed{\therefore\ F = BIl\sin\theta\,[\mathrm{N}]}\ ☆☆ \tag{9-2}$$

자기장 내에 있는 도선에 작용하는 힘은 전류의 방향이 자기장의 방향과 수직일 때에 최대로 되고, 나란하면 0이 된다. 전류가 자기장에서 받는 힘의 방향은 그림 9-2 (a)와 같이 왼손의 엄지, 검지, 중지를 서로 수직하게 폈을 때, 검지를 자기장, 중지를 전류의 방향으로 하면 엄지가 가리키는 방향이 힘의 방향이 된다. 이를 플레밍의 왼손법칙(Fleming's left-hand rule)이라고 한다. 이 법칙은 그림 9-2 (b)와 같은 전동기(Motor)의 원리로서 회전 방향을 구하는데 유용하다.

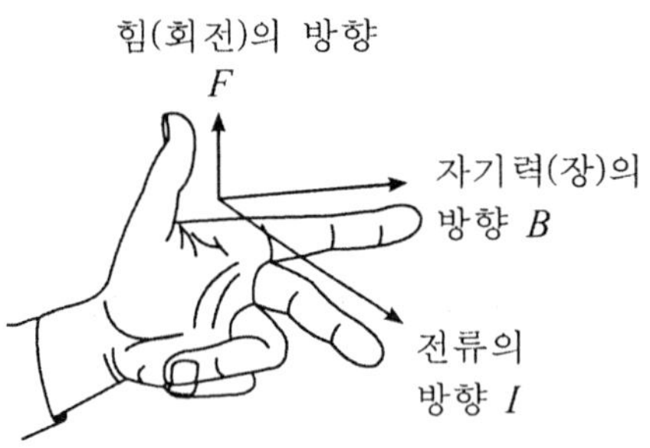

(a) 플레밍의 왼손법칙

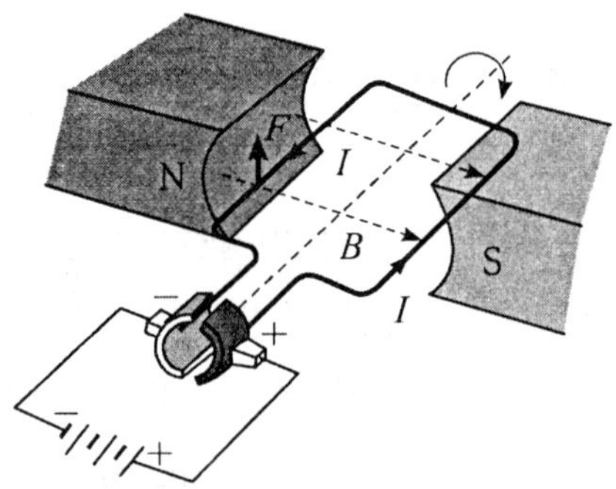

(b) 전동기의 원리

그림 9-2 플레밍의 왼손법칙과 전동기의 원리

(1) 두 평행 도선간에 작용하는 힘

그림 9-3과 같이 평행한 두 도선이 있다. 그림 9-3 (a)는 두 도선의 전류 방향이 같으므로 앙페르의 오른나사법칙을 적용하여 보면 인력이 작용함을 알 수 있으며, 그림 9-3 (b)와 같이 두 도선의 전류 방향이 다르면 척력이 작용함을 알 수 있다.

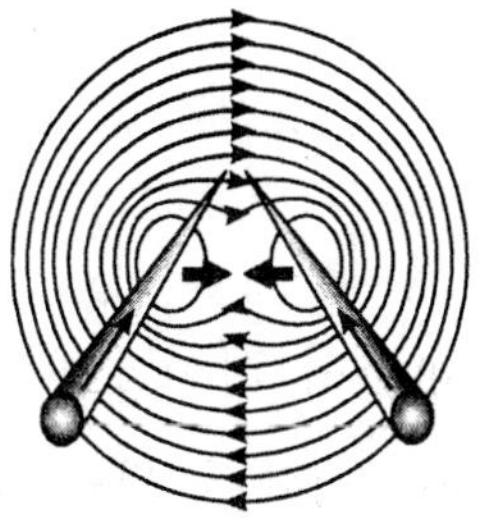

(a) 전류의 방향이 같을 때

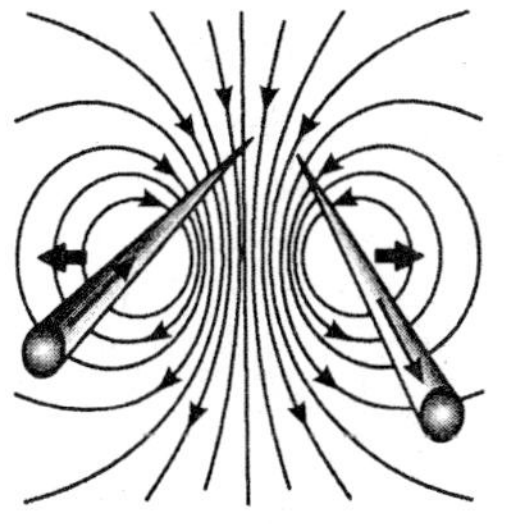

(b) 전류의 방향이 반대일 때

그림 9-3 평행 도선 간에 작용하는 힘

그림 9-4는 전류의 방향이 같은 경우이다. 이 때, 두 평행 도선 간에 작용하는 힘의 크기를 식 (9-2)를 이용하여 구하면 다음과 같다.

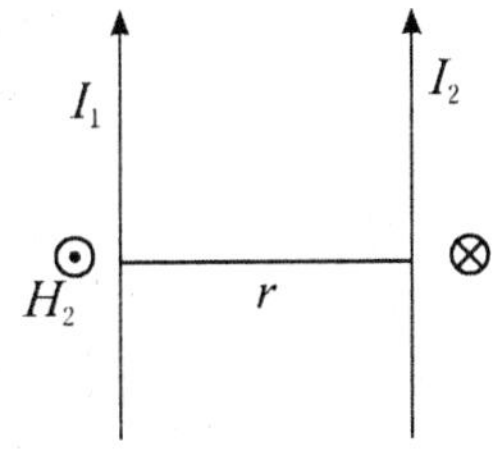

그림 9-4 전류방향이 같은 경우

$$F = BI_1 l \sin\theta \,[\mathrm{N}] \ (\theta = 90^\circ)$$
$$= \mu_0 H_2 I_1 \, l \sin 90^\circ$$
$$= \mu_0 \frac{I_2}{2\pi r} I_1 l \times \frac{1}{l} \,[\mathrm{N/m}]$$
$$= \frac{\mu_0 I_1 I_2}{2\pi r} = \frac{4\pi\times 10^{-7}}{2\pi r} \times I_1 I_2 \tag{9-3}$$

$$\therefore F = \frac{2I_1 I_2}{r} \times 10^{-7} \,[\mathrm{N/m}] \quad ☆ \tag{9-4}$$

예 제 9-1 1[m]의 간격을 가진 선간전압 66,000[V]인 2개의 평행 왕복 도선에 10 [kA]의 전류가 흐를 때, 도선 1[m]마다에 작용하는 힘의 크기는 몇 [N/m]인가?

풀이 $F = \frac{2I_1I_2}{r} \times 10^{-7} = \frac{2\times(10\times10^3)^2}{1} \times 10^{-7} = 20[\text{N/m}]$

9.2 로렌츠의 힘

그림 9-5와 같이 전류가 흐르는 도선이 자기장 속에 있을 때 전하는 이러한 전자기장으로부터 플레밍의 왼손법칙에 의한 힘을 받게 되는 데, 이 힘을 로렌츠의 힘(Lorentz's force)이라고 한다.

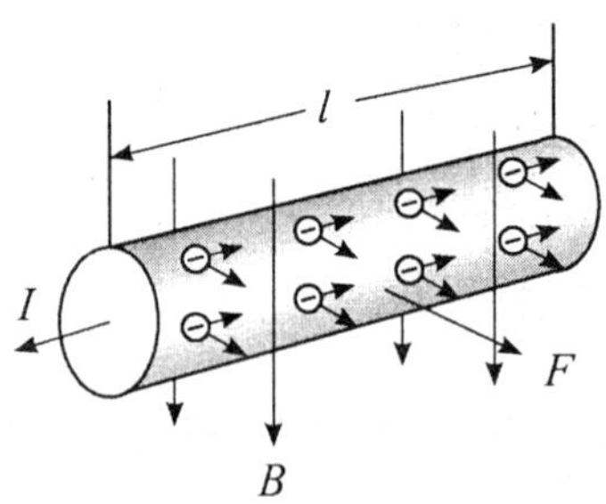

그림 9-5 로렌츠의 힘

식 (7-2)와 식 (7-4)에서 언급한 바와 같이 전류의 방향에 직각인 면적 $S[\text{m}^2]$을 취하여 이 면적에 I[A]의 전류가 흐르면 전류밀도(current density) i는

$$i = \frac{I}{S}[\text{A/m}^2] \tag{9-5}$$

이고, 단위체적 $1[\text{m}^3]$마다 n개의 전자가 있고 전자가 v[m/s]로 운동하고 있을 때, 전도전류밀도 i는

$$i = nev[\text{A/m}^2] \tag{9-6}$$

이다.

여기서, e는 전자 1개의 전하량이다. 따라서 로렌츠의 힘은 식 (9-2)로부터 다음과 같이 구할 수 있다.

$$F = BIl\sin\theta = BiSl\sin\theta = nevSlB\sin\theta$$
$$= qvB\sin\theta\,[\mathrm{N}] \qquad (9\text{-}7)$$

여기서, q는 단위체적당 전하량이다.

9.3 전자유도

9.3.1 렌쯔의 법칙

그림 9-6과 같이 코일의 양끝에 검류계를 연결하고 자석을 코일에 가까이 했다 멀리 했다 하면 전기가 흘러 검류계의 바늘이 흔들린다. 전류가 흐르면 주위에 자기장이 생기는 것처럼, 코일(도체) 주위에 자기장이 발생하면 전자의 움직임이 발생한다. 이것이 곧 전자의 흐름이 되어 전류가 만들어지는 것이다. 이와 같이 코일에 자속을 변화시킬 때 코일에 기전력이 발생하는데, 이를 **유도 기전력**이라 한다. 그리고 기전력이 유도되는 현상을 **전자유도**(electromagnetic induction)라 한다.

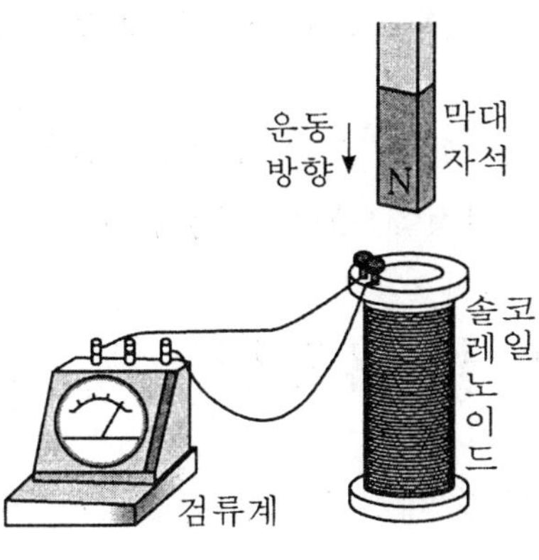

그림 9-6 전자유도

유도 기전력(전류)의 방향은 가까이 할 때와 멀리 할 때 반대가 되며, 또 N극과 S극에서도 반대가 된다. 이러한 현상은 자석을 그대로 둔 채 코일 쪽을 움직여도 마찬가지이다. 그림 9-7 (a)와 같이 자석을 코일에 가까이 가져가면, 즉 N극을 가까이 하면 코일에서는 이 N극을 방해하려고(밀쳐내려고) N극이 형성된다. 이렇게 자석 근처의 코일부분은 N극, 반대편은 S극이 되도록 코일에 유도전류가 A에서 B로 흐르게 된다. 반대로 그림 9-7 (b)와 같이 자석을 코일에서 멀리하면, 즉 N극을 멀리하면 코일에서는 사라지는 N극을 잡으려고 S극이 형성된다. 이렇게 자석 근처의 코일부분은 S극, 반대편은 N극이 되도록 코일에 유도전류가 B에서 A로 흐르게 된다.

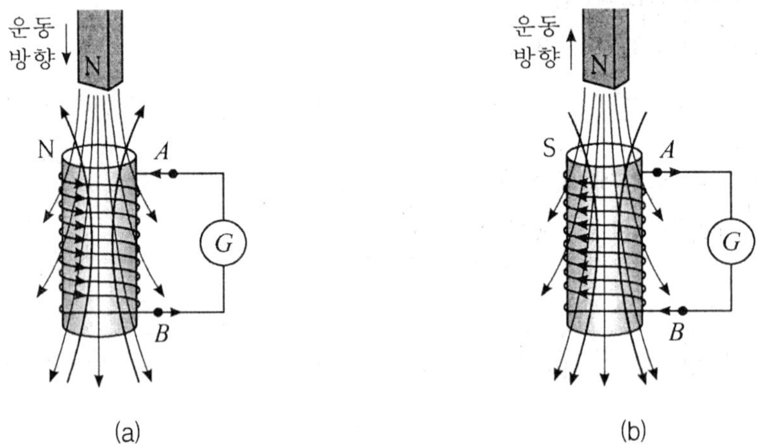

그림 9-7 렌쯔의 법칙

이와 같이, 유도 기전력은 유도전류가 만드는 자계가 원래의 자계의 변화를 방해하는 방향으로 발생한다. 이것을 렌쯔의 법칙(Lenz's law)이라고 한다.

9.3.2 패러데이의 전자유도법칙

유도 기전력의 크기에 관해 패러데이는 "유도 기전력의 크기는 코일을 지나는 자속의 시간적 변화율과, 코일의 감은 수에 비례한다."는 사실을 알아냈다. 그래서 이것을 패러데이의 전자유도의 법칙(Faraday' law)이라고 한다. 전자유도에 의해 코일에 발생하는 유도 기전력은 코일에 끼치는 자속 ϕ[Wb]의 변화가 심할수록 기전력은 증가하고 코일의 감은 수 N회에 비례한다. 그러므로 유도 기전력 E는

$$E = -N\phi \, [\mathrm{V}] \tag{9-8}$$

으로 나타내며, 시간 t에 대한 변화율로서 유도 기전력을 구하면 다음과 같다.

$$\boxed{e = -N\frac{d\phi}{dt} \, [\mathrm{V}]} \; ☆ \tag{9-9}$$

여기서, (−)부호는 자속의 변화를 방해하는 방향으로 유도 기전력이 발생함을 나타내는 것이다. 렌쯔의 법칙이 유도 기전력의 방향을 설명하는 법칙이라면 패러데이의 법칙은 전자유도 작용에 의한 유도 기전력의 크기를 설명하는 법칙이라고 할 수 있다.

예제 9-2 1권선의 코일에 5[Wb]의 자속이 쇄교하고 있을 때, $t=1/100$초 사이에 이 자속을 0으로 했다면 이때 코일에 유도되는 기전력은 몇 [V]이겠는가?

풀이 $e = -N\frac{d\phi}{dt} = -1 \times \frac{0-5}{10^{-2}} = 500\,[\mathrm{V}]$

9.3.3 플레밍의 오른손법칙

그림 9-8 (a)와 같이 자기장 속에서 도선을 자기장에 대해 수직으로 움직일 경우, 오른손의 엄지는 도선이 운동하는 방향, 검지는 자속(자기력선)의 방향으로 정하면, 도선 속에 발생하는 유도전류는 이것들에 대해 수직으로 구부린 중지 방향으로 흐르게 된다. 이와 같이 도체 운동에 의한 유도 기전력의 방향을 결정하는 법칙을 플레밍의 오른손법칙(Fleming's right-hand rule)이라고 한다.

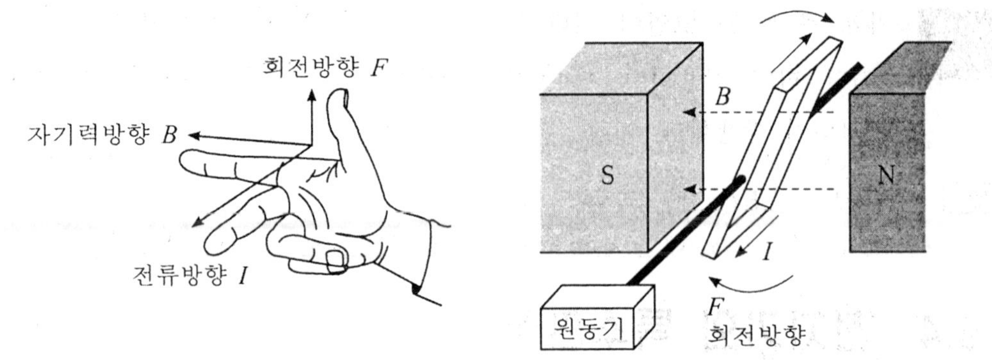

(a) 플레밍의 오른손법칙 (b) 발전기의 원리

그림 9-8 플레밍의 오른손법칙과 발전기의 원리

이때, 자기장의 변화에 의하여 도선에 전류가 생기는 현상을 **전자유도**라 하며 전자유도에 의하여 생기는 전류를 **유도전류**라고 한다. 이때, 자속밀도 B[Wb/m^2]인 자장 내를 길이 l[m]인 도체가 자기장과 θ의 방향으로 v[m/sec]의 속도로 운동할 때, 도선에 유도되는 기전력 e는 다음과 같이 구할 수 있다.

$$e = (\vec{B} \times \vec{v})l[\mathrm{V}] \tag{9-10}$$

$$\boxed{\therefore\ e = Blv\sin\theta[\mathrm{V}]}\ ☆ \tag{9-11}$$

또한 유도기전력 e는 식 (9-9)로부터 다음과 같이 구할 수 있다.

$$\varDelta\phi = B \times \varDelta S = B \times lv\varDelta t \tag{9-12}$$

$$e = -\frac{\varDelta\phi}{\varDelta t} = -\frac{Blv\varDelta t}{\varDelta t} = -Blv[\mathrm{V}] \tag{9-13}$$

플레밍의 오른손법칙은 그림 9-8 (b)와 같이 발전기의 원리로서 발전기의 전류 방향을 구하는데 유용하다. 전자력의 방향을 결정하는 플레밍의 왼손법칙과 혼동하기 쉬우므로 각별히 주의해서 기억해 둘 필요가 있다. 이 두 가지는 왼손과 오른손의 차이 뿐이며 각 손가락이 가리키는 것은 같다. 발전기에서 나온 전기로 전동기를 돌리므로 발전기가 더 힘이 세다. 그래서 전동기에는 왼손법칙, 발전기에는 오른손법칙이라고 기억하고 있으면 된다.

예 제 9-3 자계 중에 한 코일이 있다. 이 코일에 전류 $I=2$[A]가 흐르면 $F=2$[N]의 힘이 작용한다. 또 이 코일을 $v=5$[m/s]로 운동시키면 e[V]의 기전력이 발생한다. 기전력은 몇 [V]인가?

풀이 $F=BIl$[N], $Bl=\dfrac{F}{I}$ $\quad\therefore\ e=Blv=\dfrac{Fv}{I}=\dfrac{2\times5}{2}=5$[V]

9.4 전자기의 특수현상

9.4.1 홀 효과

그림 9-9와 같이 가늘고 길며 각을 이룬 금속을 z축 방향으로 자속밀도 B[Wb/m²]인 균일한 자계 내에 놓고, 전류 I[A]를 x축의 +방향으로 흘렸을 경우를 생각한다.

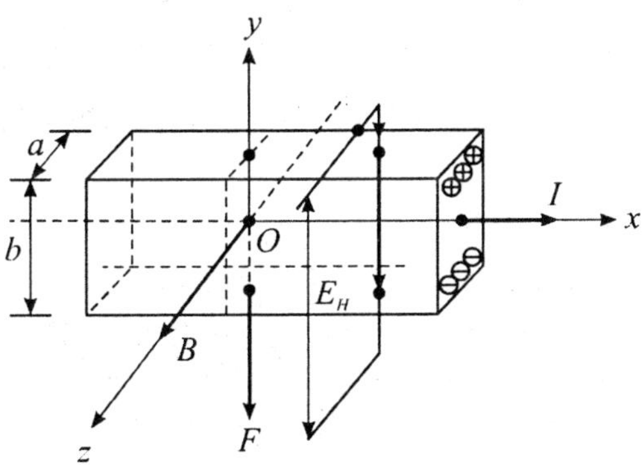

그림 9-9 홀 효과

전류 I[A]는 음(−)의 전하를 갖는 전자가 x축의 −방향으로 운동하는 것이 되므로 이 속도를 v[m/s]라 하면, 플레밍의 왼손법칙에 의하여 전자는 y축의 −방향으로 힘 $F=qvB$[N]를 받게 된다. 이 힘은 금속 도체의 자유전자를 도체의 밑면 쪽으로 미는 결과를 이룬다. 따라서 전자의 분포는 불균형하게 되며, 밑면 부근에 많은 자유전자가 존재하게 된다. 따라서 도체 윗면 부근에는 전자가 부족하게 되어 상대적으로 윗면에는 양전하가 존재한다. 이러한 현상은 기체 특히 플라스마와 같은 이온류인 경우에 현저하게 나타나며 1897년 미국의 홀(Hall)은 다음과 같은 실험식을 유도하였다.

$$E_H = R_H \cdot iB[\mathrm{V/m}] \tag{9-14}$$

여기서 E_H를 홀 기전력이라 하며, i는 전류밀도로 $nev[\mathrm{A/m^2}]$이며, R_H는 홀 정수로 물질에 따라 정해지는 상수이다. 이와 같이 전류가 흐르고 있는 도체에 자계를 가하면 플레밍의 왼손법칙에 의하여 도체 내부에서는 윗면에서 아랫면으로 양전하와 음전하가 분리되는 효과를 가져와서 전계가 발생하는데, 이를 **홀 효과**(hall effect)라 한다. 이 홀 효과는 전류가 일정할 때 자계에 비례하므로 자계의 측정 또는 반도체 중의 전자정밀측정 등에 이용된다.

9.4.2 핀치 효과

그림 9-10과 같이 유동 도체(주로 기체)에 대전류가 흐를 때, 이 전류에 의한 자계와 자신의 전류 사이에 플레밍의 왼손법칙에 따른 힘이 작용하여 전류는 도체 중심 쪽으로 흐르려고 하는 집속(輯束, pinch)되는 현상이 일어난다.

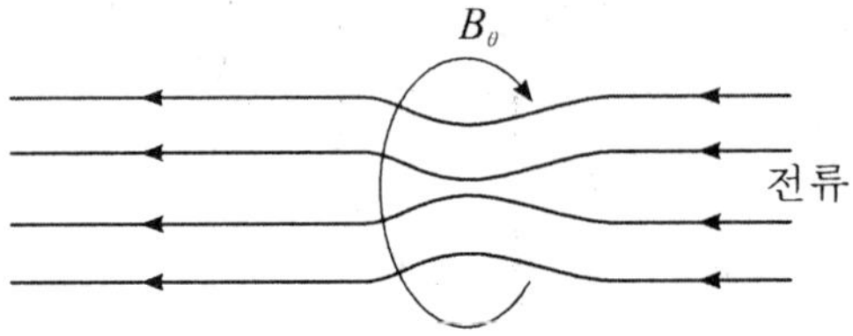

그림 9-10 핀치 효과

이 작용으로 유동 도체 단면적이 점차로 감소되어 저항이 커지면 전류가 줄어들어 이 압축력이 감소되고, 압축력이 감소되면 단면적이 다시 커져 전류가 증가하게 되어 이 집속 현상이 반복된다. 이러한 현상을 **핀치 효과**(pinch effect)라 한다. 초고압수은증기(수십 기압)의 관내에서 방전으로 인한 대 아크 전류에 이 현상이 일어나는 고온 아크가 중심축에 집속되어 매우 높은 온도(10,000[℃] 이상)의 광원이 얻어지는데 이 원리를 이용한 것이 초고압수은등이다.

9.4.3 스트레치 효과

그림 9-11과 같이 $\overline{AB}$에 흐르는 전류 I에 의한 자계 H_1과 $\overline{CD}$에 흐르는 전류 I로 인해 작용하는 힘 F_1은 플레밍의 왼손법칙에 의하여 그림과 같은 방향이 된다.

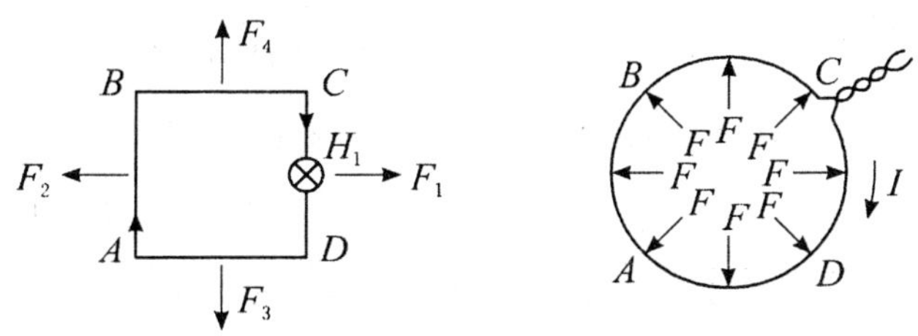

그림 9-11 스트레치 효과

같은 방법으로 4개의 변은 밖으로 힘 F_2, F_3, F_4가 작용하게 되므로 원형이 된다. 이와 같은 가용성 전선에 대전류를 흘리면 전선 상호간의 반발력에 의하여 전선이 원을 형성하는 현상을 스트레치(stretch) 효과라 한다.

• 단원정리 •

1. 전자력 $F = BIl\sin\theta$[N]
2. 플레밍의 왼손법칙 - 전동기의 원리

   엄지 : 힘(회전)의 방향, 검지 : 자기력선의 방향, 중지 : 전류의 방향
3. 두 평행 도선간에 작용하는 힘의 크기

   $$F = \frac{2I_1I_2}{r} \times 10^{-7}[\text{N/m}]$$
4. 로렌츠의 힘 $F = qvB\sin\theta$[N]
5. 렌쯔의 법칙

   유도 기전력은 유도전류가 만드는 자계가 원래의 자계의 변화를 방해하는 방향으로 발생한다.
6. 유도기전력 $e = -N\frac{d\phi}{dt}$[V]

   $e = Blv\sin\theta$[V]
7. 플레밍의 오른손 법칙 - 발전기의 원리

   엄지 : 힘(운동)의 방향, 검지 : 자기력선의 방향, 중지 : 유도전류의 방향
8. 홀 효과

   전류가 흐르고 있는 도체에 자계를 가하면 플레밍의 왼손법칙에 의하여 도체 내부에서는 윗면에서 아랫면으로 양전하와 음전하가 분리되는 효과를 가져와서 전계가 발생한다.
9. 핀치 효과

   전류가 도체 중심 쪽으로 흐르려고 하는 집속(輯束)현상
10. 스트레치 효과

    가용성 전선에 대전류를 흘리면 전선 상호간의 반발력에 의하여 전선이 원을 형성하는 현상

연 습 문 제

1. 그림 9-12에서 자극의 세기 4×10^{-5}[Wb], 길이 20[cm]인 막대 자석을 50[A/m]의 평등자계 내에 자계와 60도의 각으로 놓았을 때, 자석이 받는 회전력은 몇 [N·m]인가?

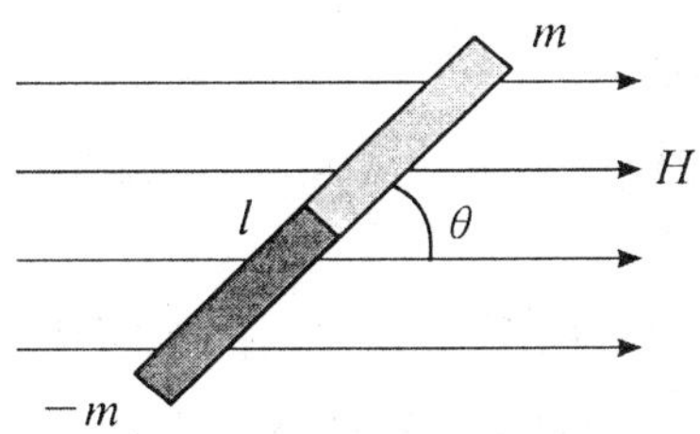

그림 9-12

풀이 $T=\vec{M}\times\vec{H}=MH\sin\theta=mlH\sin\theta$

$=4\times10^{-5}\times0.2\times150\times\sin60°=6\sqrt{3}\times10^{-5}$[N·m]

2. 1[Wb/m²]의 자속밀도에 수직으로 놓인 10[cm]의 도선에 10[A]의 전류가 흐를 때 도선이 받는 힘은 몇 [N]인가?

풀이 $F=BIl\sin\theta=1\times10\times0.1\times\sin90=1$[N]

3. 그림 9-13과 같이 $l_1=\infty$[m], $l_2=1$[m]의 두 직선 도선을 $d=50$[m]의 간격으로 평행하게 놓고 l_1을 중심축으로 하여 l_2를 속도 100[m/s]로 회전시키면 l_2에 유기되는 전압은 몇 [V]인가?

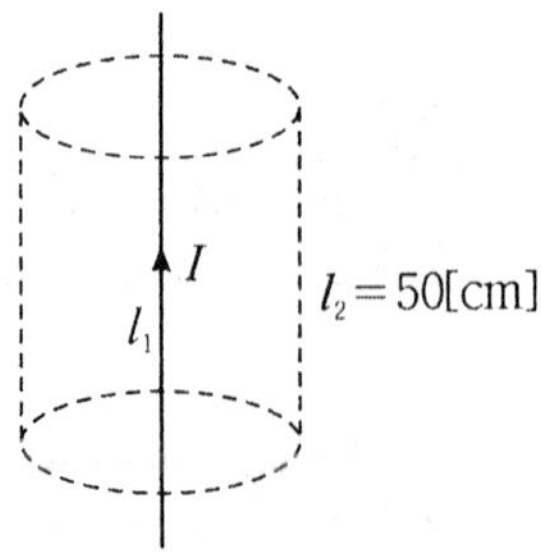

그림 9-13

풀이 도선 l_2를 속도 100[m/s]로 원운동 시키면 자계(자속밀도)의 방향과 이루는 각 θ는 0° 아니면 180°이다.

$\therefore\ e = Blv\sin\theta = 0[V]$

4. 자속 ϕ[Wb]가 주파수 f[Hz]로 $\phi = \phi_m \sin 2\pi ft$[Wb]일 때, 이 자속과 쇄교하는 권수 N회인 코일에 발생하는 기전력은 몇 [V]인가?

풀이 $e = -N\dfrac{d}{dt}(\phi_m \sin 2\pi ft) = -2\pi f N\phi_m \cos 2\pi ft\,[V]$

5. 자기 인덕턴스 0.05[H]의 회로에 흐르는 전류가 매초 500[A]의 비율로 증가할 때 자기 유도 기전력 [V]은?

풀이 $e = -L\dfrac{di}{dt} = -0.05 \times \dfrac{500}{1} = -25[V]$

6. 그림 9-14와 같이 코일 L[H]의 한쪽에 영구자석 NS가 있어서, 코일과의 교차 자속수가 ϕ_0[Wb]이다. 지금 이 자석을 충분히 먼 곳으로 이동시켜서 코일과의 교차 자속수를 0으로 만들어 준다. 이때 저항 $R[\Omega]$을 통과하는 전체 전기량은?

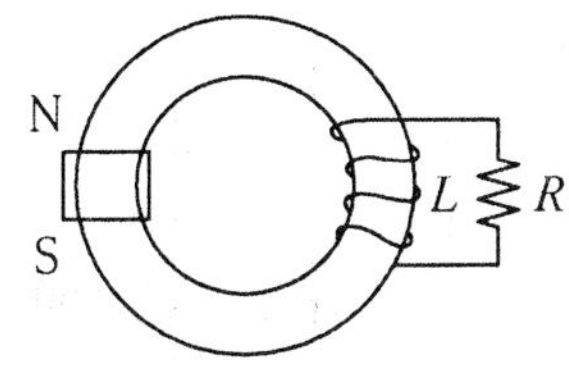

그림 9-14

풀이 $e = -\frac{d\phi}{dt}$ [V], $i = \frac{e}{R} = \frac{-1}{R}\frac{d\phi}{dt}$ [A]

$$Q = -\int i dt = \frac{-1}{R}\int_{\phi_0}^{0}\frac{\partial\phi}{\partial t}dt = \frac{\phi_0}{R} \text{[V]}$$

7. 0.2[Wb/m²]의 평등 자계 속에 자계와 직각 방향으로 놓인 길이 30[cm]의 도선을 자계와 30° 방향으로 30[m/s]의 속도로 이동시킬 때 도체 양단에 유기되는 기전력은 몇 [V]인가?

풀이 $e = Blv\sin 30° = 0.2 \times 0.3 \times 30 \times \frac{1}{2} = 0.9$[V]

8. 50[A]의 전류가 흐르고 있는 도선에 0.2초 동안 0.03[Wb]의 자속을 끊었다. 이때 일률은 얼마인가?

풀이 $P = \frac{W}{t} = \frac{I\phi}{t} = \frac{50 \times 0.03}{0.2} = 7.5$[W]

9. 그림 9-15와 같이 길이 a, b의 구형 도체가 x축상을 v[m/s]로 움직이고 있을 때 도체에 유기되는 기전력을 구하시오.(단, $B = B_0$이고, xy 평면에 직각이라 한다.)

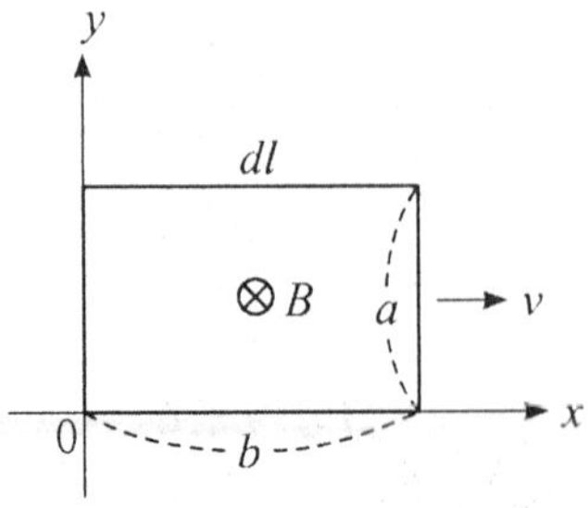

그림 9-15

풀이 $e = Blv\sin\theta$, $B = B_0$, $l = a$, $\sin 90° = 1$

$\therefore\ e = B_0 av$[V]

10. 자속밀도 B[Wb/m²]의 평등 자계와 평행한 축 둘레에 각속도 ω[rad/s]로 회전하는 반지름 a[m]의 도체 원판에 그림 9-16과 같이 브러시를 접촉시킬 때 저항 R[Ω]에 흐르는 전류를 구하시오.

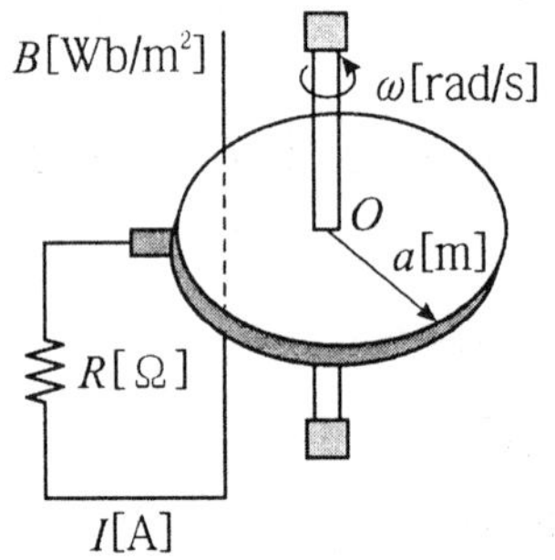

그림 9-16

풀이 중심 O에서 dr[m] 떨어진 점에 유기되는 기전력

$de = vBdr = (\omega r)Bdr$ [V]

따라서, Oa간에 유기되는 기전력 e는

$$e = \int_0^d de = \omega B \int_0^d dr = \omega B \left[\frac{r^2}{2}\right]_0^a = \frac{\omega B a^2}{2} \text{ [V]}$$

$$\therefore\ i = \frac{e}{R} = \frac{\omega B a^2}{2R} \text{ [V]}$$

제 10 장

인덕턴스

10.1 자기 유도와 자기 인덕턴스

10.1.1 자기 유도작용

코일이란 동선과 같은 도선을 나선 모양으로 감은 것으로 인덕터(inductor)라고도 한다. 이러한 코일의 성질 정도를 나타내는 것을 인덕턴스(Inductance)라 하고 기호는 L, 단위는 [H](henry)가 사용된다. 도선을 감으면 감을수록 코일의 성질이 강해지며 헨리의 값도 커진다. 코일은 내부에 아무것도 넣지 않은 공심으로 하는 것보다 철심에 감거나 코어라 부르는 철분을 응고시킨 것에 감는 편이 보다 큰 헨리 값을 얻는다. 코일이 하나만 있는 경우에 전류가 흘러 자속이 변하면 전자유도에 의해 자속을 방해하려는 방향으로 유도 기전력이 발생하는데, 이를 자기 유도작용(self induction)이라고 하며, 그 정도를 자기 인덕턴스(self inductance) 또는 자체 인덕턴스라 한다.

그림 10-1에서 스위치 S를 닫으면 전원으로부터 전류가 흘러 코일에 자속이 발생하는데, 앙페르의 오른손 엄지손가락 법칙에 의하여 네 손가락 방향이 전류의 방향이므로 a지점이 S극, b지점이 N극을 띠게 된다.

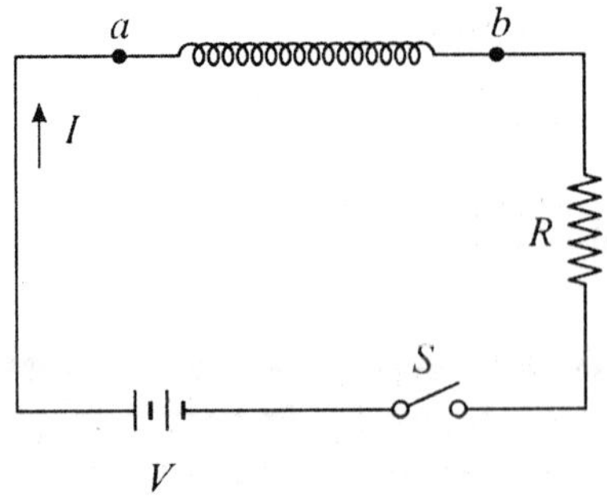

그림 10-1 인덕터 회로

다시 스위치 S를 열면 전류가 차단되므로 자속도 사라지게 되는데, 렌쯔의 법칙에 의하여 자속의 변화를 방해하려고 즉 사라지는 자기력을 잡으려고 a지점은 N극, b지점은 S극이 되도록 역방향의 기전력이 유도된다. 이와 같이 코일 하나 자체가 자신의 자속의 변화에 방해하도록 기전력을 유도하므로 이를 자기 유도작용이라고 한다.

한편, 권수 N의 코일에 있어서 시간 Δt동안 코일에 흐르는 전류 I가 ΔI만큼 변화하면 자속 ϕ도 $\Delta\phi$만큼 변화한다. 이 때, 전류의 변화 ΔI와 자속의 변화 $\Delta\phi$는 비례하기 때문에 코일에 생기는 자기 유도 기전력 e를 다음 식과 같이 나타낼 수 있다.

$$e=-N\frac{\Delta\phi}{\Delta t}=-L\frac{\Delta I}{\Delta t}[\text{V}] \quad ☆ \qquad (10\text{-}1)$$

10.1.2 무한장 솔레노이드의 자기 인덕턴스

그림 10-2와 같이 반경 r[m], 길이 l[m], 투자율 μ[H/m], 권수 N의 무한히 긴 솔레노이드에 전류 I[A]를 흘렸을 때, 솔레노이드 내부의 자계 크기는 $H=nI=(N/l)I$[A/m]이기 때문에 코일의 단면적을 $S[\text{m}^2]$으로 하면 코일 내부의 자속 ϕ는 다음과 같다.

$$\phi = BS = \mu HS = \frac{\mu NIS}{l} = \frac{\mu NI\pi r^2}{l}\text{[Wb]} \tag{10-2}$$

따라서 무한장 솔레노이드의 자기 인덕턴스는 다음과 같이 구할 수 있다.

$$L = \frac{N\phi}{I} = \frac{\mu N^2 \pi r^2}{l}\text{[H]} \tag{10-3}$$

$$\therefore\ L = \frac{\mu SN^2}{l}\text{[H]} \quad ☆☆ \tag{10-4}$$

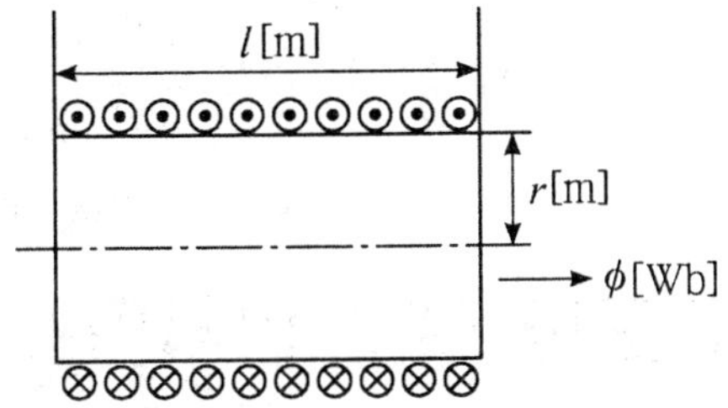

그림 10-2 솔레노이드

10.1.3 환상 솔레노이드의 자기 인덕턴스

그림 10-3과 같이 단면적 $S[m^2]$, 자로의 길이 l[m], 투자율 μ[H/m]인 환상 철심에 코일이 N회 감겨져 있다. 이 환상 코일에 전류 I[A]를 흘렸을 때, 자속 ϕ는 다음과 같다.

$$\phi = BS = \mu HS = \frac{\mu NIS}{l}\text{[Wb]} \tag{10-5}$$

따라서 환상 솔레노이드의 자기 인덕턴스는 다음과 같이 구할 수 있다.

$$L = \frac{N\phi}{I} = \frac{\mu N^2 \pi r^2}{l}\text{[H]} \tag{10-6}$$

$$\therefore\ L = \frac{\mu S N^2}{l}\,[\mathrm{H}]$$ ☆☆ (10-7)

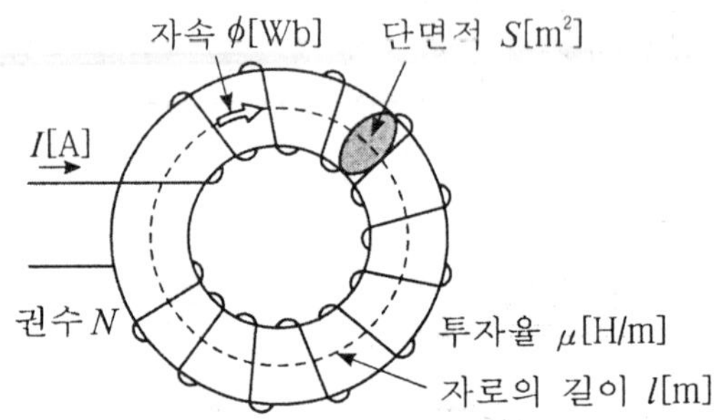

그림 10-3 환상 코일

10.2 상호 유도와 상호 인덕턴스

10.2.1 상호 유도작용

그림 10-4 (a)와 같이 인접한 두 코일이 감겨져 있다고 가정하자. 1차 전원전압 e_1[V]으로부터 1차 코일 N_1[A]에 전류 I_1[A]을 흘리면 자속 ϕ_{12}의 변화에 의해 2차 코일에 유도 기전력 e_2[V]가 생긴다. 이와 같이 한 쪽의 코일에 흐르는 전류의 변화에 의해 다른 쪽의 코일에 유도 기전력이 생기는 현상을 **상호 유도**(mutual induction)라 하고, 그 정도를 **상호 인덕턴스**(mutual inductance)라 한다.

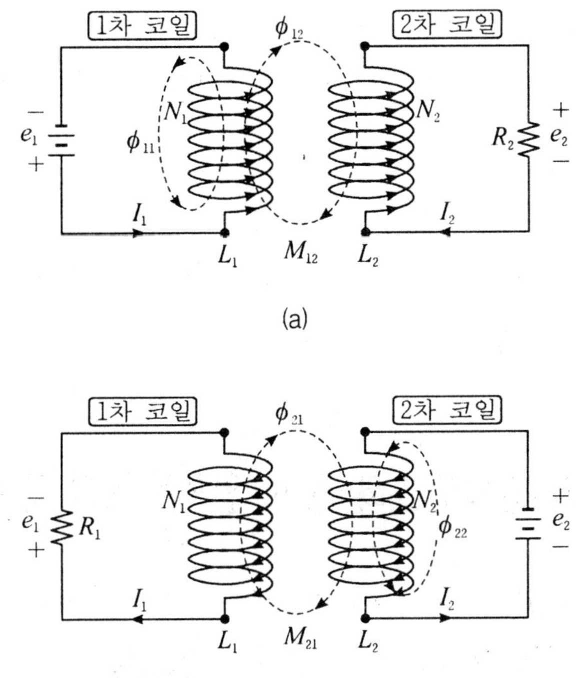

(b)

그림 10-4 상호 유도작용

이 때, 시간 dt[s] 동안 코일에 흐르는 전류가 di[A]만큼 변화하고 2차 코일을 지나는 자속이 $d\phi$[Wb]만큼 변화한다고 한다면, 1차 코일의 자기 유도 기전력 e_1[V]과 2차 코일에 생기는 상호 유도 기전력 e_2[V]는 다음과 같다.

$$e = -N\frac{d\phi}{dt} = -N\frac{d\phi}{di}\left(L = N\frac{d\phi}{di}\right)$$

$$= -L\frac{di}{dt}\,[\mathrm{V}] \qquad (10\text{-}8)$$

$$\therefore\ e_1 = -L_1\frac{di_1}{dt}\,[\mathrm{V}],\ \ e_2 = -M_{12}\frac{di_1}{dt}\,[\mathrm{V}] \quad ☆ \qquad (10\text{-}9)$$

여기서, M_{12}는 상호 인덕턴스(mutual inductance)이며 단위는 H(henry)이다.

예 제 10-1 두 코일이 있다. 한 코일의 전류가 매초 120[A]의 비율로 변화할 때, 다른 코일에는 15[V]의 기전력이 발생하였다면 두 코일의 상호 인덕턴스 [H]는 얼마인가?

풀이 $e_2 = -M\dfrac{di_1}{dt}$ [V]

여기서, −는 전류의 방향을 의미하므로 크기를 계산할 때는 생략해도 된다.

그러므로 $M = e_2\dfrac{dt}{di_1} = e_2\dfrac{1}{\dfrac{di_1}{dt}} = 15\times\dfrac{1}{120} = 0.125$[H]

10.2.2 자기 인덕턴스와 상호 인덕턴스의 관계

자기 인덕턴스 L_1[H]의 1차 코일에 전류 I_1[A]을 흘렸을 때 자속 ϕ_1[Wb]가 생겼다고 하면 L_1[H], M_{12}[H]은 각각 다음과 같이 된다.

$$L_1 = \frac{N_1\phi_1}{I_1}\,[\mathrm{H}] \tag{10-10}$$

$$M_{12} = \frac{N_2\phi_1}{I_1}\,[\mathrm{H}] \tag{10-11}$$

또, 자기 인덕턴스 L_2[H]의 1차 코일에 전류 I_2[A]을 흘렸을 때 자속 ϕ_2[Wb]가 생겼다고 하면 L_2[H], M_{21}[H]은 각각 다음과 같이 된다.

$$L_2 = \frac{N_2\phi_2}{I_2}\,[\mathrm{H}] \tag{10-12}$$

$$M_{21} = \frac{N_1\phi_2}{I_2}\,[\mathrm{H}] \tag{10-13}$$

$M_{12} = M_{21} = M$이므로 다음과 같은 관계가 얻어진다.

$$L_1L_2 = \frac{N_1\phi_1N_2\phi_2}{I_1I_2} = M^2 \tag{10-14}$$

$$\therefore\ M=\sqrt{L_1L_2}\,[\mathrm{H}] \tag{10-15}$$

실제로는 자속이 전부 쇄교하는 것이 아니고 누설자속이 있기 때문에 $M=\sqrt{L_1L_2}$값보다 작게 되어 다음과 같이 나타내어진다.

$$M=k\sqrt{L_1L_2}\,[\mathrm{H}] \tag{10-16}$$

여기서 k를 결합계수라 하고, $0<k\leq 1$의 값을 갖는다.

예제 10-1 환상 철심에 권수 N_1의 1차 코일과 권수 N_2의 2차 코일이 있을 때, 1차 코일의 자기 인덕턴스가 L_1라 하면 두 코일의 상호 인덕턴스는 몇 [H]인가?

풀이 $L_1=\dfrac{N_1\phi_1}{I_1}$[H], $M=M_{12}=\dfrac{N_2\phi_1}{I_1}$[H]이므로

$\phi_1=\dfrac{L_1I_1}{N_1}$을 M에 대입하면 $M=\dfrac{L_1N_2}{N_1}$[H]이 된다.

10.3 인덕턴스의 접속

권수가 N_1, N_2, 자기 인덕턴스가 L_1, L_2, 상호 인덕턴스 M인 2개의 코일을 직렬로 접속한 경우 합성 인덕턴스를 구하여 보자.

10.3.1 가동접속

그림 10-5와 같이 2개의 코일을 접속하여 전류 I[A]를 흘리면 1차 코일과 2차 코일이 만드는 자속 ϕ_1[Wb]과 ϕ_2[Wb]는 같은 방향으로 된다. 이와 같은 코일의 접속을 가동접속이라 한다.

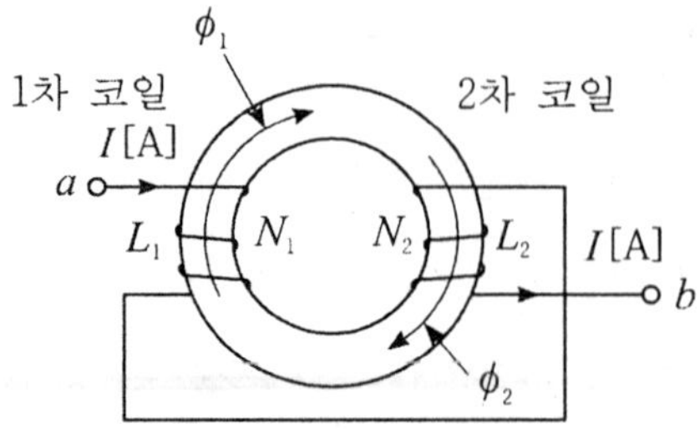

그림 10-5 직렬 가동접속

누설자속이 없도록 하면 코일을 지나는 자속 쇄교수는 각각 $N_1(\phi_1+\phi_2)$[Wb], $N_2(\phi_1+\phi_2)$[Wb]로 되고, 단자 a, b로부터 본 합성 인덕턴스 L[H]은 다음과 같이 구해진다.

$$L=\frac{N_1(\phi_1+\phi_2)}{I_1}+\frac{N_2(\phi_1+\phi_2)}{I_2}[\text{H}] \tag{10-17}$$

여기서, $L_1=\dfrac{N_1\phi_1}{I_1}$[H], $L_2=\dfrac{N_2\phi_2}{I_2}$[H], $M_{12}=\dfrac{N_2\phi_1}{I_1}=\dfrac{N_1\phi_2}{I_2}$[H]이다.

$$\therefore\ L=L_1+L_2+2M[\text{H}] \tag{10-18}$$ ☆

10.3.2 차동접속

그림 10-6과 같이 2개의 코일을 접속한 경우는 1차 코일과 2차 코일이 만드는 자속 ϕ_1[Wb]과 ϕ_2[Wb]가 역방향으로 되어 있다. 이와 같은 코일의 접속을 차동접속이라 한다.

가동접속의 경우와 같은 형태로 계산하면 단자 a, b로부터 본 합성 인덕턴스 L[H]은 다음과 같이 구해진다.

$$L=\frac{N_1(\phi_1-\phi_2)}{I_1}+\frac{N_2(\phi_1-\phi_2)}{I_2} \tag{10-19}$$

$$\therefore\ L = L_1 + L_2 - 2M \quad ☆ \tag{10-20}$$

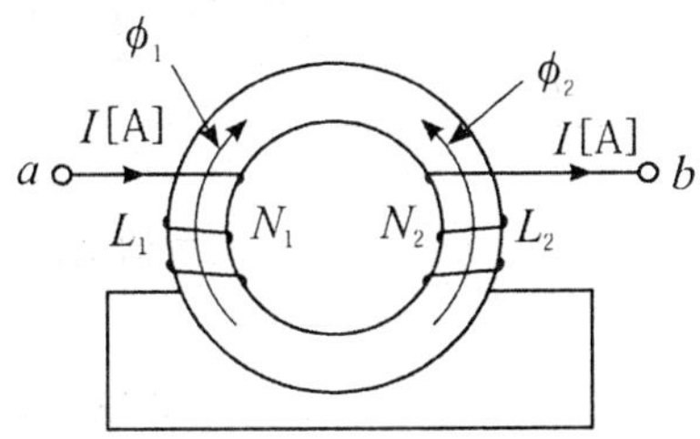

그림 10-6 직렬 차동접속

예제 10-3 서로 결합된 2개의 코일을 직렬로 연결하면 합성 자기 인덕턴스가 20[mH]이고, 한 쪽 코일의 연결을 반대로 하면 8[mH]가 되었다. 두 코일의 상호 인덕턴스는 몇 [mH]인가?

풀이 직렬 가동접속 $L_+ = L_1 + L_2 + 2M = 20$[mH]

직렬 차동접속 $L_- = L_1 + L_2 - 2M = 8$[mH]

두 식으로부터 M에 관해서 풀면, $4M = 20 - 8$

$$\therefore\ M = \frac{20-8}{4} = 3[\text{mH}]$$

10.4 변압기

상호 유도작용에 의하여 1차측의 전압의 변화가 2차측으로 전달되는데, 이런 구조가 변압기이다. 변압기의 철심에는 투자율과 저항률이 크고 히스테리시스 손실이 적은 규소 강판을 사용한다. 규소 함유량은 4~4.5[%] 정도이고, 두께는 전력용의 경우는 보통 0.3~0.6[mm]이다. 변압기는 규소 강판을 성층하여 만든 철심에 2개의 코일을 감아놓았다. 두 개 코일의 권수비를 이용하여 전압을 변화시켜 사용하는데, 높은 전압에는 코일을 많이 감고, 낮은 전압 쪽에는 조금 감아 전압을 변화시킨다. 발전소에서부터 변전소를 거쳐 가정에 이르기까지 많은 변압기가 사용되어 진다.

그림 10-7과 같이 전원측(1차측)의 전압 즉 1차 코일의 유도 기전력 E_1, 1차 코일에 흐르는 전류 I_1, 1차 코일의 권선 N_1이라 하고, 부하측(2차측) 전압, 즉 2차 코일의 유도 기전력을 E_2, 2차 코일에 흐르는 전류 I_2, 2차 코일의 권선 N_2라 한다면, 시간 Δt[s] 사이에 철심중의 자속변화를 $\Delta\phi$[Wb]로 하면 1차 코일, 2차 코일에 생기는 유도 기전력 E_1[V], E_2[V]의 관계는 다음과 같다.

$$E_1 = -N_1 \frac{\Delta\phi}{\Delta t}\,[\mathrm{V}] \tag{10-21}$$

$$E_2 = -N_2 \frac{\Delta\phi}{\Delta t}\,[\mathrm{V}] \tag{10-22}$$

$$\therefore\ \frac{E_1}{E_2} = \frac{-N_1 \frac{\Delta\phi}{\Delta t}}{-N_2 \frac{\Delta\phi}{\Delta t}} = \frac{N_1}{N_2} \tag{10-23}$$

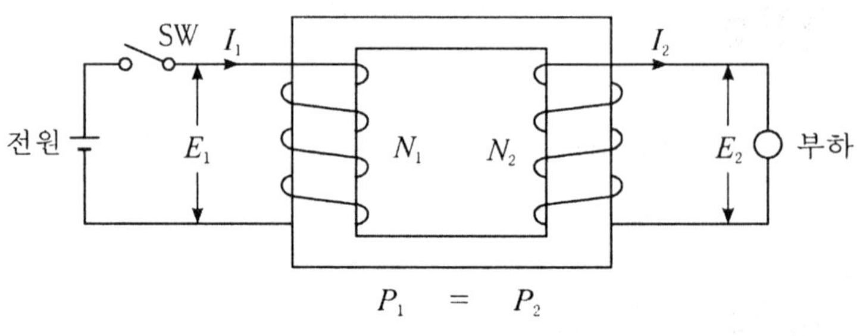

그림 10-7 변압기

그리고 에너지 보존법칙에 의해 1차측과 2차측의 전력은 같다. 즉 $P_1 = P_2$이므로

$$E_1 I_1 = E_2 I_2 \tag{10-24}$$

$$\frac{E_1}{E_2} = \frac{I_2}{I_1} \tag{10-25}$$

와 같이 나타낼 수 있다. 따라서 다음 식과 같이 1차 코일과 2차 코일에 유도되는

기전력은 각 코일에 흐르는 전류와 반비례하고, 각 권선의 감은 수에 비례하는 관계가 성립한다.

$$a = \frac{E_1}{E_2} = \frac{N_1}{N_2} = \frac{I_2}{I_1} \quad ☆ \tag{10-26}$$

여기서, a를 권선(수)비 또는 변압비라 한다.

10.5 와전류와 표피효과

자계 또는 전류가 변동하고 있을 때에 이 상호관계가 대조적으로 나타나는 것이 와전류와 표피효과이다. 와전류는 자계가 변화하기 때문에 유도되는 전류이고, 표피효과는 반대로 전류가 변화하기 때문에 주변의 자계가 변화하고 그 영향으로 그 도체 내의 전류가 표면에 집중해서 흐르는 현상이다.

10.5.1 와전류

그림 10-8과 같이 도체를 관통하는 자속이 변화하든가 또는 자속과 도체가 상대적으로 운동하여 도체 내의 자속이 시간적 변화를 일으키면, 이 변화를 막기 위하여 도체 내에 국부적으로 형성되는 임의의 폐회로를 따라 전류가 유기되는데 이 전류를 와전류(eddy current) 또는 맴돌이 전류라 한다.

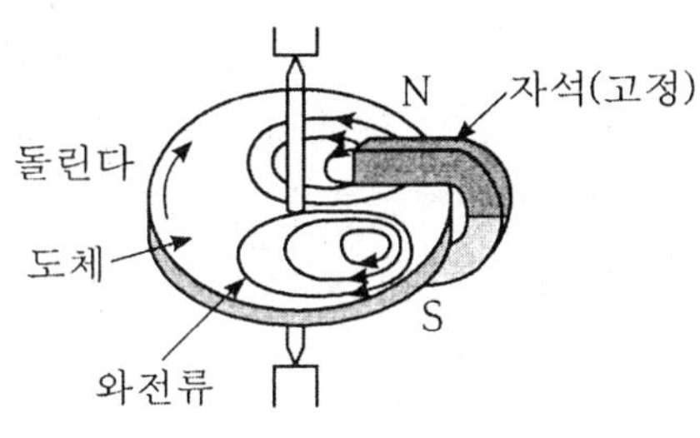

(a) 도체가 움직이는 경우

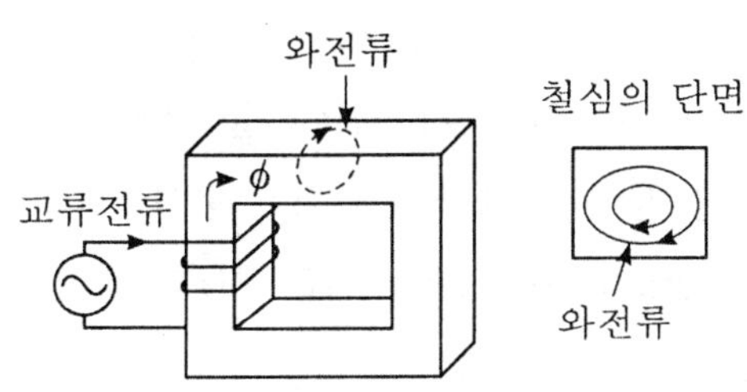

(b) 자속이 변화하는 경우

그림 10-8 와전류

이 전류의 크기 및 유선(流線)은 도체의 형상, 크기, 전도도 및 자속의 시간적 변화에 의하여 정해지는 매우 복잡한 모양을 갖는다. 와전류가 도체 내에 발생하는 정상 전류분포에 영향을 주며 동시에 와전류에 의한 주울열이 생겨 전력의 손실을 유발하는데, 이 손실을 **와류손**(eddy current loss)이라 한다. 와전류는 교번자속의 주파수와 최대 자속밀도의 자승에 비례하며, 저항에 반비례하므로 철심의 전도도를 k[℧/m]라 하면 단위체적당 와류손은 다음과 같다.

$$P_e \propto k f^2 B_m{}^2 \tag{10-27}$$

여기서, f[Hz]는 주파수, B_m[Wb/m^2]은 최대 자속밀도이다. 이 손실은 교류기기의 철심에 흔히 발생하므로 히스테리시스 손과 같이 철손에 속한다. 변압기나 발전기 등은 철심에 코일을 감아서 전류를 흘리므로 자속의 변화가 크고 철심에는 큰 와전류가 흘러 와류손이 증대한다. 이를 감소시키기 위하여 그림 10-9와 같이 절연한 얇은 철판을 겹쳐서 사용하는데 이것을 **성층철심**(laminated core)이라 한다.

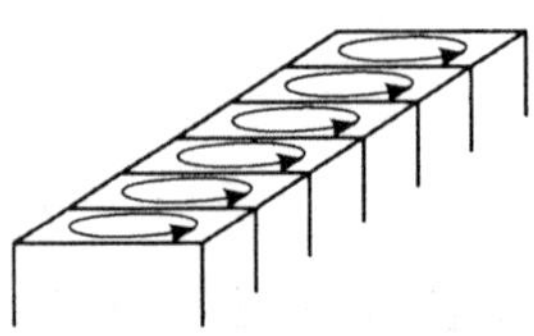

그림 10-9 성층철심

규소강판이나 페라이트(ferrite) 등의 철심재료는 전도도가 작으므로 전기기기에 많이 쓰인다. 한편, 이 와전류 현상을 유리하게 이용한 경우도 많다. 즉 와전류가 생기면 자계와 전류 간에 플레밍의 왼손법칙에 따른 힘이 작용하고, 이 힘은 도체가 움직이는 방향과 반대방향이 되어 제동 작용을 한다. 이것을 **전자제동**(electro-magnetic damping)이라 하며, 기계제동과 달리 접촉에 의한 마찰, 소손 등이 없어 편리하다.

10.5.2 표피효과

원주 도체에 전류가 흐르면 그 주위에 자계가 생긴다. 일정 자계이면 $\frac{d\phi}{dt}=0$ 이다. 때문에 유도기전력은 생기지 않고 도체에는 균일한 전류가 흐른다. 그러나 자속이 변화하면 그 변화가 빠를수록 유도기전력은 크게 발생하고 이는 공급기전력과 반대방향이 되어 전류의 흐름을 방해한다. 즉, 원주 도체의 전류에 의한 자계는 도체 중심부에 가까워질수록 전류와 쇄교하는 자속이 커지므로 $e=-\frac{d\phi}{dt}$ 의 유도기전력이 공급기전력과 반대방향으로 커지기 때문에 전류는 흐르기 곤란하다. 따라서 그림 10-10과 같이 표면 부근의 전류밀도가 크게 된다. 이와 같이 표면 부근에 집중해서 전류가 흐르는 현상을 표피효과라 한다.

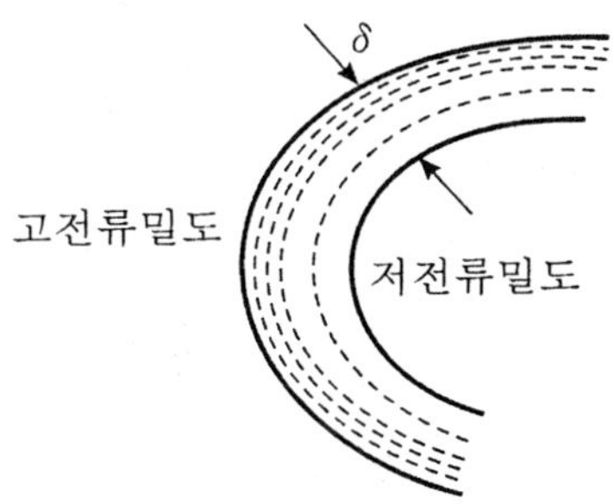

그림 10-10 표피효과

원주 도체뿐만 아니라 모든 도체에 교류가 흐르면 표면으로부터 중심으로 깊이 들어갈수록 전류밀도가 작아진다. 이 효과는 고주파일수록 그리고 도체의 전도도 및 투자율이 클수록 심하다. 이 결과 도체 내부는 전류의 전도에 거의 관여하지 않으므로 외관상으로는 유효면적이 감소하여 전기저항이 증가한 것과 같이 보인다. 표피로부터 도체 내의 전류 또는 자속의 분포는 표면에서의 깊이에 대하여 지수 함수적으로 감소한다.

도체의 전도도 k[℧/m], 투자율 μ[H/m]라 하고 전원주파수를 f[Hz]라 할 때 표면전류밀도의 $e^{-1}=(0.368)$배가 되는 표피로부터의 깊이 δ[m]는 다음과 같이 구한다.

$$\delta = \sqrt{\frac{2}{w\mu k}} = \frac{1}{\sqrt{\pi f \mu k}} \text{[m]} \qquad (10\text{-}28)$$

이 δ[m]를 표피두께 또는 침투깊이(skin depth)라 한다. 한편, 이 깊이에서는 전류값이 표면전류값의 36.8[%]로 감소된다.

구리의 경우, $\mu_s = 1$, $k \fallingdotseq \frac{1}{2\times10^{-8}}$ [℧/m]이므로

$$\delta = \sqrt{\frac{4\times10^{-8}}{2\pi f \times 2\pi \times 10^{-7}}} = 0.1\sqrt{\frac{1}{f}} \text{[m]} \qquad (10\text{-}29)$$

따라서 주파수가 60[Hz]이면 $\delta = 0.0085$[m]=8.5[mm]이고 $f = 10^6$[Hz]에서는 $\delta \fallingdotseq 6.6\times10^{-5} = 6.6\times10^{-2}$[mm]가 되어 자속이나 전류가 침투해가는 깊이가 극히 작아 실용상 전류는 표면에만 분포한다고 생각해도 좋다. 표피효과에 의해서 전계, 자계가 도체 내부에 까지 들어가지 못하는 현상을 이용한 것이 **전자차폐**(electromagnetic shielding)이다.

• 단원정리 •

1. 자기 유도 기전력

$$e = -N\frac{\Delta\phi}{\Delta t} = -L\frac{\Delta I}{\Delta t}\,[\mathrm{V}]$$

2. 무한장 솔레노이드의 자기 인덕턴스

$$L = \frac{\mu S N^2}{l}\,[\mathrm{H}]$$

3. 환상 솔레노이드의 자기 인덕턴스

$$L = \frac{\mu S N^2}{l}\,[\mathrm{H}]$$

4. 상호 유도 기전력

$$e_1 = -L_1\frac{di_1}{dt}\,[\mathrm{V}],\quad e_2 = -M\frac{di_1}{dt}\,[\mathrm{V}]$$

5. 자기 인덕턴스와 상호 인덕턴스의 관계

$$M = k\sqrt{L_1 L_2}\,[\mathrm{H}]$$

6. 인덕턴스의 직렬 가동접속

$$L = L_1 + L_2 + 2M\,[\mathrm{H}]$$

인덕턴스의 직렬 차동접속

$$L = L_1 + L_2 - 2M\,[\mathrm{H}]$$

7. 변압기 권선비

$$a = \frac{E_1}{E_2} = \frac{N_1}{N_2} = \frac{I_2}{I_1}$$

연 습 문 제

1. 자기회로의 자기 저항이 일정할 때, 코일의 권수를 1/2로 줄이면 자기 인덕턴스는 원래의 몇 배가 되는가?

풀이 $L=\frac{\mu SN^2}{l}$[H] $\propto N^2$이므로 코일의 권수를 1/2로 하면 인덕턴스는 1/4배가 된다.

2. 원형 단면을 가진 비자성 재료에 균일하게 감긴 권수 1,000인 환상 솔레노이드의 자기 유도 계수가 2[mH]이다. 그 위에 권수가 1,200인 코일을 감으면 상호 유도 계수는 몇 [mH]가 되는가?(단, 누설자속은 없는 것으로 한다.)

풀이 $M=\frac{L_1N_2}{N_1}=2\times10^{-3}\times\frac{1,200}{1,000}=2.4$[mH]

3. 상호 인덕턴스 200[μH]인 회로의 1차 코일에 3[A]의 전류가 3[s] 동안에 15[A]로 변화했다. 2차 코일에 유기되는 기전력은 몇 [V]가 되는가?

풀이 $e_2=-M\frac{di_1}{dt}=-200\times10^{-6}\times\frac{15-3}{3}=-8\times10^{-4}$[V]

4. 권수 200회, 자기 인덕턴스 200[mH]의 코일에 2[A]의 전류를 흘리면, 쇄교 자속수 [Wb]는?

풀이 $N\phi=LI,\ \phi=\frac{LI}{N}=\frac{20\times10^{-3}\times2}{200}=2\times10^{-4}$[Wb]

5. 10[mH]의 두 가지 인덕턴스가 있다. 결합 계수를 0.1로부터 0.9까지 변화시킬 수 있다면, 이것을 접속시켜 얻을 수 있는 합성 인덕턴스의 최대값과 최소값의 비를 구하시오.

풀이 $L=L_1+L_2\pm2M=L_1+L_2\pm2k\sqrt{L_1L_2},\ L=20\pm2k\sqrt{10\times10}$[mH]

$L_{max} = 20 + 2 \times 0.9 \times 10 = 38[mH]$,

$L_{min} = 20 - 2 \times 0.9 \times 10 = 2[mH]$

$\therefore L_{max} : L_{min} = 38 : 2 = 19 : 1$

6. 권수 300회인 공심 코일의 자기 인덕턴스는 0.06[mH]이다. 지금 자기 인덕턴스를 0.135[mH]로 하자면 권수는 몇 회로하면 되는가?

풀이 $L = \frac{\mu S N^2}{l}$[H]에서 $L \propto N^2$이므로

$$\frac{L_2}{L_1} = \left(\frac{N_2}{N_1}\right)^2, \quad N_2 = N_1\sqrt{\frac{L_2}{L_1}} = 3,000\sqrt{\frac{0.135}{0.06}} = 4,500[\text{회}]$$

7. 각 코일의 자기 인덕턴스가 각각 $L_1 = 6[H]$, $L_2 = 2[H]$이고, 1, 2코일 사이에 상호 유동에 의한 상호 인덕턴스 $M = 3[H]$일 때 전 코일에 저축되는 자기 에너지 [J]를 구하시오.(단, $I = 10[A]$이다.)

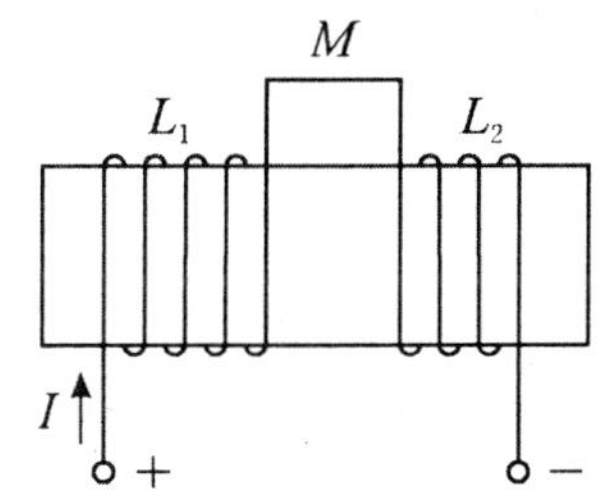

그림 10-11

풀이 $L = L_1 + L_2 - 2M = 6 + 2 - 2 \times 3 = 2[H]$

$\therefore W = \frac{1}{2}LI^2 = \frac{1}{2} \times 2 \times 10^2 = 100[J]$

8. 자기 인덕턴스가 20[mH]인 코일에 전류를 흘려주었을 때 코일과의 쇄교 자속수가 0.2[Wb]였다. 이 때 코일에 저축되는 자기 에너지 [J]는?

풀이 $I = \frac{\phi}{L} = \frac{0.2}{20 \times 10^{-3}} = 10[A]$

$\therefore W = \frac{1}{2}LI^2 = \frac{1}{2} \times 20 \times 10^{-3} \times 10^2 = 1[J]$

9. 그림 10-12에서 $l=100$[cm], $S=10$[cm²], $\mu_s=100$, $N=1,000$회인 회로에 전류 $I=10$[A]를 흘렸을 때 축적되는 에너지 [J]는?

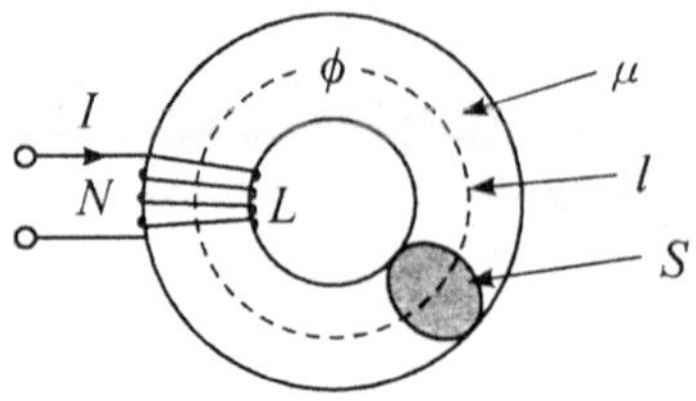

그림 10-12

풀이 $L=\dfrac{\mu SN^2}{l}=\dfrac{4\pi\times10^{-7}\times100\times10\times10^{-4}\times(1,000)^2}{1}=4\pi\times10^{-2}$[H]

$\therefore\ W=\dfrac{1}{2}LI^2=\dfrac{1}{2}\times4\pi\times10^{-2}\times10^2=2\pi$ [J]

10. 그림 10-13과 같이 직렬로 접속된 두 개의 코일이 있을 때, $L_1=20$[mH], $L_2=80$[mH], 결합계수 $k=0.8$이다. 여기에 0.5[A]의 전류를 흘릴 때 이 합성 코일에 저축되는 에너지 [J]는?

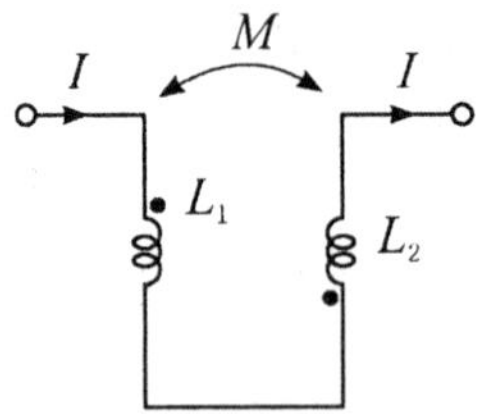

그림 10-13

풀이 $M=k\sqrt{L_1L_2}=0.8\sqrt{20\times80}=32$[mH]

$W=\dfrac{1}{2}LI^2=\dfrac{1}{2}(L_1+L_2+2M)I^2$

$=\dfrac{1}{2}(20+80+2\times32\times10^{-3})\times0.5^2=2.05\times10^{-2}$[J]

제 11 장

자성체와 자기회로

11.1 자성체

11.1.1 자성의 근원

자성(磁性)의 근원을 이해하기 위해서 미시(微視)의 세계를 살펴보도록 한다. 이 세상에 존재하는 모든 물질은 아주 작게 쪼개어 나가면 더 이상 쪼갤 수 없는 원자들로 나뉘어진다. 원자의 구조는 그림 11-1 (a)와 같이 양자와 중성자로 이루어진 핵과 그 핵의 주위를 일정한 방향을 가지고 자전하며 궤도를 돌고 있는 전자들로 이루어져 있다.

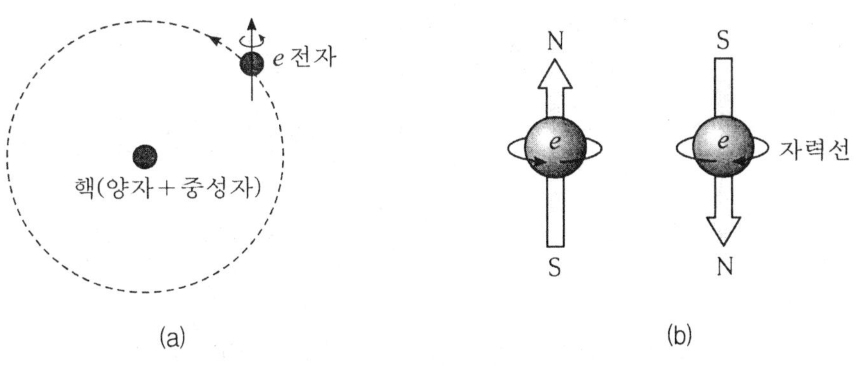

그림 11-1 원자의 구조와 전자의 운동

전자의 수는 수소[H] 1개, 헬륨[He] 2개, 산소[O] 8개, 철[Fe] 26개 등과 같이 각각의 원자마다 다르며 이 전자들이 자전과 공전을 하며 돌기 때문에 자성을 띠게 되다. 전자가 자전운동과 공전운동을 하면 그림 11-1 (b)와 같이 운동면의 직각 방향으로 자력선이 나와 N극과 S극이 형성되기 때문이다. 전자의 자전운동과 공전운동을 **스핀 자기모멘트**와 **궤도 자기모멘트**라고 한다. 이와 같이 여러 종류의 물질이 나타내는 자성은 그 물질을 구성하는 원자의 자기모멘트에 기인하는 것이다. 엄밀히 말하면 모든 물질은 원자핵 주위에서 전자들이 도는 반대방향으로 전류가 흐르는 것으로 생각할 수 있으며 이로 인하여 N극과 S극의 자성을 갖는 원자를 생각할 수 있다.

11.1.2 스핀 자기모멘트

강자성의 근원은 아인슈타인 박사 그룹에 의해 전자의 자전에 의한 스핀 자기모멘트라는 것이 실험에 의해 증명되었다. 전자는 궤도의 안쪽으로부터 바깥쪽으로 차례로 들어가 쌍을 이루는데 전자가 도는 방향에 따라 우선(右線)스핀과 좌선(左線)스핀이 생긴다. 쌍을 이룬 전자들은 좌·우가 상쇄되어 외부로 자력선을 방출시키지 못하지만 쌍을 이루지 못한 전자들은 외부로 자력선을 방출하게 된다. 이때 쌍을 이루지 못한 전자의 수가 많을수록 자성의 세기는 커지게 된다.

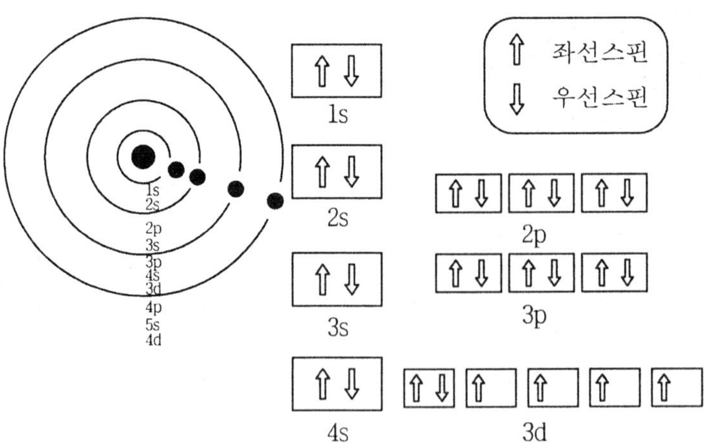

그림 11-2 철(Fe) 원자의 전자배치

그림 11-2와 같이 철(Fe) 원자는 마지막 3d 궤도에 6개의 전자가 좌향 5개와 우향 1개로 나뉘어 들어가 있기 때문에 5－1＝4개의 전자가 회전방향이 같아져 (스핀이 평행) 그만큼 자성이 원자의 바깥쪽으로 세게 나타나게 되는 것이다.

니켈이나 코발트 등의 원자도 이와 비슷한 상태로 되어 있으므로 강자성체가 되는 것이다. 반대로 전자들이 각 궤도에서 안정적으로 쌍을 이루고 있는 원자로 이루어진 물체를 비자성체라 한다.

11.1.3 자성체의 종류

자계 중에 물질이 놓여 있을 때 자기 모멘트가 나타나는 성질을 **자성**이라 하고, 자성을 갖는 물체를 **자성체**라 한다. 자석 가까이에 철 막대를 두면, 철 막대의 양 끝에 자극이 생기고, 자극과 철 막대 사이에 힘이 작용하는데, 이와 같이 자기가 나타나는 현상을 **자기 유도**라 하고, 이때 철 막대는 자화(magnetization)되었다고 한다. 자기장 안에서 자화되는 물질을 자성체라 하는데, 그림 11-3과 같이 자석 N극 가까운 쪽에 S극이 나타나고 먼 쪽에 N극이 나타나는 자성체를 **상자성체**(paramagnetic material)라 하고, 자석 N극 가까운 쪽에 N극이 나타나고 먼 쪽에 S극이 나타나는 자성체를 **반자성체**(diamagnetic material)라 한다.

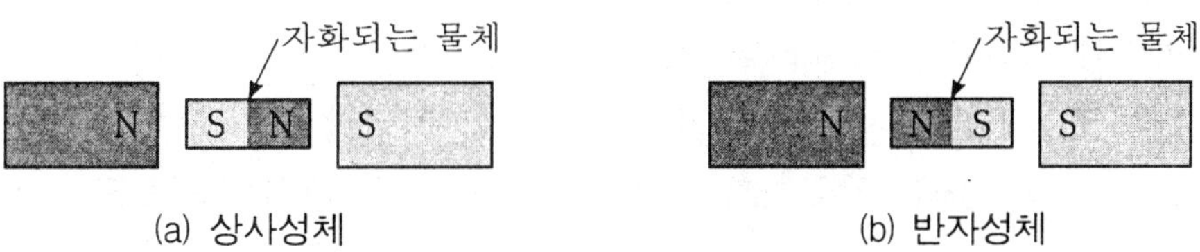

그림 11-3 자성체의 종류

일반적으로 약하게 자화되는 물질을 **약자성체**라고 하며, 특히 철, 니켈, 코발트, 망간 등과 같이 강하게 자화되는 물질을 **강자성체**(ferromagnetic material)라고 한다. 자기를 이용할 때에는 강자성체를 많이 사용한다. 반자성체로는 구리, 납, 아연, 비스무트, 탄소 등이 있다.

강자성체의 특징은 외부 자계에 대하여 자화 반응이 크게 나타난다는 것이다. 강자성을 나타내는 중요인자는 전자의 스핀이다. 특히 강자성을 나타내기 위해선

전자가 완전히 채워지지 않은 불완전한 각이 있어야 하며 또한 원자가 결정상태로 있고 동시에 일정온도 이하여야 한다. 어떤 임의의 온도에서 자발 자화가 감소하는데 자화가 0이 될 때의 온도를 큐리온도 또는 자기 임계온도라 한다. 즉 큐리온도란 자화된 철의 온도를 높일 때 자화가 서서히 감소하다가 급격히 강자성이 약자성으로 변하면서 강자성을 잃어버리는 온도를 말한다. 일반적으로 자화된 철은 온도를 점차적으로 올리면 자화가 서서히 감소하다가 약 690~870[℃](순철은 790[℃])에서 급격히 강자성을 잃어버린다. 표 11-1은 상온(섭씨 20[℃])에서의 대표적인 자성체 부류들을 나타낸 것이다.

표 11-1 상온에서의 대표적인 자성체

강자성체	철(Fe), 코발트(Co), 니켈(Ni)
약자성체	알루미늄(Al), 백금(Pt), 나트륨(Na)
반자성체	금(Au), 은(Ag), 아연(Zn), 구리(Cu), 크롬(Cr)

11.1.4 자구와 자화과정

강자성체의 자화는 거시적으로 보면 한결같아 보이지만 미시적으로 보면 여러 가지 방향의 자화를 갖는 다수의 영역으로 나뉘어져 있다. 막대자석을 예로 들면 그림 11-4 (a)와 같이 자극은 양 극단에만 있는 것처럼 보이지만, 이것을 잘게 자르면 그림 11-4 (b)와 같이 각각 N, S극을 갖는 작은 자석으로 된다.

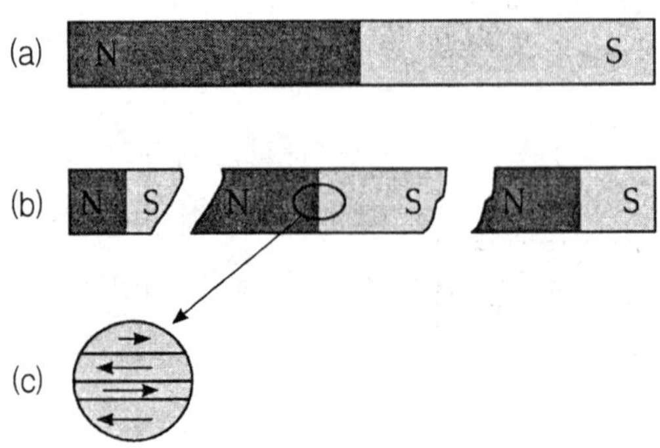

그림 11-4 막대자석

강자성체 물질의 하나인 철(Fe)의 분말을 기름 중에 섞은 것을 현미경으로 관측한다든지 그 반사광을 편광자를 통하여 100배 정도 확대하여 보면, 내부의 스핀 정렬상태는 그림 11-4 (c)와 같이 오른쪽 또는 왼쪽으로 자화된 몇 개의 영역으로 구분되어 있다. 여기에서 왼쪽을 향한 자화의 영역이 오른쪽을 향한 자화의 영역보다 체적이 크면 전체적으로 왼쪽이 N극, 오른쪽이 S극으로 된다.

이처럼 같은 방향으로 자화된 영역을 **자구**(magnetic domain)라 한다. 자구와 자구의 경계를 **자벽**이라 부른다. 이 자벽 내에서 인접한 같은 방향의 스핀들이 흐트러져 서서히 회전하여 어느 두께의 천이층을 갖는다. 강자성체에서는 스핀에 의한 자기쌍극자 모멘트가 서로 근접되어 있어서 상호작용으로 평행하게 일치하려는 경향이 있다. 특히 자구 영역 내에서 자기쌍극자는 한 방향으로 일치되어 있다. 이 자구는 유전체에서의 전기분극현상과 같이 소자석(자기쌍극자)으로서의 작용을 한다. 즉 자구는 강자성체의 결정축과 평행한 방향을 가지는 소자계가 가해지지 않을 때는 그림 11-5 (a)와 같이 자구의 소자석은 서로 다른 방향을 향하고 있어 전체적으로 보면 자기모멘트가 0이 된다.

그런데, 자계가 가해지면 자계와 비교적 가까운 방향을 가진 자구가 변화를 일으켜 그림 11-5 (b)와 같이 영역이 넓혀진다. 자계를 더욱 세게 하면 모든 자구는 자계 방향에 가장 가까운 결정축에 평행이 되도록 그림 11-5 (c)와 같이 회전한다. 자계가 더욱 강해지면 모든 자구는 자계의 방향으로 회전하게 되어 그림 11-5 (d)와 같이 자기포화 상태에 이른다. 물체에 자계를 가하여 자기적 성질을 띠게 하는 것을 **자화**라 하고, 물체가 자화되는 현상을 **자기유도**라 한다.

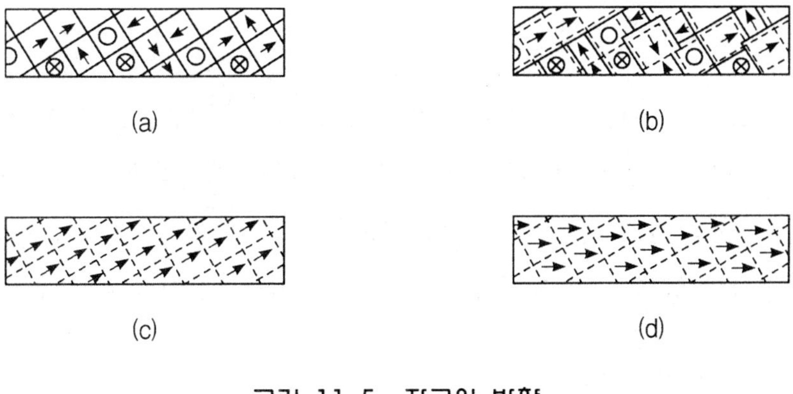

그림 11-5 자구의 방향

11.2 자화의 세기

물체에 자계를 가한 경우 자기유도현상을 정량적으로 다루기 위하여 그림 11-6과 같이 환상 솔레노이드 내에 물질을 삽입한 경우에 대하여 생각해 보자.

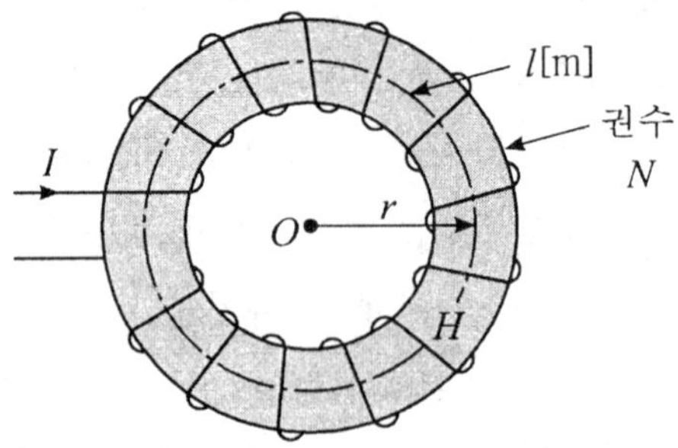

그림 11-6 환상 솔레노이드

환상 솔레노이드의 코일의 권수를 N, 코일 중심축의 길이를 l[m]하여 권선에 전류 I[A]를 흘리면, 권선 내에 물체가 없을 때 자계의 세기 H[AT/m]는 앙페르의 주회법칙에 의하여 다음과 같다.

$$H = \frac{NI}{l}\,[\mathrm{AT/m}] \tag{11-1}$$

그리고 자속밀도 B_0는 다음과 같다.

$$B_0 = \mu_0 H\,[\mathrm{Wb/m^2}] \tag{11-2}$$

그런데, 환상 솔레노이드 내에 물질을 삽입하면 자기유도로 인하여 솔레노이드 내부의 자속밀도의 값은 B_0에서 B로 된다. 이 때, 솔레노이드 내부의 물체에 가하는 외부자계는 H이므로 물질내의 자속밀도는 이 자계 H와 스핀의 재배열에 의한 효과 J의 합으로 된 것이라고 생각하여 다음과 같이 나타낸다.

$$B = \mu_0 H + J\,[\mathrm{Wb/m^2}] \tag{11-3}$$

여기서, J를 자화의 세기(intensity of magnetization)라 하고, 단위는 자속밀도 B와 같이 [Wb/m²]을 사용한다. 식 (11-3)으로부터 자화의 세기 J를 다음과 같이 표현할 수 있다.

$$\boxed{\begin{aligned} J &= B - \mu_0 H = \mu_0 \mu_s H - \mu_0 H \\ &= \mu_0(\mu_s - 1)H \\ &= \chi H \end{aligned}} \quad ☆☆ \qquad (11\text{-}4)$$

여기서, $\chi = \mu_0(\mu_s - 1)$를 **자화율**(magnetic susceptibility)이라 한다. 위 식에서 알 수 있듯이 자화의 세기 J는 대부분의 물질에 대해서 자계의 세기 H와 비례하는 것으로 나타나며, 자화의 세기 J는 자속밀도 B보다 약간 작음을 알 수 있다. 한편, $J = \chi H$를 $B = \mu_0 H + J$에 대입하면

$$B = \mu_0 H + \chi H = (\mu_0 + \chi)H[\text{Wb/m}^2] \qquad (11\text{-}5)$$

이 되고, $\mu_0 + \chi = \mu$로 놓으면, 다음 식을 얻을 수 있다.

$$\boxed{B = \mu H[\text{Wb/m}^2]} \quad ☆☆ \qquad (11\text{-}6)$$

여기서, 이 μ를 **투자율**(magnetic permeability)이라 하며 물질에 따라 정해지는 상수이다. μ_0는 진공 중의 투자율이며, 투자율 μ와 진공 중의 투자율 μ_0의 비를 **비투자율**(relative permeability) μ_s이라 한다.

$$\mu_s = \frac{\mu}{\mu_s} \qquad (11\text{-}7)$$

비투자율 μ_s는 식 $\mu_0 + \chi = \mu$에서 다음과 같이 쓸 수 있다.

$$\mu_s = 1 + \frac{\chi}{\mu_0} \qquad (11\text{-}8)$$

여기서, $\frac{\chi}{\mu_0}$를 비자화율(relative susceptibility)이라 한다.

이상의 정의에서 자화율 χ, 투자율 μ 또한 비자화율 $\frac{\chi}{\mu_0}$를 사용하여 물질을 자기적으로 다음과 같이 분류할 수 있다.

$$\mu_s > 1,\ 즉\ \chi > 0이면\ 상자성체\ 및\ 강자성체$$
$$\mu_s < 1,\ 즉\ \chi < 0이면\ 반자성체 \quad ☆ \qquad (11\text{-}9)$$

반자성체는 자화율 χ의 값이 음(−)으로 되고, 약자성체와 강자성체에서는 자화율 χ의 값이 양(+)으로 된다. 이 값의 크기를 비자화율 $\frac{\chi}{\mu_0}$로 비교하여 보면, 상자성체는 양(+)으로 $10^{-6} \sim 10^{-3}$정도이며, 반자성체에서는 음(−)으로 10^{-5}정도이다. 따라서, 식 (11-8)에서 이들의 물질은 $\mu_s \fallingdotseq 1$로 볼 수 있으며 또한 식 (11-7)에서 이들은 $\mu \fallingdotseq \mu_s$로 다룰 수 있다. 그러나 강자성체에서는 비자화율 $\frac{\chi}{\mu_0}$의 값이 수백에서 수천 또는 그 이상의 것도 있어 실용상으로는 강자성체만을 자성체로 생각하고, 다른 약자성체나 반자성체는 $\mu \fallingdotseq \mu_s$이므로 비자성체로 취급하여도 관계 없다.

예제 11-1 평균길이 1[m]인 환상철심이 있다. 이 철심에 500회의 코일을 감고 2[A]의 전류를 흘려 자속밀도를 1.5[Wb/m²]으로 한다면 철심에 대한 자화의 세기는 몇 [Wb/m²]가 되는가?

풀이 $NI = Hl = \frac{B}{\mu} l = \frac{B}{\mu_0 \mu_s} l$에서

비투자율 $\mu_s = \frac{Bl}{\mu_0 NI} = \frac{1.5 \times 1}{4\pi \times 10^{-7} \times 500 \times 2} = 1,193$

자화율 $\chi = \mu_0(\mu_s - 1) = 4\pi \times 10^{-7}(1,193 - 1) = 1.5 \times 10^{-3}$[H/m]

그러므로 자화의 세기는 다음과 같다.

$$J = \chi H = \frac{\chi B}{\mu_0 \mu_s} = \frac{1.5 \times 10^{-3} \times 1.5}{4\pi \times 10^{-7} \times 1,193} = 1.5\text{[Wb/m}^2\text{]}$$

11.3 감자력

유전체 분극의 세기 P와 유전체 내의 전계 E를 종합한 $D=\varepsilon_0 E+P$의 전속 밀도를 정의함으로써 유전체 내의 전계분포를 간단히 취급할 수 있었다. 이러한 생각을 자성체에도 적용하여 자성체 내의 자계분포 취급을 쉽게 할 수 있다.

강자성체 양단 자극에 의하여 생긴 자계는 외부 기자력에 의하여 주어진 자성체 내부 자계의 세기 H를 감소시키는 방향으로 작용한다. 이와 같은 자극의 작용을 감자력(demagnetizing force)이라 하며, 감자력의 크기는 자극의 세기 m에 비례한다. 그림 11-7과 같이 진공 중의 평등자계 H_0내에 막대 자성체를 놓으면 자화현상으로 인하여 자화의 세기 J에 따르는 자극 S, N극의 표면으로 유도되어

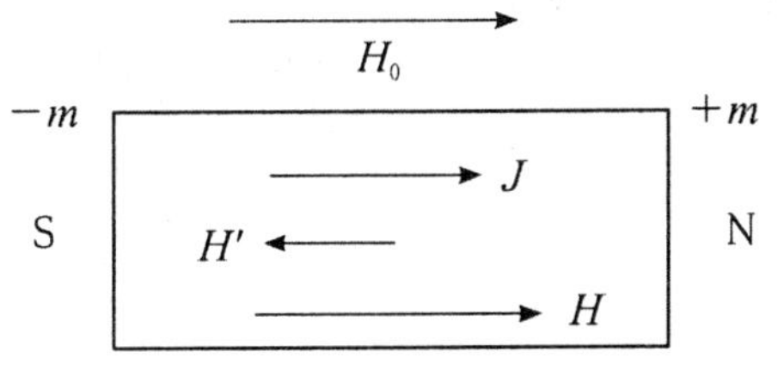

그림 11-7 감자력

내부에는 외부자계 H_0와 이 S, N에 의한 반대방향의 자계, 즉 감자력으로 인한 자계 H'와의 합인

$$H=H-H' \tag{11-10}$$

의 자계가 작용한다. 한편, 감자력 H'는 다음 식과 같이 자화의 세기 J에 비례한다.

$$H'=N\frac{J}{\mu_0}\,[\mathrm{A/m}] \tag{11-11}$$

여기서, N은 감자율(demagnetizing factor)이라 부르는 것으로 자성체의 형상, 크기에 따라 결정되는 계수로 이 값은 0과 1 사이에 있다. 자성체가 가늘고 긴 것

에서 N은 0에 가깝고, 굵고 짧은 것에서는 1에 가까워진다. 특히 환상 철심같이 자성체가 끊긴 부분이 없는 경우에는 자극이 나타나지 않으므로 감자력 N은 0이다.

11.4 자성체의 경계조건

11.4.1 법선성분 경계조건

전계에서 가우스의 법칙을 이용한 것과 같이 자계 내에 임의 폐곡면 S를 생각하여 이 폐곡면의 미소면적 dS를 수직으로 관통하는 자속 B를 폐곡면 전체에 대하여 적분하면 다음 식으로 된다.

$$\oint_s \vec{B} \cdot d\vec{S} = 0 \tag{11-12}$$

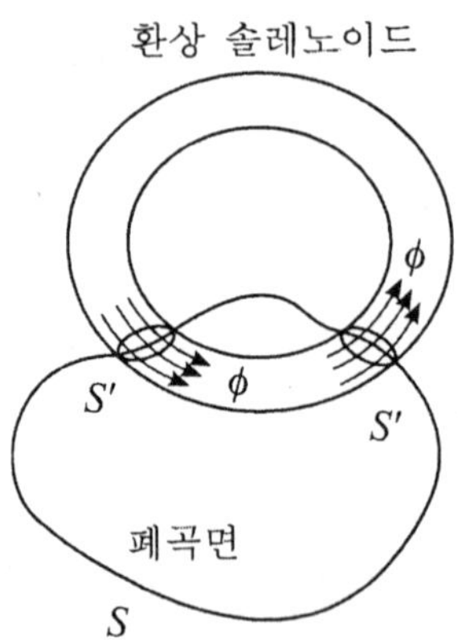

그림 11-8 가우스의 법칙

환상 솔레노이드 경우, 폐곡면 S를 환상 솔레노이드 전체를 둘러싸도록 잡으면 권선의 외측에는 자속이 존재하지 않으므로 폐곡면 S를 통과하는 자속은 당연히 0으로 되어 식 (11-12)가 성립한다. 만일, 그림 11-8과 같이 폐곡면 S의 일부가 환상 솔레노이드와 교차하도록 잡았다고 하면, 폐곡면 S에서 자속 $\phi = BS'$는 폐곡면 S내로 들어가며, 다른 단면 S'에서는 자속 $\phi = BS'$가 밖으로 나오게 된다. 이 차이로 밖으로 나오는 자속은 0이 되기 때문에 이 경우에도 식 (11-12)가 성립한다.

그림 11-9와 같이 경계면에 면적이 ΔS, 높이 $\Delta b \to 0$인 원통면의 가우스 표면(Gaussian surface)을 적용하면 다음과 같다.

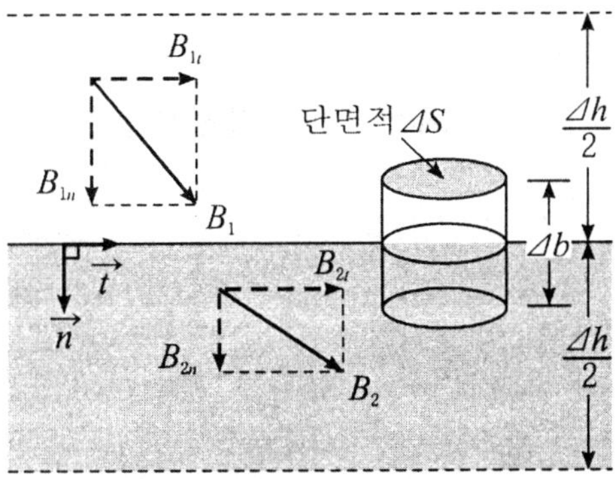

그림 11-9 법선성분

가우스 법칙에 의해서 자계의 자하량은 0이므로

$$\oint_S \vec{B} \cdot d\vec{S} = \int_{\text{top}} \vec{B_1} \cdot d\vec{S} + \int_{\text{bottom}} \vec{B_2} \cdot d\vec{S} + \int_{\text{side}} \vec{B} \cdot d\vec{S} = 0 \quad (11\text{-}13)$$

$$-B_{1n}\Delta S + B_{2n}\Delta S = 0 \quad (11\text{-}14)$$

$$B_{1n} = B_{2n} \quad (11\text{-}15)$$

$$\therefore\ B_1 \cos\theta_1 = B_2 \cos\theta_2 \quad (11\text{-}16)$$

여기서, θ_1은 입사각이고 θ_2는 굴절각이다. 위 식으로부터 자속밀도의 법선성분이 같다는 것을 알 수 있다.

11.4.2 접선성분 경계조건

그림 11-10과 같이 경계면에 각변의 길이가 각각 Δa, $\Delta b \to 0$인 직사각형의 폐경로에 앙페르의 주회법칙을 적용하면 다음과 같다.

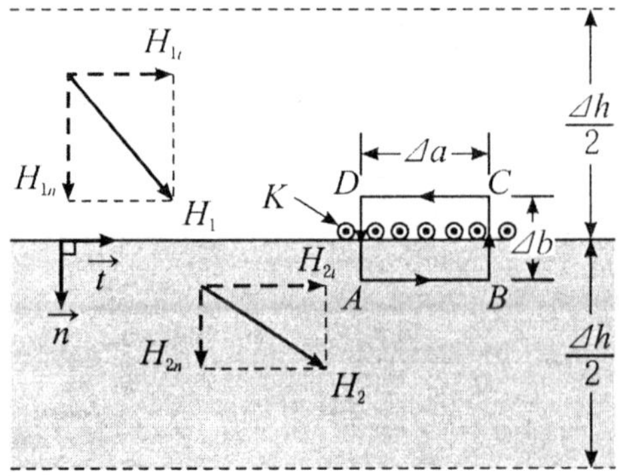

그림 11-10 접선성분

$$\oint_L \vec{H} \cdot d\vec{l} = I \tag{11-17}$$

$$\oint_L \vec{H} \cdot d\vec{l} = \int_A^B \vec{H_2} \cdot d\vec{l} + \int_B^C \vec{H} \cdot d\vec{l}$$

$$+ \int_C^D \vec{H_1} \cdot d\vec{l} + \int_D^A \vec{H} \cdot d\vec{l} = K\Delta a \tag{11-18}$$

$$H_{2t}\Delta a - H_{1t}\Delta aL = K\,\Delta a \tag{11-19}$$

$$\therefore\ H_{2t} - H_{1t} = K \tag{11-20}$$

여기서, K는 두 자계의 접선성분의 차에 의해 생기는 표면전류밀도이다. 만약 표면전류밀도 K가 0이라면

$$H_1 \sin\theta_1 = H_2 \sin\theta_2 \tag{11-21}$$

이 된다. 즉, 위 식으로부터 자계의 접선성분이 같다는 것을 알 수 있다.

11.4.3 굴절각

그림 11-11에서 θ_1을 입사각, θ_2를 굴절각이라 하면, 자계의 두 경계조건인

$$B_1\cos\theta_1 = B_2\cos\theta_2 \Rightarrow \mu_1 H_1 \cos{}_1\theta_1 = \mu_2 H_2 \cos{}_1\theta_2 \tag{11-22}$$

$$H_1 \sin\theta_1 = H_2 \sin\theta_2 \tag{11-23}$$

으로부터 다음과 같은 입사각과 굴절각의 관계식을 얻을 수 있다.

$$\boxed{\frac{\tan\theta_2}{\tan\theta_1} = \frac{\mu_2}{\mu_1}} \ ☆ \tag{11-24}$$

따라서 $\mu_1 > \mu_2$일 때, $\theta_1 > \theta_2$, $B_1 > B_2$, $H_1 < H_2$이므로 자속은 투자율이 큰 물질로 집중된다.

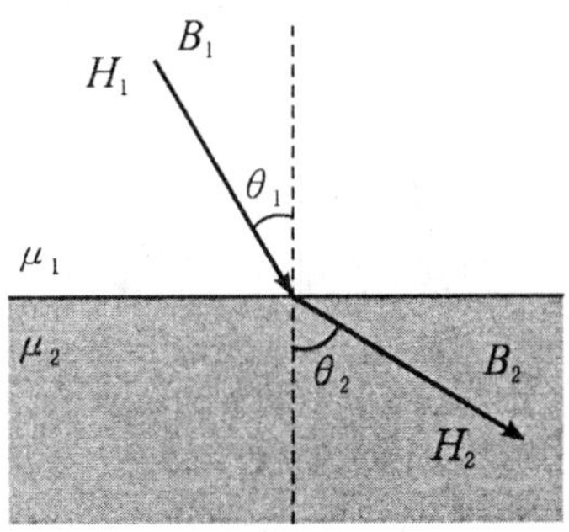

그림 11-11 굴절각

11.5 자화곡선과 히스테리시스 곡선

11.5.1 자화곡선

그림 11-12와 같이 자화되지 않은 철에 자계 H를 점점 세게 가하면 자구가 회전을 시작하므로, 이에 따라 자화의 세기 J가 점점 커지는데 그 모양은 그림 11-13과 같이 된다.

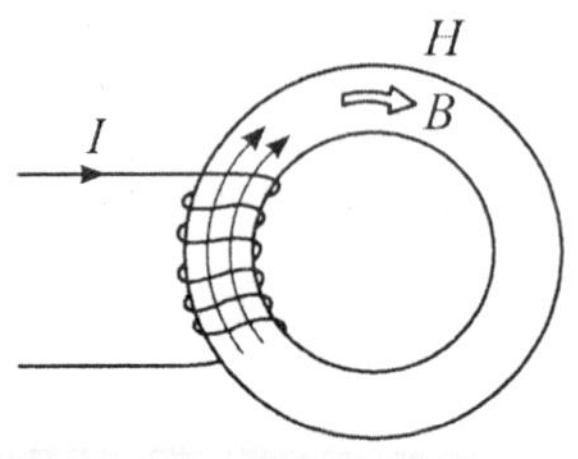

그림 11-12 철의 자화

즉 처음에는 J가 비교적 천천히 증가하나(Oa부분), H를 증가하면 급격히 증가한다(ab부분). 그러나 b부분을 지나면 J의 증가는 차차 작아져 그 이상은 증가하지 않고 포화상태에 이른다. 그리고 강자성체 내의 자속밀도는 $B=\mu_0 H+J$의 관계가 있고, 이 때 μ_0는 매우 작은 값이므로 자속밀도 B도 J와 거의 동일한 변화를 한다. 이와 같은 곡선을 **자화곡선**(magnetic curve)이라 한다. 실제로는 J와 H의 관계보다는 B와 H의 관계가 더 많이 사용되며, 이 곡선은 B-H 곡선이라 하며 또 이 곡선은 자성체의 포화되는 과정을 표시한다고 볼 수 있으므로 **포화곡선**(saturation curve)이라고도 한다.

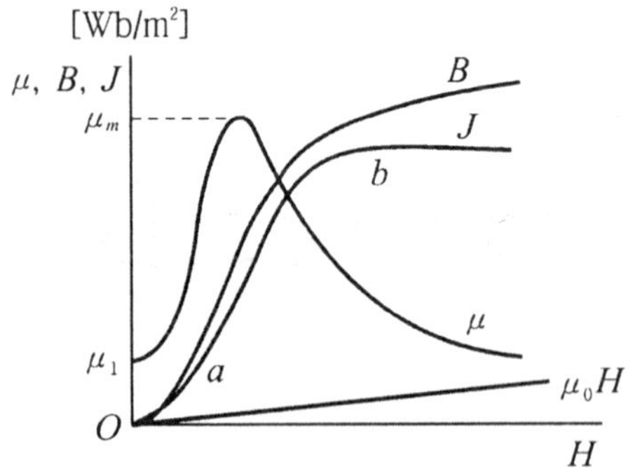

그림 11-13 자화곡선

11.5.2 히스테리시스 곡선

강자성체의 자속밀도 B는 어느 일정한 자계의 세기 H에 대하여 그 값이 결정되는 것이 아니고 그 이전의 경력에 의존하는 성질이 있다. 이와 같은 현상을 히스테리시스 현상(hysteresis phenomenon)이라 한다.

그림 11-14와 같이 전혀 자화되지 않은 강자성체에 자계 H를 가하여 자속밀도 B를 증가시킨다. 점 a까지 자계 H를 증가한 후 역으로 감소시키면 Oa곡선을 되돌아가지 않고 ab곡선을 따라 자속밀도 B는 감소한다. 자계 B를 0으로 해도 점 b에서와 같이 B가 남는다. 이 B_r을 **잔류자기**(residual magnetism)라 한다.

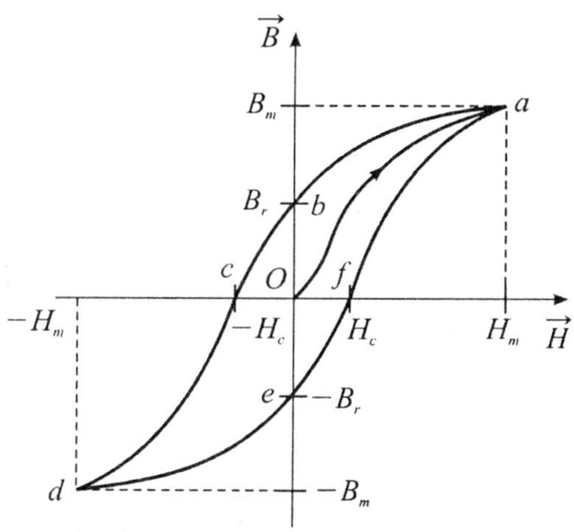

그림 11-14 히스테리시스 곡선

또한 자계 H를 역방향으로 가하여 주면 bc와 같이 되어 점 c의 $-H_c$값에서 B가 된다. 이 B가 되도록 가한 자계 $-H_c$를 **보자력**(coercive force)이라 한다. 더욱 자계를 역방향으로 증가시키면 점 d에서 포화되며 이 점 d에서 H를 정방향으로 증가시키면 def를 따라 점 a에 도달한다. 이와 같이 자계를 +, − 방향으로 1 사이클 변화시키면 B-H 곡선은 하나의 폐곡선을 그리게 되므로 이것을 **히스테리시스 곡선**(hysteresis loop)이라 한다.

이 히스테리시스 곡선은 자성재료에 따라 그 형상이 매우 다르다. 한 예로서 B_r이 크고 H_c가 작은 것은 전자석 철심재료로서 적당하며, B_r이 그다지 크지 않아도 좋으나 H_c가 큰 것은 영구자석재료에 적당하다. 즉 연철은 전자석의 철심재료 특성을, 강철 및 기타 합금은 영구자석재료의 특성을 가지고 있다.

(1) 히스테리시스 손실

히스테리시스 곡선을 가진 강자성체에 정·부의 자계를 가할 때 이것을 자화하는데 필요로 하는 단위체적당의 에너지는 이 자성체의 자화곡선과 종축(B축) 사이에 둘러싸인 면적과 같다. 즉 히스테리시스 곡선을 일주하는데 필요로 하는 단위체적 마다의 에너지는 히스테리시스 곡선의 면적[J/m^3]과 같다. 이것을 식으로 나타내면 다음과 같다.

$$w_h = \oint HdB = \text{히스테리시스 곡선의 면적}[\text{J/m}^3] \tag{11-25}$$

이것은 순환적으로 변환하는 외부자계로 강자성체를 자화시키는 경우 단위체적에 대하여 히스테리시스 곡선의 면적으로 표시되는 에너지가 요구된다. 그런데 일순환 후의 자성체는 원상태로 복구되어 있으므로 이 에너지는 열이 되어 자성체의 온도를 상승시키는데 소비된다. 자기적 에너지에서 볼 때 일종의 손실이므로 이것을 히스테리시스 손실(hysteresis loss)이라 한다. 따라서 1[s] 동안에 f[Hz]의 히스테리시스 곡선을 그리면 다음과 같은 전력 P가 열로 변한다.

$$P = f w_h [\text{W/m}^3] \tag{11-26}$$

교류용 전력기기의 철심에서는 이 히스테리시스 손실로 온도상승을 일으켜 절연재료의 성능을 열화(劣化)시키므로 기기의 수명을 단축시키는 원인이 된다. 일반적으로 이 에너지 손실은 철심에서 발생하므로 철손(iron loss)에 속한다. 그러므로 교류기기의 철심에는 이 손실이 적은 즉 히스테리시스 곡선의 면적이 작은 강자성체 재료인 규소강 또는 퍼멀로이(permalloy) 등이 사용되고 있다.

스타인메츠(Steinmetz)는 단위체적의 히스테리시스 손실 w_h와 교번자계에 의하여 자화될 때의 최대 자속밀도 B_m 사이에 다음과 같은 실험식을 나타내었다.

$$w_h = \eta {B_m}^{1.6} [\text{J/m}^3] \tag{11-27}$$

이것을 스타인메츠의 실험식이라 하며 η는 자성체에 따라 정해지는 상수로서 히스테리시스 상수라 하고 1.6의 지수는 스타인메츠 상수라 한다. 자성체의 체적이 v[m³]이며 교류자계의 주파수를 f[Hz]라 하면 다음과 같은 히스테리시스 손실이 생긴다.

$$P_h = fv\eta B_m^{1.6}[\text{W}] \tag{11-28}$$

즉, 단위 체적당 히스테리시스 손실은 주파수와 히스테리시스 곡선의 면적에 비례하며, 스타인메츠의 실험식에 따라 최대 자속밀도의 1.6승에 비례한다.

11.6 자화에너지

그림 11-15와 같은 자화곡선을 갖는 강자성체를 환상 솔레노이드 내부에 삽입하여 자화하는 경우를 생각하여 보자.

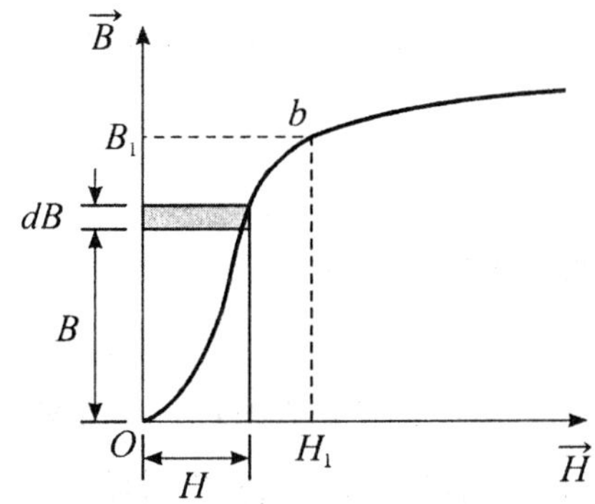

그림 11-15 강자성체의 자화곡선

여기서 환상 솔레노이드의 권수는 N, 환상 솔레노이드의 평균길이는 l[m], 자성체의 단면적은 S[m²]로 한다. 권선 내에 i[A]의 전류를 흘렸을 때 권선 내 자계의 세기는 다음과 같다.

$$H = \frac{Ni}{l}[\text{AT/m}] \tag{11-29}$$

이 자계의 세기에 의하여 발생하는 자속밀도 B는 그림 11-15에 나타내는 크기를 갖는다. 이 자속밀도 B를 시간 dt[s] 내에 dB만큼 증가시키려면 dB/dt에 비례하는 자기유도에 의한 역기전력 e'에 반대하여 기전력 e를 외부에서 권선에 가하여야 한다. 즉 역기전력 e'와 e는 다음과 같다.

$$e' = \frac{d\phi}{dt} = -NS\frac{dB}{dt}[\mathrm{V}] \tag{11-30}$$

$$e = -e'[\mathrm{V}] \tag{11-31}$$

$$e = NS\frac{dB}{dt}[\mathrm{V}] \tag{11-32}$$

따라서 시간 dt[s] 내에 외부에서 권선을 통하여 자성체에 공급되는 전기에너지 dW는 다음과 같다.

$$dW = eidt = NS\frac{dB}{dt}\frac{Hl}{N}dt = HSldB[\mathrm{J}] \tag{11-33}$$

여기서, Sl은 자성체의 전 체적이므로 단위체적에 공급하는 에너지는 다음 식으로 된다.

$$dw = \frac{dW}{Sl} = HdB[\mathrm{J/m^3}] \tag{11-34}$$

그림 11-15에서 검은 부분의 면적이 HdB에 해당된다. 이 강자성체에 자계를 가하여 자속밀도를 B까지 증가시키기 위한 단위체적에 공급한 자화에너지 w는 자계 에너지로서 저축되므로 자계의 에너지 밀도가 된다. 자성체의 투자율을 μ[H/m]라 하면 $B=\mu H$[Wb/m²]이므로 자성체를 자속밀도 0에서 B까지 자화시킬 때 자계의 에너지 밀도 w는 다음과 같이 구할 수 있다.

$$w = \int_0^B HdB = \int_0^B \frac{B}{\mu}dB \tag{11-35}$$

$$\boxed{\therefore\ w = \frac{1}{2}\frac{B^2}{\mu} = \frac{1}{2}\mu H^2 = \frac{1}{2}HB[\mathrm{J/m^3}]}\ ☆ \tag{11-36}$$

균일 자계 내에서 체적 $v=Sl$ 내에 포함되는 전체 에너지는 다음과 같다.

$$W = \frac{1}{2}\frac{B^2}{\mu}Sl = \frac{1}{2}\mu H^2 Sl = \frac{1}{2}HBSl[\mathrm{J}] \tag{11-37}$$

11.7 코일에 축적되는 에너지

전류가 흐르면 자계가 발생하고 자계는 에너지를 갖는다. 그 에너지를 $W[\mathrm{J}]$, 에너지 밀도를 $w[\mathrm{J/m^3}]$라 하면 식 $w = \frac{1}{2}HB[\mathrm{J/m^3}]$에 의해 $W[\mathrm{J}]$는 다음과 같다.

$$W = \int w dv = \frac{1}{2}\int HBdv[\mathrm{J}] \tag{11-38}$$

그림 11-16과 같은 미소한 자속 $\Delta\phi$를 생각하여 미소길이 dl 부분의 단면적 ΔS, 체적을 dv라 하면,

$$dv = \Delta S dl \tag{11-39}$$

$$B\Delta S = \Delta\phi \tag{11-40}$$

이므로

$$HBdv = HB\Delta S dl = H\Delta\phi dl = \Delta\phi H dl \tag{11-41}$$

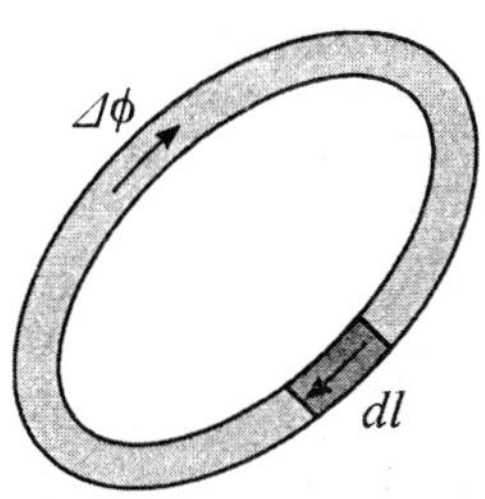

그림 11-16 환상코일

이 된다. 따라서 그림 11-16의 $\Delta\phi$에 축적되는 에너지 ΔW는 다음과 같이 구할

수 있다.

$$\Delta W = \frac{1}{2}\Delta\phi \int Hdl = \frac{1}{\Delta}\phi NI \tag{11-42}$$

그러므로 환상코일 전체에 축적되는 에너지 W는 다음과 같다.

$$W = \frac{1}{2} NI \int d\phi \tag{11-43}$$

즉, $W = \frac{1}{2}\sum$(전류×전류와 쇄교하는 자속) (11-44)

위 식을 이용하여 코일이 1개인 경우에 축적되는 에너지를 계산하면 다음과 같다.

$$W = \frac{1}{2} NI \int d\phi = \frac{1}{2} NI\phi = \frac{1}{2} NI \frac{LI}{N} \tag{11-45}$$

$$\therefore\ W = \frac{1}{2} LI^2 \quad ☆☆ \tag{11-46}$$

그리고 코일이 2개인 경우에는 자기 인덕턴스를 L_1, L_2라 하고 상호 인덕턴스를 $M(=M_{12}=M_{21})$이라 할 때, 각각의 코일에 전류 I_1과 I_2가 흐를 때의 에너지 W 계산은 다음과 같다.

제1코일과 쇄교하는 자속은

$$\phi_1 = \phi_{11} + \phi_{12} = \frac{L_1 I_1}{N_1} + \frac{M_{12} I_2}{N_1} \tag{11-47}$$

이며, 제2코일과 쇄교하는 자속은

$$\phi_2 = \phi_{22} + \phi_{21} = \frac{L_2 I_2}{N_2} + \frac{M_{21} I_1}{N_2} \tag{11-48}$$

이다. 따라서 식 (11-44)에 의해 다음과 같이 에너지 W를 구한다.

$$W=\frac{1}{2}N_1I_1\phi_1+\frac{1}{2}N_2I_2\phi_2$$

$$=\frac{1}{2}N_1I_1\left(\frac{L_1I_1}{N_1}+\frac{M_{12}I_2}{N_1}\right)+\frac{1}{2}N_2I_2\left(\frac{L_2I_2}{N_2}+\frac{M_{21}I_1}{N_2}\right)$$

$$=\frac{1}{2}\{I_1(L_1I_1+MI_2)+I_2(L_2I_2+MI_1)\} \qquad (11\text{-}49)$$

$$\therefore\ W=\frac{1}{2}(L_1I_1{}^2+L_2I_2{}^2+2MI_1I_2)[\mathrm{J}] \qquad (11\text{-}50)$$
☆☆

예제 11-2 정전용량 5[μF]인 콘덴서를 200[V]로 충전하여 자기 인덕턴스 20[mH], 저항 0[Ω]인 코일을 통해 방전할 때 생기는 전기 진동(공진) 주파수 f [Hz]와 코일에 축적되는 에너지는 몇 [J]인가?

풀이 진동(공진) 주파수

$$f=\frac{1}{2\pi\sqrt{LC}}=\frac{1}{2\times3.14\sqrt{20\times10^{-3}\times5\times10^{-6}}}\fallingdotseq500[\mathrm{Hz}]$$

코일에 축적되는 에너지

$$W=\frac{1}{2}CV^2=\frac{1}{2}\times5\times10^{-6}\times(200)^2=-0.1[\mathrm{J}]$$

11.8 자성체에 작용하는 힘

그림 11-17에서 자석의 단면적을 S[m²], 자석간의 자속밀도를 B[Wb/m²]이라 할 때, 자석의 표면에 작용하는 힘을 구하여 보자.

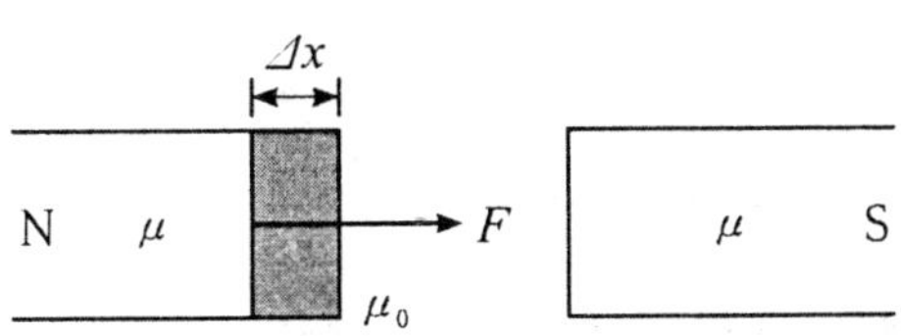

그림 11-17 자석 표면에 작용하는 힘

자극 N을 Δx[m]만큼 변위하였다고 하더라도 자속에 변화가 일어나지 않는다고 하면 검은 부분의 보유에너지의 변화는 다음과 같이 계산된다. 변위 전후에 있어서 이 부분의 투자율은 각각 μ_0에서 μ로 바뀌므로 에너지 밀도는 각각

$$w_1 = \frac{B^2}{2\mu_0},\quad w_2 = \frac{B^2}{2\mu} \tag{11-51}$$

이 된다. 따라서 에너지 밀도의 차 Δw는 다음과 같이 표시된다.

$$\Delta w = (w_2 - w_1) = \frac{B^2}{2}\left(\frac{1}{\mu} - \frac{1}{\mu_0}\right)[\mathrm{J/m^3}] \tag{11-52}$$

그런데 극의 단면적이 $S[\mathrm{m^2}]$이므로 $\Delta x[\mathrm{m}]$부분의 총 에너지 변화 ΔW는 다음과 같이 된다.

$$\Delta W = S\Delta x\Delta w = \frac{B^2 S}{2}\left(\frac{1}{\mu} - \frac{1}{\mu_0}\right)\Delta x[\mathrm{J}] \tag{11-53}$$

따라서 단면에 작용하는 힘 F는 가상변위의 원리(물체가 변위했다고 가정하였을 때 위치 에너지의 변화량을 계산함으로써 힘을 구하는 계산법)로부터 다음과 같이 구할 수 있다.

$$F = -\frac{\Delta W}{\Delta x} = \frac{B^2 S}{2}\left(\frac{1}{\mu_0} - \frac{1}{\mu}\right)[\mathrm{N}] \tag{11-54}$$

여기서 μ는 철의 투자율로 $\mu \gg \mu_0$이므로 실제 계산에서는 다음 식을 이용한다.

$$F = \frac{B^2 S}{2\mu_0}[\mathrm{N}] \tag{11-55}$$

그러므로 단위면적에 작용하는 힘 f는 다음과 같다.

$$f = \frac{1}{2}\frac{B^2}{\mu_0} = \frac{1}{2}\mu_0 H^2 = \frac{1}{2}HB[\mathrm{N}](\text{흡인력}) \quad ☆☆ \tag{11-56}$$

11.9 자기회로

11.9.1 기자력

그림 11-18과 같이 도너츠 모양의 철심에 도선을 감아 만든 환상코일에 전류 I[A]를 흘리면 철심 중에 자속 ϕ[Wb]가 생긴다. 이와 같이 자속이 지나는 길을 자기회로(magnetic circuit) 또는 자로(magnetic path)라고 한다.

그림 11-18에 단면적 $S[m^2]$, 자로의 길이 l[m], 투자율 μ[H/m]의 철심에 코일이 N회 감겨져 있다고 하면, 자속이 일어나는 원동력이 되는 힘 즉 기자력(magnetomotive force) F_m은 앙페르의 주회법칙을 이용하면 다음과 같이 나타내어진다.

$$F_m = \int_l \vec{H} \cdot d\vec{l} = Hl = NI[\text{AT}] \qquad (11\text{-}57)$$

$$\boxed{\therefore F_m = NI[\text{AT}]} \text{ ☆☆} \qquad (11\text{-}58)$$

기자력 F_m은 전기회로의 기전력에 상당하는 것으로 단위는 [AT]을 사용한다.

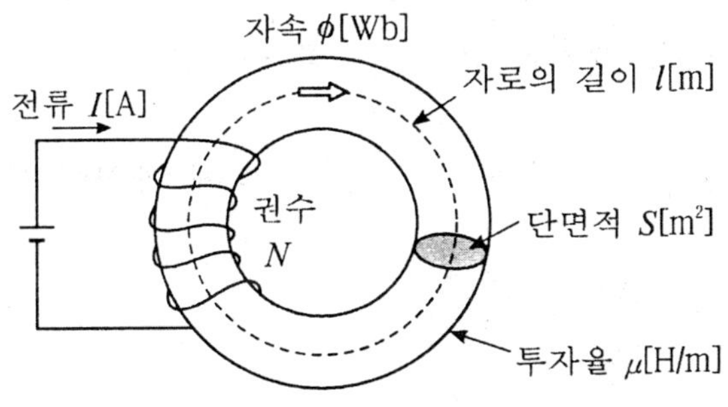

그림 11-18 자기회로

11.9.2 자기저항

식 (11-57)을 다음과 같이 유도할 수 있다.

$$F_m = \int_l \vec{H} \cdot d\vec{l} = Hl \tag{11-59}$$

$$= \frac{B}{\mu} l = \frac{\phi}{\mu S} l = \frac{l}{\mu S} \phi \tag{11-60}$$

여기서, $\frac{l}{\mu S}$을 자기저항(magnetic reluctance) 또는 리럭턴스(reluctance)라고 하며 기호는 R_m, 단위는 [AT/Wb] 또는 [H^{-1}]을 사용하고 있다.

$$\therefore\ R_m = \frac{l}{\mu S} [H^{-1}] \ ☆ \tag{11-61}$$

한편, 자기저항의 역수는 퍼미언스(permeance)라 하며 단위는 [H]를 사용한다.

11.9.3 자 속

자속밀도 B[T]와 자속 ϕ[Wb]의 관계식인 $B = \phi / s$로부터 자속에 대한 자기력과 자기저항의 관계를 다음과 같이 유도할 수 있다.

$$\phi = BS = \mu HS = \mu \frac{NI}{l} S \tag{11-62}$$

$$= \frac{\mu NIS}{l} = \frac{NI}{\frac{l}{\mu S}} = \frac{F_m}{R_m} \tag{11-63}$$

$$\therefore\ \phi = \frac{F_m}{R_m} [Wb] \tag{11-64}$$

위 식은 전기회로에 있어 오옴의 법칙 $I = E/R$에 대응한다. 이외에도 전기회로와 자기회로의 대응을 표 11-2와 같이 나타낼 수 있다.

표 11-2 전기회로와 자기회로의 대응

전기회로	자기회로
· 도전율 : σ[S/m]	· 투자율 : μ[H/m]
· 기전력 : E[V]	· 기자력 : $F_m = NI$[AT]
· 전　류 : I[A]	· 자　속 : ϕ[Wb]
· 전기저항 : $R = \frac{l}{\sigma S}$[Ω]	· 자기저항 : $R_m = \frac{l}{\mu S}$[H^{-1}]
· 오옴의 법칙 : $E = IR$	· $F_m = \phi R_m$

(1) 공극이 있는 자기회로

그림 11-19와 같이 공극(air-gap)이 있는 자기회로의 경우 자기저항은 전기회로에 저항의 직렬접속과 같게 취급할 수 있다. 따라서 철심의 길이와 투자율 및 자기저항을 각각 l_1[m], μ[H/m], R_{m1}[H^{-1}], 공극의 길이와 투자율 및 자기저항을 각각 l_2[m], μ_0[H/m], R_{m2}[H^{-1}]로 하면, 합성 자기저항 R[H^{-1}]과 자속 ϕ[Wb]는 다음과 같다.

$$R = R_{m1} + R_{m2} = \frac{l_1}{\mu S} + \frac{l_2}{\mu_0 S} [H^{-1}] \tag{11-65}$$

$$\phi = \frac{NI}{\frac{l_1}{\mu S} + \frac{l_2}{\mu_0 S}} = \frac{F_m}{R_{m1} + R_{m2}} [Wb] \tag{11-66}$$

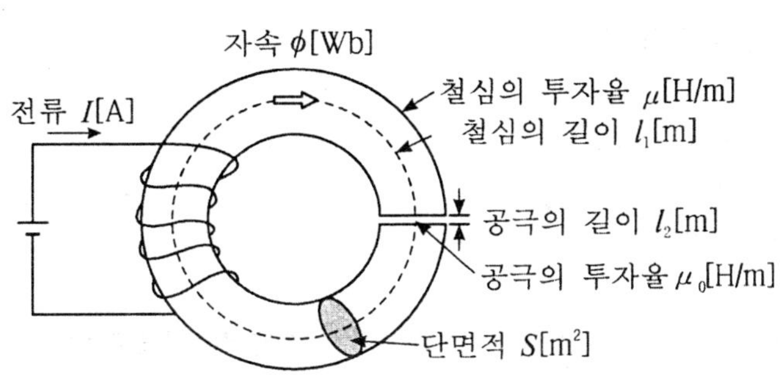

그림 11-19 공극이 있는 자기회로

• 단원정리 •

1. 자화의 세기 $J = B - \mu_0 H = \mu_0 \mu_s H - \mu_0 H$

$= \mu_0(\mu_s - 1)H$

2. 자속밀도와 자계의 관계 $B = \mu H[\text{Wb/m}^2]$

3. 감자력 $H' = N\dfrac{J}{\mu_0}[\text{A/m}]$

4. 자성체의 경계조건과 굴절각

$B_1 \cos\theta_1 = B_2 \cos\theta_2$

$H_1 \sin\theta_1 = H_2 \sin\theta_2$

$\dfrac{\tan\theta_2}{\tan\theta_1} = \dfrac{\mu_2}{\mu_1}$

5. 히스테리시스 손실 $P_h = f v \eta B_m^{\ 1.6}[\text{W}]$

6. 자화에너지 $w = \dfrac{1}{2}\dfrac{B^2}{\mu} = \dfrac{1}{2}\mu H^2 = \dfrac{1}{2}HB[\text{J/m}^3]$

7. 코일에 축적되는 에너지

① 1개의 코일 $W = \dfrac{1}{2}LI^2$

② 2개의 코일 $W = \dfrac{1}{2}(L_1 I_1^{\ 2} + L_2 I_2^{\ 2} + 2MI_1 I_2)[\text{J}]$

8. 자성체에 작용하는 힘

$f = \dfrac{1}{2}\dfrac{B^2}{\mu_0} = \dfrac{1}{2}\mu_0 H^2 = \dfrac{1}{2}HB[\text{N}]$

9. 기자력 $F_m = NI[\text{AT}]$

10. 자기저항 $R_m = \dfrac{l}{\mu S}[\text{H}^{-1}]$

11. 자 속 $\phi = \dfrac{\mu NIS}{l} = \dfrac{F_m}{R_m}[\text{Wb}]$

연 습 문 제

1. 투자율 μ이고, 감자율이 N인 자성체를 외부 자계 H_0 중에 놓았을 때 자화의 세기는 몇 [Wb/m²]인가?

풀이 $H=H_0-H'=H_0-N\dfrac{J}{\mu_0}$[A/m]이므로 $J=\chi H$, $\chi=\mu_0(\mu_s-1)$에서

$$J=\chi\left(H_0-N\frac{J}{\mu_0}\right),\ J\left(1+\frac{\chi N}{\mu_0}\right)=\chi H_0$$

$$\therefore\ J=\frac{\chi}{1+\dfrac{\chi N}{\mu_0}}H_0=\frac{\mu_0(\mu_s-1)}{1+N(\mu_s-1)}H_0\text{[Wb/m}^2]$$

2. 자기 인덕턴스 0.1[H]에 전류가 2[A] 흐를 때, 축적되는 자기 에너지는 몇 [J]인가?

풀이 $W=\dfrac{1}{2}LI^2=\dfrac{1}{2}\times0.1\times2^2=0.2$[J]

3. 그림 11-20과 같은 회로에서 인덕턴스 20[H]에 축적되는 에너지는 몇 [J]인가?

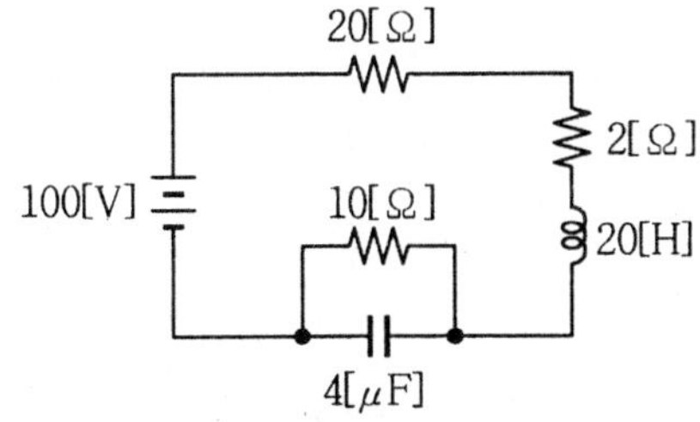

그림 11-20

풀이 직류전류에서 코일의 저항값은 거의 0이고, 콘덴서의 저항값은 ∞이므로 회로에 흐르는 전류는 다음과 같다.

$$I=\frac{V}{R_T}=\frac{100}{20+2+10}=3.125[\text{A}]$$

따라서 인덕턴스 L에 축적되는 에너지는

$$W=\frac{1}{2}LI^2=\frac{1}{2}\times 20\times 3.125^2=97.7[\text{J}]$$

4. 투자율 $1000\mu_0$[H/m]인 철심에 코일을 감고 일정한 전류 15[A]를 흘리고 있다. 회로의 길이가 1[m]일 때 자기저항이 R_1[AT/Wb]이고, 이 회로에 미소공극 1[mm]를 만들면 자기 저항이 R_2가 되었다고 한다. R_2는 R_1의 몇 배인가?

풀이 $R_2=R_1+R_g=\frac{l_1}{\mu S}+\frac{l_g}{\mu_0 S}$ 이므로

$$\frac{R_2}{R_1}=\frac{R_1+R_g}{R_1}=1+\frac{R_g}{R_1}=1+\frac{l_g/\mu_0 S}{l_1/\mu S} \text{ 이다.}$$

$$\therefore \frac{R_2}{R_1}=1+\frac{0.001/\mu_0}{1/1000\mu_0}=1+1=2[\text{배}]$$

5. 환상 철심에 감은 코일에 5[A]의 전류를 흘리면 2,000[AT]인 기자력이 생기는 것으로 한다면 코일의 권수는 얼마로 하여야 하는가?

풀이 $F_m=NI[\text{AT}] \quad \therefore N=\frac{F_m}{I}=\frac{2,000}{5}=400[\text{회}]$

6. 막대 철심의 단면적이 0.5[m²], 길이가 1.6[m], 비투자율이 20이다. 이 철심의 자기저항은 몇 [AT/Wb]인가?

풀이 $R_m=\frac{l}{\mu S}=\frac{l}{\mu_0\mu_s S}$

$$=\frac{1.6}{4\pi\times 10^{-7}\times 20\times 0.5}=1.3\times 10^5[\text{AT/Wb}]$$

7. 그림 11-21과 같은 자기회로에서 $R_1=0.5$[AT/Wb], $R_2=0.2$[AT/Wb], $R_3=0.6$[AT/Wb]라고 할 때, 전회로의 합성 자기저항을 구하시오.

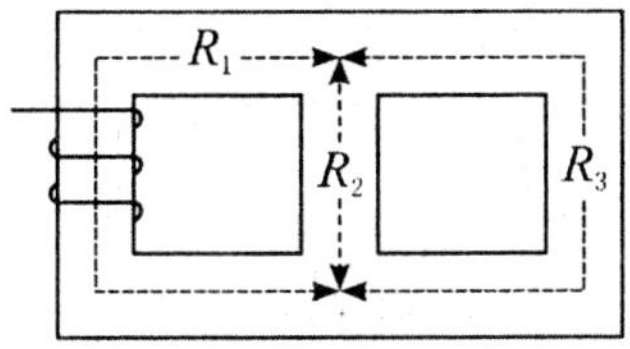

그림 11-21

풀이 $R=R_1+\dfrac{R_2R_3}{R_2+R_3}=0.5+\dfrac{0.2\times0.6}{0.2+0.6}=0.65$[AT/Wb]

8. 비투자율 $\mu_s=500$인 철심에서 자계의 세기가 100[AT/m]이다. 철심의 자화의 세기는 몇 [Wb/m²]인가?

풀이 $J=\mu_0(\mu_s-1)H=4\pi\times10^{-7}\times(500-1)\times100$

$=6.27\times10^{-2}$[Wb/m²]

9. 그림 11-22와 같이 비투자율 $\mu_s=1,000$, 단면적 10[cm²], 길이 2[m]인 환상 철심이 있을 때, 이 철심에 코일을 2,000회 감아 0.5[A]의 전류를 흘릴 때의 철심 내의 자속은 몇 [Wb]인가?

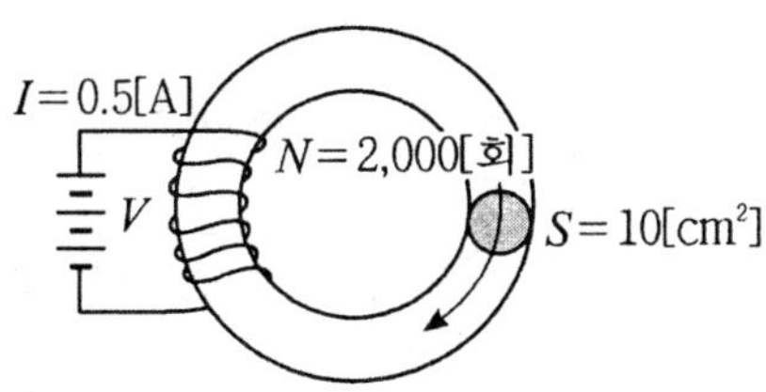

그림 11-22

풀이 $\phi=\dfrac{\mu SNI}{l}=\dfrac{\mu_0\mu_s SNI}{l}$

$=\dfrac{4\pi\times10^{-7}\times1,000\times2,000\times0.5\times10\times10^{-4}}{2}=6.28\times10^{-4}$[Wb]

10. 그림 11-23에서 단면적 $S=100\times10^{-4}$[m²]인 전자석에 자속밀도 $B=2$[Wb/m²]인 자속이 발생할 때, 철편을 흡입하는 힘[N]은?

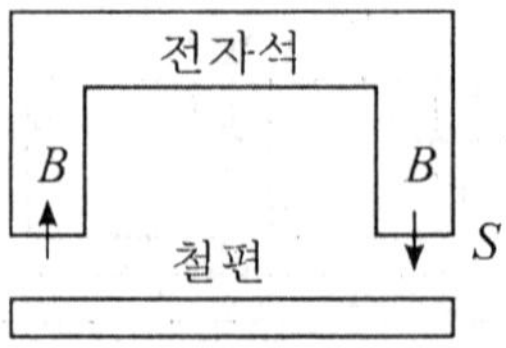

그림 11-23

풀이 $F = \frac{B^2}{2\mu_0} \times 2S$

$= \frac{2^2}{2 \times 4\pi \times 10^{-7}} \times 2 \times 100 \times 10^{-4} = \frac{1}{\pi} \times 10^5 [\mathrm{N}]$

제 12 장

전 자 계

12.1 변위전류

도체 내에 흐르는 전류는 자유전자(free electron)의 이동에 의한 것으로 이를 전도전류라 하며 그 크기는 오옴의 법칙에 의하여 결정되고 그 도체 주위에 자계가 생긴다. 이 자계의 세기와 방향은 비오-사바르의 법칙에 의하여 정해진다. 그림 12-1에서 저항 R 대신 콘덴서 C로 바꾸어 놓았을 경우 콘덴서 내의 절연물 때문에 자유전자가 이동하지 못하므로 전류는 흐르지 않는다.

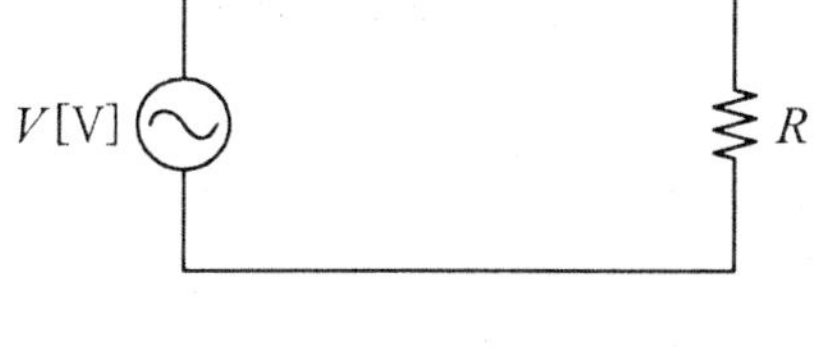

그림 12-1 저항회로

그러나 전원전압이 시간적으로 변하고 있는 동안에 콘덴서 내의 구속전자의 변위에 의해서 전류가 흐를 수 있다고 본다. 이와 같이 전극 사이의 유전체 내의 존재하는 구속전자의 변위에 의한 전류를 변위전류(displacement current)라 한다.

이것은 1865년 맥스웰(Maxwell)이 가정하였으며 "변위전류도 전도전류와 같은 자기작용이 있으나 에너지소비는 없다"고 하였다. 변위전류를 이용하려면 주파수가 대단히 높아야 하는데, 이것은 그림 12-2에 나타낸 것처럼 큰 평판 콘덴서를 생각하면 확실히 알 수 있다.

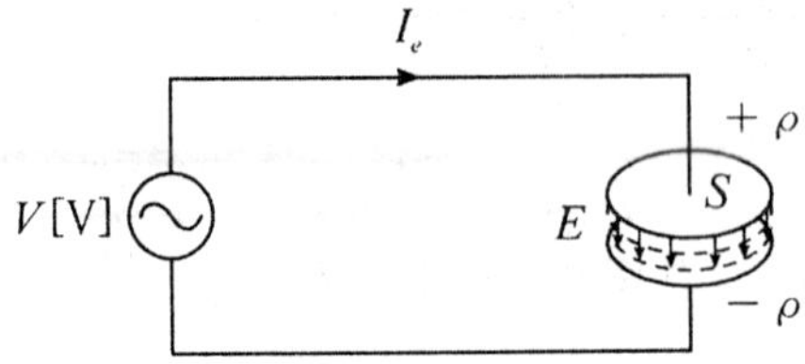

그림 12-2 콘덴서 회로

전류 I는 상측평판에 표면전하밀도 ρ로 충전된다. 그리고 하측평판에 전하밀도 $-\rho$가 생긴다. 이 극판 사이의 전계는 전하분포가 일정한 두 개의 평행판 사이의 전계와 같으므로 다음과 같이 주어진다.

$$E = \frac{\rho}{\varepsilon_0} \tag{12-1}$$

만약 콘덴서에 연속전류가 흐른다면 ρ는 시간에 따라 증가하고 E도 시간에 따라 증가할 것이다. 그러므로 콘덴서를 통하는 전류의 변화는 콘덴서 내에 전계 E의 시간 변화율에 기인한다. 즉 콘덴서 내에서 $\frac{\partial E}{\partial t}$는 콘덴서 양단을 가로질러 흐르는 가상적인 전류와 연관이 있다. 전극의 전하 Q의 시간적 변화에 의하여 콘덴서로 유입되는 전류 I는 다음 식으로 된다.

$$I = \frac{\partial Q}{\partial t} = \frac{\partial(\rho S)}{\partial t}\,[\mathrm{A}] \tag{12-2}$$

여기서, S는 한쪽 전극의 면적이고, $D = \rho = \varepsilon_0 E$이므로 이것을 식 (12-2)에 대입하여 정리하면 다음과 같다.

$$I = \varepsilon S \frac{\partial E}{\partial t}\,[\mathrm{A}] \tag{12-3}$$

이때, 면적 S와 유전율 ε_0는 시간 t와 무관한 것이다. 위 식의 양변을 전극면적 S로 나누어서 이것을 변위전류밀도 $\vec{i}_d$라 놓으면 다음과 같이 된다.

$$\vec{i}_d = \frac{I}{S} = \varepsilon_0 \frac{\partial \vec{E}}{\partial t} = \frac{\partial \vec{D}}{\partial t} \text{ [A/m}^2\text{]} \quad ☆☆ \qquad (12\text{-}4)$$

이 식에서 $S\frac{\partial D}{\partial t}$ 되는 전류가 콘덴서의 전극 사이를 흐른다고 생각하며 전극 외의 도선의 전도전류와 합하면 연속성이 성립한다. 가상적인 전류 $I = \varepsilon_0 S \frac{\partial E}{\partial t}$ [A]를 **변위전류**, $\vec{i}_d$를 **변위전류밀도**라 한다. 따라서 맥스웰은 전속밀도 D를 전기변위(electric displacement)라 하였기 때문에 $\vec{i}_d$는 전기변위의 시간적인 변화에 의한 전류라고 하는 의미로 **변위전류**라고 부르는 것이다. 즉, 맥스웰은 전극 간의 유전체를 통하여 흐르는 전류를 변위전류라 하고, 이것은 자계를 발생한다고 가정하였다.

예제 12-1 간격이 d[m]인 2개의 평행판 전극 사이에 유전율 ε의 유전체가 들어 있다. 전극 사이에 전압 $v = V_m \cos \omega t$를 가했을 때, 변위전류밀도는 얼마인가?

풀이 극판간격을 d, 면적을 S, 유전율을 ε이라 하면

$C = \frac{\varepsilon S}{d}$, $E = \frac{v}{d}$, $D = \varepsilon E$이므로

$$i_d = \frac{\partial D}{\partial t} = \varepsilon \frac{\partial E}{\partial t} = \varepsilon \frac{\partial}{\partial t}\left(\frac{v}{d}\right) = \frac{\varepsilon}{d}\frac{\partial}{\partial t}(V_m \cos \omega t) = -\frac{\varepsilon}{d}\omega V_m \sin \omega t \text{[A/m}^2\text{]}$$

12.2 맥스웰의 전자방정식

1820년 에르스텟이 전류에 의해서 나침반의 자침이 움직이는 것을 발견한 후, 패러데이는 1831년 2개의 코일을 감고 한쪽 코일에는 전원과 스위치를, 다른 한쪽 코일에는 검류계를 달아 스위치를 넣는 순간 검류계의 지침이 움직이는 것을 실험으로 알았다. 이것은 자계를 시간적으로 변화시키면 폐회로에 전류를 흐르게 하

는 기전력이 발생하기 때문이다. 이 유도기전력은 자계를 변화시키거나 자계 내에서 코일을 움직일 때 일어나는 전압으로, 패러데이 법칙에 따라 다음과 같이 된다.

$$e = -\frac{d\phi}{dt}\,[\mathrm{V}] \tag{12-5}$$

한편, 전계 세기 E와 기전력 e[V]는 다음과 같은 관계가 있다.

$$e = \oint_c \vec{E} \cdot d\vec{l} \tag{12-6}$$

정전계에서 폐곡선에 대한 전계의 세기의 주회적분은 0이 되지만 변화하는 전계의 전적분은 0이 아니다. 또 자속 ϕ는 다음과 같다.

$$\phi = \int_c \vec{B} \cdot d\vec{S} \tag{12-7}$$

그러므로 식 (12-5)와 (12-6)을 같게 놓으면 다음과 같다.

$$\int_c \vec{E} \cdot d\vec{l} = -\frac{d}{dt}\int_s \vec{B} \cdot d\vec{S} = -\int_s \frac{\partial \vec{B}}{\partial t} \cdot d\vec{S} \tag{12-8}$$

위 식의 좌변을 스토크스의 정리(Stokes' theorem)에 의하여 다음과 같이 쓸 수 있다.

$$\int_c \vec{E} \cdot d\vec{l} = \int_s (\nabla \times \vec{E}) \cdot d\vec{S} \tag{12-9}$$

그리고

$$\int_s (\nabla \times \vec{E}) \cdot d\vec{S} = -\int_s \frac{\partial \vec{B}}{\partial t} \cdot d\vec{S} \tag{12-10}$$

이 된다.

$$\therefore\ \nabla \times \vec{E} = \text{rot}\,\vec{E} = -\frac{\partial \vec{B}}{\partial t}$$ ☆ (12-11)

이것이 패러데이 법칙에 의하여 유도된 맥스웰의 전자방정식이다.

도선에 전류가 흐르면 그 주위에 자계가 발생한다는 암페어의 주회적분의 법칙은 다음과 같다.

$$\int_c \vec{H} \cdot d\vec{l} = I = \int_s \vec{i} \cdot d\vec{S} \tag{12-12}$$

여기서, 선적분은 임의의 폐곡선에서 행해지며 면적적분은 이 폐곡선으로 경계된 임의의 표면에 행해진다. $\vec{i}$는 전류밀도를 나타내며, 도체에 흐르는 전도전류밀도 $\vec{i_c}$와 유전체 내의 변위전류밀도 $\vec{i_a}$와의 합으로 다음과 같이 주어진다.

$$\begin{aligned}\int_c \vec{H} \cdot d\vec{l} &= \int_s \vec{i} \cdot d\vec{S} = I = \int_s \vec{i_c} \cdot d\vec{S} + \int_s \frac{\partial \vec{D}}{\partial t} \cdot d\vec{S} \\ &= \int_s \left(\vec{i_c} + \frac{\partial \vec{D}}{\partial t}\right) \cdot d\vec{S}\end{aligned} \tag{12-13}$$

위 식은 스토크스의 정리에 의하여 다음과 같이 나타낼 수 있다.

$$\int_c \vec{H} \cdot d\vec{l} = \int_s (\nabla \times \vec{H}) \cdot d\vec{S} \tag{12-14}$$

$$\int_c (\nabla \times \vec{H}) = \int_s \left(\vec{i_c} + \frac{\partial \vec{D}}{\partial t}\right) \cdot d\vec{S} \tag{12-15}$$

$$\therefore\ \nabla \times \vec{H} = \text{rot}\,\vec{H} = \vec{i_c} + \frac{\partial \vec{D}}{\partial t}$$ ☆ (12-16)

(1) 맥스웰의 4가지 방정식

① 맥스웰의 제1방정식(전기장에 관한 가우스 법칙의 미분형) : 어떤 작은 체적에서 발생되는 단위체적당 전속수는 그 점의 전하밀도와 같다.

$$\nabla \cdot \vec{D} = \mathrm{div}\vec{D} = \rho \tag{12-17}$$

전기장에 관한 가우스 법칙(맥스웰 제1방정식의 적분형)

$$\oint_s \vec{D} \cdot d\vec{S} = Q \tag{12-18}$$

② 맥스웰의 제2방정식(앙페르의 주회법칙의 미분형) : 전도 전류와 변위 전류는 자계를 생성한다.

$$\nabla \times \vec{H} = \mathrm{rot}\,\vec{H} = \vec{i}_c + \frac{\partial \vec{D}}{\partial t} \tag{12-19}$$

앙페르의 주회법칙-도선에 전류가 흐르면 그 주위에 자계가 발생한다.

$$\int_c \vec{H} \cdot d\vec{l} = \int_s \left(\vec{i}_c + \frac{\partial \vec{D}}{\partial t}\right) \cdot d\vec{S} \tag{12-20}$$

③ 맥스웰의 제3방정식(패러데이의 전자유도법칙의 미분형) : 자속의 시간적 변화에 의해 유도 기전력(전계의 회전)이 발생한다.

$$\nabla \times \vec{E} = \mathrm{rot}\,\vec{E} = -\frac{\partial \vec{B}}{\partial t} \tag{12-21}$$

패러데이의 전자유도법칙

$$e = \oint_c \vec{E} \cdot d\vec{l} = -\frac{d\phi}{dt} \tag{12-22}$$

④ 맥스웰의 제4방정식(자기장에 관한 가우스 법칙의 미분형) : 유도자계에서는 전하에 해당하는 물질이 존재하지 않으며, 자속의 원천이 없다.

$$\nabla \cdot \vec{B} = \mathrm{div}\vec{B} = 0 \tag{12-23}$$

자기장에 관한 가우스 법칙

$$\oint_s \vec{B} \cdot d\vec{S} = 0 \tag{12-24}$$

12.3 전자파의 발생

맥스웰은 그의 방정식들을 종합하여 본 결과 상호 작용하는 전기장과 자기장의 변화가 공간을 통해 전파해 나가는 전자파(electromagnetic wave)를 만들게 된다는 것을 알았다. 그러면 어떻게 이와 같은 전자파가 생기는가를 알아보기 위해 그림 12-3 (a)와 같은 안테나로 사용되는 두 도체 막대를 생각하자.

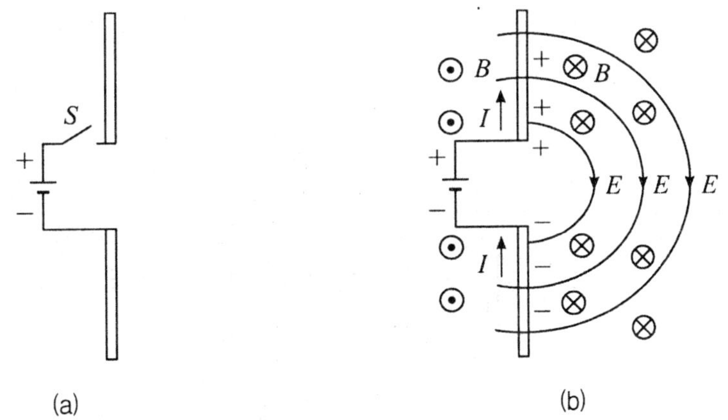

그림 12-3 전자파 발생장치

이 두 막대가 스위치에 의해 건전지의 두 단자에 연결되어 있다고 가정하면 스위치를 닫는 순간 위의 막대는 양으로 대전되고 아래 막대는 음으로 대전된다. 이때 전기력선은 그림 12-3 (b)와 같이 형성되며, 전하가 이동하면 전류가 생기므로 전류의 방향은 화살표 방향이다. 그리고 자기장도 형성되는데 이때 자기력선의 방향은 도선 주위에 원을 형성하며 오른쪽에서는 지면으로 들어가고 왼쪽에서는 지면 밖으로 나온다. 그림 12-3 (b)와 같이 스위치를 닫으면, 순간적으로 E와 B가 막대주위에 형성되지만 이들이 먼 지점까지 전파되는 데에는 시간이 걸린다.

여기서 안테나가 그림 12-4 (a)와 같이 교류전원에 연결되어 있는 경우를 생각하여 보자. 그림과 같이 회로가 연결되면 전하가 축적되기 시작하면서 전기장과 자기장이 형성된다. +와 −부호는 각 막대에 축적된 순전하량을 나타낸다. 또한 화살표는 전류의 방향을 나타낸다. 전기장은 지면상의 선으로 표시하였고 지면 안으로 향하는 자기장은 ⊗로, 지면 밖으로 나오는 자기장은 ◉로 표시하였다.

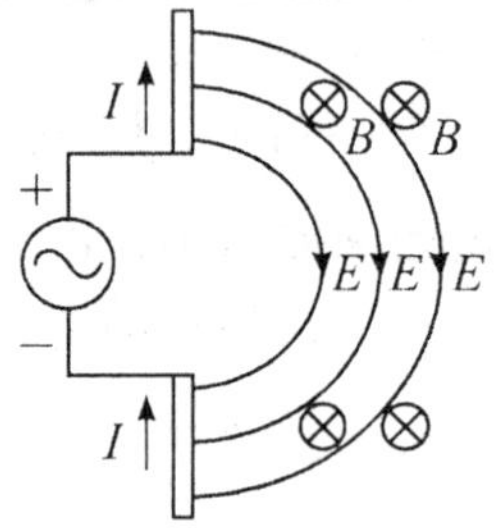

(a)

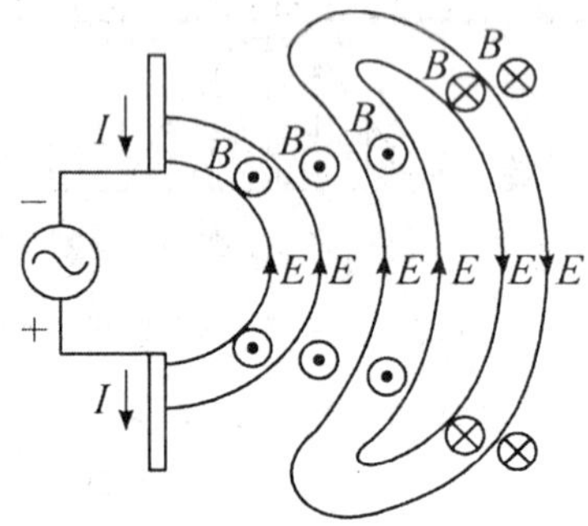

(b)

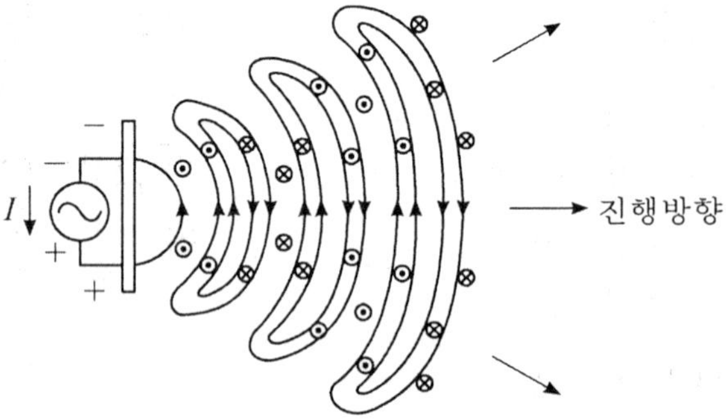

(c)

그림 12-4 전자파의 발생

그림 12-4 (b)에서 교류전원의 기전력은 최대값에 도달한 후 감소하기 시작한다. 따라서 전류의 방향이 바뀌고 자기장은 반대방향이 된다. 그러나 이미 생겼던 장들은 갑자기 사라지지 않고 계속 전파된다. 따라서 기존의 역선들은 방향이 반대인 새로운 역선들과 연결되어 그림과 같이 폐곡선을 만든다. 시간이 지나면 역선들은 그림 12-4 (c)와 같이 여러 개의 닫힌 고리를 만들면서 이 역선들은 계속해서 전파되어 나간다. 자기력선들도 닫힌 고리를 만드는데 지면에 수직이기 때문에 그림에는 표시하지 않았다. 역선들은 오른쪽에만 표시했지만 왼쪽에서도 같은

현상이 나타난다.

이와 같은 전자파의 전파모형을 나타낸 그림 12-5에서 여러 가지 현상을 알 수 있다.

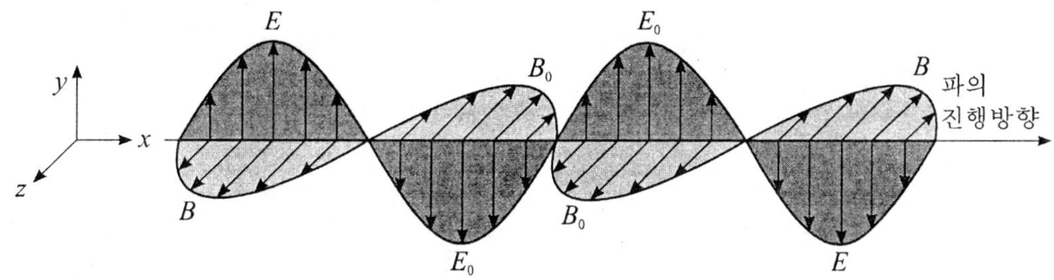

그림 12-5 전자파의 전파모형

첫째 전기장과 자기장은 서로 수직이고 또한 진행방향에 수직이다. 둘째 이들 장의 방향이 수시로 바뀌며, 장의 세기도 최대값으로부터 영까지, 다시 최대값까지 진동하며, 전기장과 자기장은 같은 위상으로 진동한다. 즉, 동일한 지점에서 동시에 0이 되고 동일한 지점에서 동시에 최대값을 갖는다. 만일 교류전원의 기전력이 sin함수이면 전기장과 자기장의 세기도 sin함수로 변하리라고 기대할 수 있다. 이와 같은 전자파의 전파모형의 sin함수적 특성을 그림 12-5에 표시하였다. 여기에서 E와 B가 서로 수직이고 진행방향에 수직임을 보이고 있다. 그러므로 전자기파는 횡파이고 다른 종류의 파동과 유사하다. 위의 논의에서 진동전하, 즉 가속운동을 하고 있는 전하에 의해 전자파가 형성됨을 알 수 있다.

12.4 전자파의 속도

맥스웰의 방정식으로부터 전자파의 존재뿐만 아니라 전자파의 속도도 구할 수 있는 것을 알 수 있다. 그림 12-5와 같이 전자파가 속도 v로 x방향으로 진행되고, E는 y방향, B는 z방향으로 진동하고 있다고 하자. E와 B가 파장 λ, 진동수 j, 진폭 E_0, B_0인 sin함수로 진동한다고 할 때 다음 식과 같이 수학적으로 표현할 수 있다.

$$E = E_y = E_0 \sin(kx - wt) \tag{12-25}$$

$$B = B_z = B_0 \sin(kx - wt) \tag{12-26}$$

여기서, k는 파수(wave number)

$$k = \frac{2\pi}{\lambda} \tag{12-27}$$

이며, ω는 각속도

$$\omega = 2\pi f \tag{12-28}$$

를 나타낸다. 그리고 파동의 전파속도 v는 다음과 같이 나타낸다.

$$v = \frac{w}{k} = f\lambda \tag{12-29}$$

패러데이의 법칙에 의해서 유도된 맥스웰 방정식을 수학적으로 유도하면

$$\frac{\partial E}{\partial x} = -\frac{\partial B}{\partial t} \tag{12-30}$$

의 관계를 얻을 수 있으며 암페어의 주회적분법칙에 의하여 유도된 맥스웰 방정식을 수학적으로 유도하면

$$\frac{\partial B}{\partial x} = -\varepsilon_0 \mu_0 \frac{\partial E}{\partial t} \tag{12-31}$$

의 관계를 얻을 수 있다. 위 두 식 (12-30)과 (12-31)을 이용하면 E와 B의 크기 사이의 관계와 파동의 전파속도 v를 다음과 같이 구할 수 있다. 먼저 식 (12-30)에서

$$\frac{\partial}{\partial x} E_0 \sin(kx - wt) = -\frac{\partial}{\partial t} B_0 \sin(kx - wt) \tag{12-32}$$

$$kE_0 \cos(kx - wt) = \omega B_0 \cos(kx - wt) \tag{12-33}$$

$$\frac{E_0}{B_0} = \frac{\omega}{k} = v \tag{12-34}$$

$$\frac{B_0}{E_0} = \frac{1}{v} \tag{12-35}$$

마찬가지로 식 (12-31)로부터

$$kB_0 \cos(kx - wt) = \varepsilon_0 \mu_0 \omega E_0 \cos(kx - wt) \tag{12-36}$$

$$\frac{B_0}{E_0} = \frac{\varepsilon_0 \mu_0 \omega}{k} = \varepsilon_0 \mu_0 v \tag{12-37}$$

위 식 (12-35)와 식 (12-37)로부터 파동의 전파속도 v를 다음과 같이 구할 수 있다.

$$v = \frac{1}{\sqrt{\varepsilon_0 \mu_0}} \tag{12-38}$$

따라서 자유공간에서 전자파의 속도는 파장이나 진동수에 관계없이 일정하다. 또한 이는 맥스웰 방정식의 결과로 E와 B가 자유공간에서 전파속도 $v = \frac{1}{\sqrt{\varepsilon_0 \mu_0}}$로 진행하고 있는 파동방정식임을 알 수 있다.

여기서, $\varepsilon_0 = \frac{1}{4\pi} \cdot \frac{1}{9\times 10^9}$ [F/m], $\mu_0 = 4\pi \times 10^{-7}$[H/m]를 대입하면 자유공간에서 전파속도 v는 다음과 같다.

$$v = \frac{1}{\sqrt{\varepsilon_0 \mu_0}} = \sqrt{9\times 10^{16}} = 3\times 10^8 \text{[m/sec]} \tag{12-39}$$

또한 일반 매질 속에서 전자파의 전파속도는 다음 식과 같이 매질의 종류에 따라 속도가 달라지는 것을 알 수 있다.

$$\boxed{v = \frac{1}{\sqrt{\varepsilon \mu}} = \frac{1}{\sqrt{\varepsilon_0 \mu_0}} \cdot \frac{1}{\sqrt{\varepsilon_s \mu_s}} = \frac{3\times 10^8}{\sqrt{\varepsilon_s \mu_s}} \text{[m/sec]}} \quad ☆☆ \tag{12-40}$$

12.5 전자파의 파동 임피던스

전자파의 전파에서 어느 순간의 전계 및 자계 크기의 비, 즉 $\frac{E_0}{H_0}$의 값을 구하여보자.

자유공간에서 $\frac{E_0}{B_0} = v$, $v = \frac{1}{\sqrt{\varepsilon_0 \mu_0}}$, $B_0 = \mu_0 H_0$이므로

$$\frac{E_0}{\mu_0 H_0} = \frac{1}{\sqrt{\varepsilon_0 \mu_0}}, \quad \frac{E_0}{H_0} = \sqrt{\frac{\mu_0}{\varepsilon_0}} \qquad (12\text{-}41)$$

$\varepsilon_0 = \frac{1}{4\pi} \cdot \frac{1}{9\times10^9}$ [F/m], $\mu_0 = 4\pi\times10^{-7}$[H/m]를 대입하면

$$\frac{E_0}{H_0} = \sqrt{\frac{4\pi\times10^{-7}[\mathrm{H/m}]}{\frac{1}{4\pi} \cdot \frac{1}{9\times10^9}[\mathrm{F/m}]}}$$

$$= \sqrt{4\pi^2\times9\times10^2[\mathrm{H}]/[\mathrm{F}]} = 120\pi\sqrt{\frac{[\mathrm{H}]}{[\mathrm{F}]}} \qquad (12\text{-}42)$$

여기서, $[\mathrm{H}] = \frac{[\mathrm{V}][\mathrm{S}]}{[\mathrm{A}]}$, $[\mathrm{F}] = \frac{[\mathrm{C}]}{[\mathrm{V}]} = \frac{[\mathrm{A}][\mathrm{S}]}{[\mathrm{V}]}$ 이므로

$$\sqrt{\frac{[\mathrm{H}]}{[\mathrm{F}]}} = \sqrt{\frac{\frac{[\mathrm{V}][\mathrm{S}]}{[\mathrm{A}]}}{\frac{[\mathrm{A}][\mathrm{S}]}{[\mathrm{V}]}}} = \sqrt{\frac{[\mathrm{V}]^2}{[\mathrm{A}]^2}} = \frac{[\mathrm{V}]}{[\mathrm{A}]} = [\Omega] \qquad (12\text{-}43)$$

의 단위를 갖는다. 그러므로 $\frac{E_0}{H_0}$를 자유공간의 파동임피던스 또는 고유임피던스 Z_0라 하며 다음과 같이 나타낸다.

$$\boxed{Z_0 = \frac{E_0}{H_0} = \sqrt{\frac{\mu_0}{\varepsilon_0}} = 120\pi \fallingdotseq 377[\Omega]} \ ☆ \qquad (12\text{-}44)$$

그리고 일반 매질인 경우에 파동임피던스 Z는 다음과 같다.

$$Z=\frac{E}{H}=\sqrt{\frac{\mu}{\varepsilon}}=\sqrt{\frac{\mu_0}{\varepsilon_0}}\cdot\sqrt{\frac{\mu_s}{\varepsilon_s}}$$

$$=120\pi\sqrt{\frac{\mu_s}{\varepsilon_s}}=377\sqrt{\frac{\mu_s}{\varepsilon_s}}\,[\Omega] \quad ☆ \tag{12-45}$$

12.6 전자파의 존재와 의의

패러데이의 법칙으로부터 맥스웰의 전자방정식을 유도했다. 이 유도된 방정식으로 전자파방정식을 알 수가 있었다. 이 맥스웰의 방정식을 실험적으로 성공한 것은 독일의 헤르쯔(Hertz)가 1888년 전자파의 존재를 실증하였다. 그 후 1895년 이탈리아의 20세 청년인 마르코니(Marconi)는 헤르쯔에 의해 발견된 전자파와 프랑스의 학자 브랜리(Branly)가 연구한 검파기에 자기가 고안한 안테나(antenna)와 어스(earth)를 결합하여 전파를 이용한 무선통신을 발명하였다. 그 후 라디오, 텔레비전, 레이더(radar), 레이저(laser) 등의 눈부신 발전을 가져왔다. 이러한 전자파를 취급함에 있어서 전자파의 주파수, 즉 파장과 대상 물체의 크기의 상호관계에 따라 전자파 취급방법에 약간의 차이가 있다. 자유공간에서 주파수 f[Hz]와 파장 λ[m] 사이의 관계는 다음과 같다.

$$\lambda=\frac{C}{f}=\frac{3\times10^8}{f}\,[\mathrm{m}] \tag{12-46}$$

즉, 주파수가 높은 전자파에서는 파장이 짧아진다. 이와 같은 전자의 파장과 주파수의 관계에 따른 분류를 그림 12-6과 같이 나타내었다.

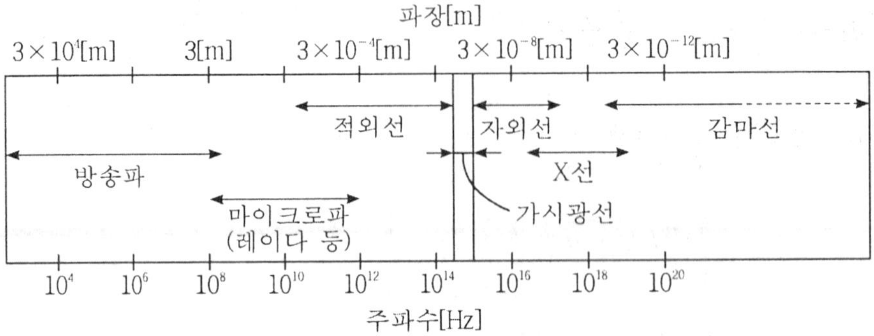

그림 12-6 전자파의 분류

12.7 포인팅의 정리

전계만 존재하는 매질 내에서 축적되는 단위체적당 에너지 W_e는

$$W_e = \frac{1}{2} ED = \frac{1}{2} \varepsilon E^2 \tag{12-47}$$

이며, 자계만이 존재하는 매질 내에서 축적되는 단위체적당 에너지 W_m은

$$W_m = \frac{1}{2} B \cdot H = \frac{1}{2} \mu H^2 [\mathrm{J/m^3}] \tag{12-48}$$

이다. 그런데, 변화하고 있는 전계(또는 자계)가 존재할 때에는 이것에 의하여 자계(또는 전계)가 발생하므로 매질 내에는 자신의 전계(또는 자계)에너지와 함께 변화에 의해서 유기된 자계(또는 전계)에너지도 존재한다. 그때의 전체 에너지밀도 W는 다음과 같다.

$$W = W_e + W_m = \frac{1}{2} \varepsilon E^2 + \frac{1}{2} \mu H^2 = \frac{1}{2} (\varepsilon E^2 + \mu H^2) [\mathrm{J/m^3}] \tag{12-49}$$

그런데 평면 전자파의 전계 E와 자계 H와의 사이에는 식 $Z = \frac{E}{H} = \sqrt{\frac{\mu}{\varepsilon}}$에서

$$H=\sqrt{\frac{\varepsilon}{\mu}}E,\ E=\sqrt{\frac{\mu}{\varepsilon}}H \tag{12-50}$$

의 관계가 성립하므로 전체 에너지밀도 W는 다음과 같이 된다.

$$W=\frac{1}{2}\left(\varepsilon\sqrt{\frac{\mu}{\varepsilon}}EH+\mu\sqrt{\frac{\varepsilon}{\mu}}EH\right)=\sqrt{\varepsilon\mu}\,EH[\mathrm{J/m^3}] \tag{12-51}$$

이것이 평면 전자파가 갖는 에너지밀도가 되는데, 평면 전자파는 앞에서 설명한 바와 같이 전계와 자계의 진동방향에 대하여 수직인 방향으로 속도 $v=\frac{1}{\sqrt{\varepsilon\mu}}$ [m/s]로 전파하기 때문에, 파면의 진행방향에 수직인 단위면적을 단위시간에 통과하는 에너지는 다음과 같다.

$$\begin{aligned} P &= W[\mathrm{J/m^3}]\times v[\mathrm{m/s}] \\ &= \sqrt{\varepsilon\mu}\,EH[\mathrm{J/m^3}]\times\frac{1}{\sqrt{\varepsilon\mu}}[\mathrm{m/s}] \end{aligned} \tag{12-52}$$

$$\boxed{\therefore\ P=EH[\mathrm{W/m^2}]}\ ☆☆ \tag{12-53}$$

평면 전자파에서 E와 H는 수직이므로 위 식을 벡터로 표시하면 다음과 같다.

$$\vec{P}=\vec{E}\times\vec{H}[\mathrm{W/m^2}] \tag{12-54}$$

그리고 $\vec{P}$의 방향은 그림 12-7과 같이 전자파의 진행방향과 일치함을 알 수 있다.

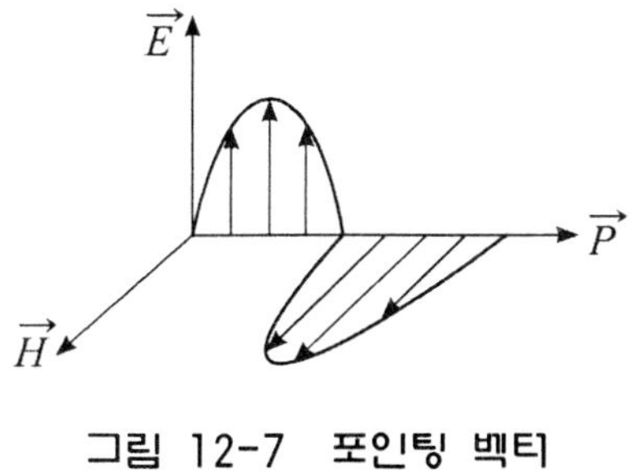

그림 12-7 포인팅 벡터

즉, $\vec{P} = \vec{E} \times \vec{H}$[W/m^2]는 전자계 내의 한 점을 통과하는 에너지 흐름의 면적밀도를 표시하는 벡터임을 의미하여, 이 때 $\vec{E}$, $\vec{H}$, $\vec{P}$는 오른손법칙을 따른다. 따라서 면 S를 통하여 매초 지나가는 전체 에너지, 즉 방사전력은 다음과 같이 된다.

$$p = \int_s \vec{P} \cdot d\vec{S}\,[\mathrm{W}] = \int_s (\vec{E} \times \vec{H}) \cdot d\vec{S}\,[\mathrm{W}] \tag{12-55}$$

이러한 관계를 포인팅의 정리(Poynting's theorem)라 하고, 이때의 벡터 $\vec{P}$를 포인팅 벡터(Poynting vector) 또는 방사벡터(radiation vector)라 한다.

• 단원정리 •

1. 변위전류

$$\vec{i}_d = \frac{I}{S} = \varepsilon_0 \frac{\partial \vec{E}}{\partial t} = \frac{\partial \vec{D}}{\partial t} \, [\text{A/m}^2]$$

2. 맥스웰의 4가지 방정식

① 맥스웰의 제 1방정식 $\nabla \cdot \vec{D} = \text{div}\vec{D} = \rho$

② 맥스웰의 제 2방정식 $\nabla \times \vec{H} = \text{rot}\vec{H} = \vec{i}_c + \frac{\partial \vec{D}}{\partial t}$

③ 맥스웰의 제 3방정식 $\nabla \times \vec{E} = \text{rot}\vec{E} = -\frac{\partial \vec{B}}{\partial t}$

④ 맥스웰의 제4 방정식 $\nabla \cdot \vec{B} = \text{div}\vec{B} = 0$

3. 전자파의 전파속도

$$v = \frac{1}{\sqrt{\varepsilon\mu}} = \frac{1}{\sqrt{\varepsilon_0\mu_0}} \cdot \frac{1}{\sqrt{\varepsilon_s\mu_s}} = \frac{3\times10^8}{\sqrt{\varepsilon_s\mu_s}} \, [\text{m/sec}]$$

4. 전자파의 파동 임피던스

$$Z_0 = \frac{E_0}{H_0} = \sqrt{\frac{\mu_0}{\varepsilon_0}} = 120\pi \fallingdotseq 377 [\Omega]$$

일반매질인 경우

$$Z = \frac{E}{H} = \sqrt{\frac{\mu}{\varepsilon}} = \sqrt{\frac{\mu_0}{\varepsilon_0}} \cdot \sqrt{\frac{\mu_s}{\varepsilon_s}}$$

5. 포인팅의 정리

$P = EH [\text{W/m}^2]$

연 습 문 제

1. 공기 중에서 $\vec{E}$[V/m]의 전계를 $\vec{i}_d$[A/m²]의 변위전류로 흐르게 하려면 주파수 f는 몇 [Hz]인가?

풀이 전계 $\vec{E}$를 지수함수 페이저(phasor)로 표시하면 $\vec{E}=|E|e^{j\omega t}$[V/m]가 되므로

$$\vec{i}_d=\frac{\partial \vec{D}}{\partial t}=\varepsilon\frac{\partial \vec{E}}{\partial t}=\varepsilon\frac{\partial}{\partial t}(|E|e^{j\omega t})=j\omega\varepsilon|E|e^{j\omega t}=j\omega\varepsilon\vec{E}[\text{A/m}^2]$$

$\omega=2\pi f$이므로 $\vec{i}_d=2\pi f\varepsilon\vec{E}$, $\therefore\ f=\dfrac{\vec{i}_d}{2\pi\varepsilon\vec{E}}$[Hz]

2. 비유전율 $\varepsilon_s=80$, 비투자율 $\mu=1$인 매질 내의 고유 임피던스는 약 몇 [Ω]인가?

풀이 $Z=377\sqrt{\dfrac{\mu_s}{\varepsilon_s}}=377\sqrt{\dfrac{1}{80}}=42.2[\Omega]$

3. 정전용량 2[μF]인 콘덴서를 충전하여 4[mH]인 코일을 통해서 방전할 때의 전기 진동이 공간에 전파되는 경우 그 파장은 약 몇 [m]인가?

풀이 주파수 $f=\dfrac{1}{2\pi\sqrt{LC}}=\dfrac{1}{2\pi\sqrt{4\times10^{-3}\times2\times10^{-6}}}=1,780[\text{Hz}]$

파장 $\lambda=\dfrac{v_0}{f}=\dfrac{3\times10^8}{1,780}=1.7\times10^5[\text{m}]$

4. 전극 간격 d[m], 면적 S[m²], 유전율 ε[F/m]이고 정전용량이 C[F]인 평행판 콘덴서에 $e=E_m\sin\omega t$[V]의 전압을 가할 때 변위전류를 구하시오.

풀이 $\vec{i}_d=\varepsilon\dfrac{\partial \vec{E}}{\partial t}=\varepsilon\dfrac{\partial}{\partial t}\left(\dfrac{e}{d}\right)=\dfrac{\varepsilon}{d}\omega E_m\cos\omega t=\omega CE_m\cos\omega t[\text{A/m}^2]$

여기서, $C=\frac{\varepsilon}{d}$[F/m²]

5. 공기 중에서 $\vec{E}$[V/m]의 전계를 $\vec{i_d}$[A/m²]의 변위 전류로 흐르게 하려면 주파수 [Hz]는 얼마가 되어야 하는가?

풀이 $\vec{E}=E_0 e^{j\omega t}$

$$\vec{i_d}=\varepsilon\frac{\partial \vec{E}}{\partial t}=\varepsilon\frac{\partial}{\partial t}(E_0 e^{j\omega t})=j\omega\varepsilon\vec{E}\,[\text{A/m}^2]$$

따라서 $\vec{i_d}=j\omega\varepsilon\vec{E}$, $|\vec{i_d}|=|\omega\varepsilon\vec{E}|=|2\pi f\varepsilon\vec{E}|$

$$\therefore\ f=\frac{\vec{i_d}}{2\pi\varepsilon\vec{E}}\,[\text{Hz}]$$

6. 전계와 자계가 서로 직각 방향을 갖는 평면 전자파가 있다. 이 때, 공간의 전계 에너지 밀도 W_e와 자계 에너지 밀도 W_m 사이에는 어떤 관계가 있는가?(단, η는 고유 임피던스이다.)

풀이 $$\eta=\frac{W_e}{W_m}=\frac{\frac{1}{2}\varepsilon E^2}{\frac{1}{2}\mu H^2}=\frac{\varepsilon}{\mu}\left(\sqrt{\frac{\mu}{\varepsilon}}\right)^2=1$$

$$\therefore\ W_e=W_m$$

7. 라디오 방송의 평면파 주파수를 710[kHz]라 할 때, 이 평면파가 콘크리트벽 ($\varepsilon_s=5$) 속을 지날 때 전파 속도 [m/s]는?(단. 공기 중에서의 비유전율 ε_s와 비투자율 μ_s는 1로 한다.)

풀이 $$v=\frac{3\times10^8}{\sqrt{\varepsilon_s\mu_s}}=\frac{3\times10^8}{\sqrt{5\times1}}\fallingdotseq1.34\times10^8\,[\text{m/s}]$$

8. 진공 중에서 실효값이 E_e인 평면 전자파가 있다. 자계의 실효값 H_e[A/m]는 약 얼마인가?

풀이 $\eta=\frac{E}{H}=\sqrt{\frac{\mu_0}{\varepsilon_0}}$, $H_e=\sqrt{\frac{\mu_0}{\varepsilon_0}}E_e=\frac{1}{120\pi}E_e\fallingdotseq 0.27\times10^{-2}E_e$[A/m]

9. 지구는 태양으로부터 평균 1[kW/m²]의 방사열을 받고 있다. 지구 표면에서의 전계 [V/m]를 구해보시오.

풀이 $P=EH=\left(\sqrt{\frac{\mu_0}{\varepsilon_0}}E\right)E=\frac{1}{377}E^2=10^3$

따라서 $E^2=377\times10^3$, $\therefore\ E=614$[V/m]

10. 100[kW]의 전력이 안테나에서 사방으로 균일하게 방사될 때, 안테나에서 1[km]의 거리에 있는 전계의 실효값은 몇 [V/m]인가?

풀이 $P=EH$[W/m²] $=\frac{P_e}{S}$[W/m²]이므로

$$P=\frac{P_e}{S}=\frac{P_e}{4\pi r^2}=\frac{100\times10^3}{4\pi\times(1\times10^3)^2}=7.96\times10^{-3}[\text{W/m}^2]$$

$$P=EH=\sqrt{\frac{\varepsilon_0}{\mu_0}}E^2=\frac{1}{377}E^2[\text{W/m}^2]$$

따라서, $7.96\times10^{-3}=\frac{1}{377}E^2$

$\therefore\ E=\sqrt{3}=1.732$[V/m]

부 록

부록 I. 단위계

서론에서 언급한 바와 같이 전기 및 자기현상에 관한 학문은 오랜 역사를 가졌으며, 전자기학에서 다루는 현상은 넓은 범위에 걸쳐 있다. 이들 개개의 현상에 대한 연구 결과로 오늘날의 전자기학의 체계가 확립된 것인데, 이 발달과정에서 개개의 현상을 기술하는데 편리한 단위가 사용되었고, 이것은 따로 따로 진보하여 각각의 단위계를 만들게 되었다.

전자기학을 학습하는데, 이 많은 단위계를 이해하는 것은 복잡하고 곤란한 일이다. 최근에는 MKS 단위계로 통일하려고 하고 있으나, 그래도 이 이외의 단위계를 사용하는 경우가 있으므로 단위계 사이의 관계를 알아두는 것이 필요하다.

이와 같은 단위계가 나오게 된 근본적인 이유는 전기자기의 양을 규정하는데 역학에서 사용되는 세 개의 기본단위(길이, 질량, 시간)만으로는 도저히 불가능하여, 이외에 적어도 독립된 다른 하나의 양을 규정해야만 한다. 이 네 번째의 양으로서 어떤 것을 정하느냐에 따라 단위계가 다르게 되는 것이다.

전기 및 자기 측정에서는 CGS 정전 단위계(electro static units, esu)와 CGS 전자기 단위계(electro magnetic units, emu)로 나누어 현재까지도 CGS 전자기 단위계는 자기 측정분야에서 흔히 사용하고 있는 단위이다. CGS 단위계는 두 전하 또는 두 자극 사이에서 생기는 힘으로부터 전하 및 자극 단위를 정의하는데 이러한 CGS 단위계는 실제로 사용하는데 불합리해서 1880년대 파리 국제회의에서 실용 단위계(practical system of units)를 제안하게 되었다. 현재 사용되는 전기 단위 기호들인 A(Ampere), V(Volt), Ω(Ohm), F(Farad), H(Henry)등이 처음으로 이 당시 소개되었다.

그러나 CGS 단위계를 근거로 한 실용 전기단위계도 별로 사용하지 못하고 1908년 런던 국제회의에서 국제 오옴과 국제 암페어를 정의했으나 이들도 측정기술의 진전으로 기존의 실용단위계와 차이점이 생기게 되어 실제로 사용하는데 난점들이 생기게 되었다.

그 후 1948년 제 9차 국제 도량형총회에서 전류의 단위인 A를 기본단위(base unit)로 추가하게 되었고 이들을 MKSA 단위계라고 일컬었다. 그 이후 1960년 제 11차 국제도량형총회에서 MKSA 단위계가 국제단위계(International System of units, SI)로 명명되면서 현재까지 국제적으로 공인된 단위계로서 사용되고 있다.

1. CGS 정전 단위계(electro static units, esu)

세 개의 기본단위로는 [cm], [g], [s]를 사용하며, 또 다른 하나의 독립된 단위로는 유전율 ε을 택하고, 이 단위의 크기는 진공의 유전율 ε_0를 1로 정한다. 그래서 진공 중에서 서로 같은 전하가 1[cm] 떨어져서 서로가 미치는 힘이 1[dyne]일 때, 이들의 전하를 1CGS 정전단위(CGS esu)의 전하라 한다. 따라서 정전기의 쿨롱의 법칙은 다음 식과 같다.

$$\text{진공 중에서 } F = \frac{Q_1 Q_2}{r^2}\,[\text{dyne}]$$

$$\text{유전율 } \varepsilon \text{의 매질 중에서 } F = \frac{Q_1 Q_2}{\varepsilon r^2}\,[\text{dyne}]$$

단, 이 때의 유전율 ε은 비유전율 ε_s와 수치적으로 같게 된다. 왜냐하면 진공의 유전율 $\varepsilon_0 = 1$로 정하였기 때문이다. 즉, $\varepsilon = \varepsilon_s$이다. 이와 같은 약속에서 출발하여 이루어진 전기자기적인 양에 관한 단위계를 CGS 정전 단위계라 한다.

2. CGS 전자기 단위계(electro magnetic units, emu)

세 개의 기본단위로는 [cm], [g], [s]를 사용하며, 또 다른 하나의 독립된 단위로는 투자율 μ을 택하고, 이 단위의 크기는 진공의 유전율 μ_0를 1로 정한다. 그래서 진공 중에서 서로 같은 자극을 1[cm] 떨어져서 서로 미는 힘이 1[dyne]일 때, 이들의 자극을 1CGS 전자기단위(CGS emu)의 자극으로 한다. 따라서 자계에 관한 쿨롱의 법칙은 다음 식과 같다.

진공 중에서 $F = \dfrac{m_1 m_2}{r^2}$ [dyne]

투자율 μ의 매질 중에서 $F = \dfrac{m_1 m_2}{\mu r^2}$ [dyne]

단, $\mu = \mu_s$이다. 이와 같은 약속에서 출발하여 이루어진 전기자기적인 양에 관한 단위계를 CGS 전자기 단위계라 한다. 자계에 대해서는 다음과 같은 특별한 단위의 명칭이 사용된다.

1 CGS [emu]의 자계의 세기 = 1 Oersted
1 CGS [emu]의 자속밀도 = 1 Gauss
1 CGS [emu]의 자속 = 1 Maxwell
1 CGS [emu]의 기자력 = 1 Gilbert

3. 가우스 단위계

가우스 단위계는 전하에 대해서는 CGS 정전단위와 같고, 자극에 대해서는 CGS 전자기단위와 같다. 이 단위계는 전기현상에 관한 식과 자기현상에 관한 식이 형식적으로 같고, 이론적으로 취급하는 데는 편리하여 이론 물리학에 사용하여 왔다. 그러나 실용적으로는 전기적량과 자기적량을 따로 다루지 않으면 안 되는 불편이 있다.

4. 실용 단위계

실용 단위계는 전기적으로 볼트[V]와 오옴[Ω]을 기본단위로 정하고, 이것과 CGS 단위로 구성된 단위계이다. 전기자기 측정기술이 진보되지 않은 시대에는 오옴과 암페어의 원기를 만들어서 이것을 기본으로 하여 단위계를 만든 것으로, 이것은 절대 단위계(absolute units)에 따르게 되어 이 책에서 사용한 볼트와 오옴(이것을 절대볼트 절대오옴이라 한다)을 기본단위로 하고 있다.

5. MKS 단위계(SI 단위계)

세 개의 기본단위로는 [m], [kg], [s]를 사용하고 제4의 독립된 단위로는 진공의 투자율 μ_0를 다음 식과 같이 정한 것이다.

$$\mu_0 = 4\pi \times 10^{-7} [\mathrm{H/m}]$$

μ_0를 이와 같이 정하면 간격 1[m]로 평행한 두 개의 전선에 동일한 전류를 흘려 두 전선의 단위 길이마다 작용하는 전자력이 2×10^{-7}[N]이 될 때, 이 전류의 크기를 1[A]로 정할 수 있는 전류의 절대측정에 기초를 두게 된다. 여기서, 이 단위계는 기본단위로서 [m], [kg], [s]와 암페어 [A]의 네 개로 이루어진다고 해서 MKSA 단위계라고도 한다. 또한, μ_0의 값을 $4\pi \times 10^{-7}$[H/m]으로 정하는 단위계를 엄밀하게는 MKS 유리 단위계(relation MKS system of units)라 한다. 이와는 달리

$$\mu_0 = 10^{-7} [\mathrm{H/m}]$$

로 정하여 사용하는 단위계는 MKS 비유리 단위계(irrelation MKS system of units)라고 한다. 두 단위계 사이에 서로 다른 점은 4π라고 하는 계수가 붙는 것이 각 관계식에서 다르게 된다. 이 책에서 사용한 것은 MKS 유리 단위계이고 이것이 가장 많이 사용된다.

6. MKS 단위와 CGS 단위의 비교

양	MKS 단위	CGS 전자기단위	CGS 정전단위
(역학적량)			
길이	1[m]	$=10^2$[cm]	
질량	1[kg]	$=10^3$[g]	
시간	1[s]	$=1$[s]	
힘	1[N]	$=10^5$[dyne]	
일, 에너지	1[J]	$=10^7$[erg]	
전력	1[W]	$=10^7$[erg/s]	
(전기적량)			
기전력, 전위	1[V]	$=10^8$[emu]	$=1/(3\times10^2)$[esu]
전계의 세기	1[V/m]	$=10^6$[emu]	$=1/(3\times10^4)$[esu]
전류	1[A]	$=10^{-1}$[emu]	$=3\times10^9$[esu]
전류밀도	1[A/㎡]	$=10^{-5}$[emu]	$=3\times10^5$[esu]
저항	1[Ω]	$=10^9$[emu]	$=1/(9\times10^{11})$[esu]
저항율	1[Ω · m]	$=10^{11}$[emu]	$=1/(9\times10^9)$[esu]
도전율	1[℧/m]	$=10^{-11}$[emu]	$=9\times10^9$[esu]
전하, 전기량	1[C]	$=10^{-1}$[emu]	$=3\times10^9$[esu]
전속	1[C]	$=4\pi/10$[emu]	$=4\pi\times3\times10^9$[esu]
전속밀도	1[C/m^2]	$=4\pi/10^5$[emu]	$=4\pi\times3\times10^5$[esu]
정전용량	1[F]	$=10^{-9}$[emu]	$=9\times10^{11}$[esu]
유전율	1[F/m]	$=4\pi/10^{11}$[emu]	$=4\pi\times9\times10^9$[esu]
(자기적량)			
기자력, 자위	1[A] 또는 1[AT]	$=4\pi/10$[Gilbert]	$=12\pi\times10^9$[esu]
자계의 세기	1[A/m]	$=4\pi/10^3$[Oersted]	$=12\pi\times10^7$[esu]
자속	1[Wb]	$=10^8$[Maxwell]	$=1/(3\times10^2)$[esu]
자속밀도	1[Wb/m^2]	$=10^4$[Gauss]	$=1/(3\times10^6)$[esu]
자극의 세기, 자하	1[Wb]	$=10^8/4\pi$[emu]	$=1/(4\pi\times3\times10^2)$[esu]
자화의 세기	1[Wb/m^2]	$=10^4/4\pi$[emu]	$=1/(4\pi\times3\times10^6)$[esu]
인덕턴스	1[H]	$=10^9$[emu]	$=1/(9\times10^{11})$[esu]
자기저항	1[A/Wb]	$=4\pi/10^9$[emu]	$=1/(4\pi\times9\times10^{11})$[esu]
투자율	1[H/m]	$=10^7/4\pi$[emu]	$=1/(4\pi\times9\times10^{13})$[esu]
자화율	1[H/m]	$=10^7/(4\pi)^2$[emu]	$=1/(16\pi^2\times9\times10^{13})$[esu]

부록 II. 수학공식

1. 복소수

복소수는 실수부와 허수부를 가지며 실수 a와 b를 이용하여 다음과 같이 표시한다.

$$\vec{A} = a + jb$$

여기서 j는 허수단위라 하며 $j = \sqrt{-1}$과 같이 정의된다.
허수부의 부호가 반대인 복소수를 공액복소수라 한다.

$$\overline{A} = a - jb$$

(1) 복소수의 표시방법

① 직교좌표 표시법 : $\vec{A} = a + jb$

② 삼각함수 표시법 : $\vec{A} = A(\cos\theta + j\sin\theta)$

③ 극좌표 표시법 : $\vec{A} = A\underline{/\theta}$

④ 지수함수 표시법 : $\vec{A} = Ae^{j\theta}$

여기서 $A = \sqrt{a^2 + b^2}$는 절대값, $\theta = \tan^{-1}\dfrac{b}{a}$는 편각이라 한다.

(2) 복소수의 계산

$\vec{A_1} = a_1 + jb_1$, $\vec{A_2} = a_2 + jb_2$일 때,

$$\vec{A_1} \pm \vec{A_2} = (a_1 \pm a_2) + j(b_1 \pm b_2)$$

$$\vec{A_1} \cdot \vec{A_2} = A_1 A_2(\theta_1 + \theta_2)$$

$$\frac{\vec{A_1}}{\vec{A_2}} = \frac{A_1}{A_2}\underline{/(\theta_1 - \theta_2)}$$

2. 대수공식

(1) 지 수

$a^m a^n = a^{m+n}$, $(a^m)^n = a^{mn}$

$a^{-n} = \frac{1}{a^n}$, $\frac{a^m}{a^n} = a^{m-n}$

$\sqrt[n]{a}\sqrt[n]{b} = \sqrt[n]{ab}$, $\sqrt[m]{\sqrt[n]{a}} = \sqrt[mn]{a}$

$a^{\frac{m}{n}} = \sqrt[n]{a^m} = (\sqrt[n]{a})^m$, $a^0 = 1$

(2) 2차 방정식

$$ax^2 + bx + c = 0$$

$$x = \frac{-b \pm \sqrt{b^2 - 4ac}}{2a}$$

① $b^2 - 4ac > 0$: 2근은 실수이고 같지 않음

② $b^2 - 4ac = 0$: 2근은 실수이고 서로 같음

③ $b^2 - 4ac < 0$: 2근은 허수임

(3) 대 수

$a^x = y \rightarrow x = \log_a y$

$\log_a a = 1$, $\log_a 1 = 0$

$\log_a xy = \log_a x + \log_a y$, $\log_a \frac{y}{x} = \log_a y - \log_a x$

$\log_a x^n = n \log_a x$, $\log_a \sqrt[n]{x} = \frac{1}{n} \log_a x$

$\log_{10} 1 = 0$, $\log_{10} 2 = 0.3010$

$\log_{10} 10 = 1$, $\log_{10} 1000 = 3$

$\log_{10} 0.1 = -1$, $\log_{10} 0.01 = -2$

자연대수 : $\log_e x = \ln x$, 상용대수 : $\log_{10} x$

$$e=1+\frac{1}{1!}+\frac{1}{2!}+\frac{1}{3!}+\cdots\cdots+\frac{1}{n!}=2.71828\cdots\cdots$$

$\log_{10}x=M\log_e x$에서

$$M=\frac{1}{\log_e 10}=0.4329\cdots\cdots,$$

$$\frac{1}{M}=\log_e 10=\ln 10=2.30258\cdots\cdots$$

(4) 2항 정리

$$(a+b)^n=a^n+na^{n-1}b+\frac{n(n-1)a^{n-2}b^2}{2!}+\frac{n(n-1)(n-2)a^{n-3}b^3}{3!}$$

$+\cdots\cdots$: $b^n|x|<1$일 때,

$$(1+x)^n=1+nx+\frac{n(n-1)}{2!}x^2+\frac{n(n-1)(n-2)}{3!}x^3+\cdots\simeq 1+nx$$

:(x가 극히 작을 때)

$$(1+x)^{-1}=1-x+x^2-\cdots\cdots+(-1)^n x^n+\cdots\cdots$$

$$(1-x)^{-1}=1+x+x^2+\cdots\cdots+x^n+\cdots\cdots$$

$$(1+x)^{-2}=1-2x+3x^2-\cdots\cdots+(-1)^n(n+1)x^n+\cdots\cdots$$

$$(1-x)^{-2}=1+2x+3x^2+\cdots\cdots+(n+1)x^n+\cdots\cdots$$

$$(1+x)^{\frac{1}{2}}=1+\frac{1}{2}x-\frac{1}{8}x^2+\frac{1}{16}x^3+\cdots\cdots$$

$$(1-x)^{\frac{1}{2}}=1-\frac{1}{2}x-\frac{1}{8}x^2-\frac{1}{16}x^3+\cdots\cdots$$

3. 삼각함수공식

① 직각 삼각형에서의 삼각함수

$$\sin\theta=\frac{a}{c},\ \ \cos\theta=\frac{b}{c},\ \ \tan\theta=\frac{a}{b}$$

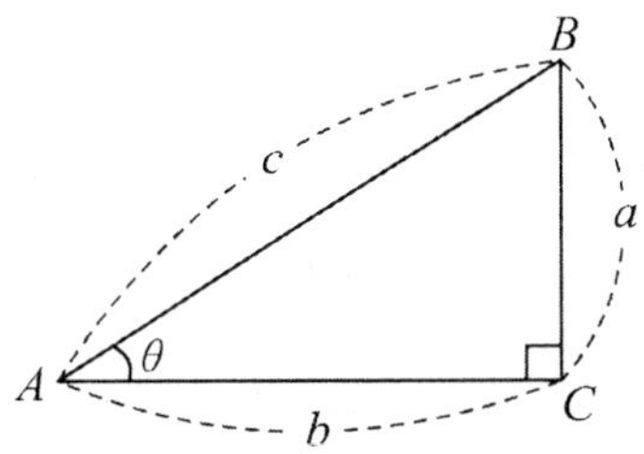

② 삼각함수의 상호 관계

$$\operatorname{cosec}\theta = \frac{1}{\sin\theta},\quad \sec\theta = \frac{1}{\cos\theta},\quad \cot\theta = \frac{1}{\tan\theta}$$

$$\sin^2\theta + \cos^2\theta = 1,\quad 1 + \tan^2\theta = \sec^2\theta,\quad 1 + \cot^2\theta = \operatorname{cosec}^2\theta$$

③ 특수각의 삼각비

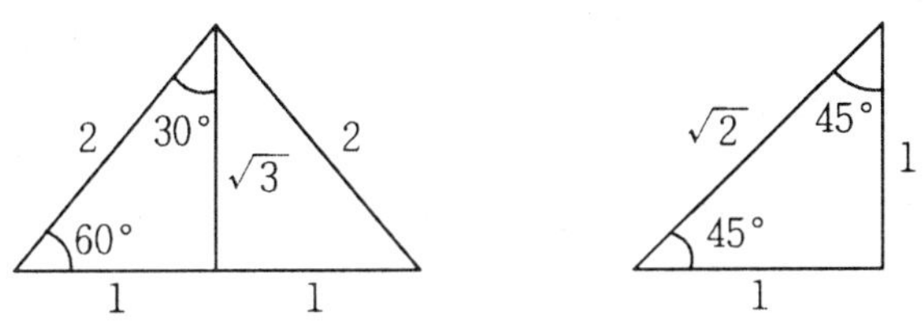

	0°	30°	45°	60°	90°	120°	135°	150°	180°
sin	0	$\frac{1}{2}$	$\frac{1}{\sqrt{2}}$	$\frac{\sqrt{3}}{2}$	1	$\frac{\sqrt{3}}{2}$	$\frac{1}{\sqrt{2}}$	$\frac{1}{2}$	0
cos	1	$\frac{\sqrt{3}}{2}$	$\frac{1}{\sqrt{2}}$	$\frac{1}{2}$	0	$-\frac{1}{2}$	$-\frac{1}{\sqrt{2}}$	$-\frac{\sqrt{3}}{2}$	-1
tan	0	$\frac{1}{\sqrt{3}}$	1	$\sqrt{3}$	∞	$-\sqrt{3}$	-1	$-\frac{1}{\sqrt{3}}$	0
cot	∞	$\sqrt{2}$	1	$\frac{1}{\sqrt{3}}$	0	$-\frac{1}{\sqrt{3}}$	-1	$-\sqrt{3}$	∞
sec	1	$\frac{2}{\sqrt{3}}$	$\sqrt{2}$	2	∞	-2	$-\sqrt{2}$	$-\frac{2}{\sqrt{3}}$	-1
cosec	∞	2	$\sqrt{2}$	$\frac{2}{\sqrt{3}}$	1	$\frac{2}{\sqrt{3}}$	$\sqrt{2}$	2	∞

④ 삼각함수의 성질 (복부호동순)

$\sin(-\theta) = -\sin\theta$, $\cos(-\theta) = \cos\theta$, $\tan(-\theta) = -\tan\theta$

$\sin(2n\pi \pm \theta) = \pm\sin\theta$, $\cos(2n\pi \pm \theta) = \cos\theta$, $\tan(2n\pi \pm \theta) = \pm\tan\theta$

$\sin\left(\frac{\pi}{2} \pm \theta\right) = \cos\theta$, $\cos\left(\frac{\pi}{2} \pm \theta\right) = \mp\sin\theta$, $\tan\left(\frac{\pi}{2} \pm \theta\right) = \mp\cot\theta$

$\sin(\pi \pm \theta) = \mp\sin\theta$, $\cos(\pi \pm \theta) = -\cos\theta$, $\tan(\pi \pm \theta) = \pm\tan\theta$

$\sin\left(\frac{3\pi}{2} \pm \theta\right) = -\cos\theta$, $\cos\left(\frac{3\pi}{2} \pm \theta\right) = \pm\sin\theta$, $\tan\left(\frac{3\pi}{2} \pm \theta\right) = \mp\cot\theta$

⑤ 삼각함수의 덧셈정리

$\sin(\alpha \pm \beta) = \sin\alpha\cos\beta \pm \cos\alpha\sin\beta$, $\cos(\alpha \pm \beta) = \cos\alpha\cos\beta \mp \sin\alpha\sin\beta$

$\tan(\alpha \pm \beta) = \dfrac{\tan\alpha \pm \tan\beta}{1 \mp \tan\alpha\tan\beta}$ (복부호동순)

$a\sin\theta + b\cos\theta = \sqrt{a^2 + b^2}\sin(\theta + \alpha)$

$a\sin\theta + b\cos\theta = \sqrt{a^2 + b^2}\cos(\theta - \beta)$ $\left(단,\ \tan\beta = \dfrac{b}{a}\right)$

⑥ 배각 및 반각의 공식

$\sin 2\theta = 2\sin\theta\cos\theta$, $\cos 2\theta = \cos^2\theta - \sin^2\theta$, $\tan 2\theta = \dfrac{2\tan\theta}{1 - \tan^2\theta}$

$\sin 3\theta = 3\sin\theta - 4\sin^3\theta$, $\cos 3\theta = 4\cos^3\theta - 3\cos\theta$

$\tan 3\theta = \dfrac{3\tan\theta - \tan^3\theta}{1 - 3\tan^2\theta}$

$\sin^2\dfrac{\theta}{2} = \dfrac{1 - \cos\theta}{2}$, $\cos^2\dfrac{\theta}{2} = \dfrac{1 + \cos\theta}{2}$, $\tan^2\dfrac{\theta}{2} = \dfrac{1 - \cos\theta}{1 + \cos\theta}$

⑦ 곱을 합 또는 차로 변형하는 공식

$\sin\alpha\cos\beta = \dfrac{1}{2}\{\sin(\alpha + \beta) + \sin(\alpha - \beta)\}$

$\cos\alpha\sin\beta = \dfrac{1}{2}\{\sin(\alpha + \beta) - \sin(\alpha - \beta)\}$

$\cos\alpha\cos\beta = \dfrac{1}{2}\{\cos(\alpha + \beta) + \cos(\alpha - \beta)\}$

$$\sin\alpha\sin\beta=\frac{1}{2}\{\cos(\alpha+\beta)-\cos(\alpha-\beta)\}$$

⑧ 합 또는 차를 곱으로 변형하는 공식

$$\sin\alpha\sin\beta=-\frac{1}{2}\{\cos(\alpha+\beta)-\cos(\alpha-\beta)\}$$

$$\sin A+\sin B=2\sin\frac{A+B}{2}\cdot\cos\frac{A-B}{2}$$

$$\sin A-\sin B=2\cos\frac{A+B}{2}\cdot\sin\frac{A-B}{2}$$

$$\cos A+\cos B=2\cos\frac{A+B}{2}\cdot\cos\frac{A-B}{2}$$

4. 미분공식

$y=x^n$ (n은 양의 정수 ⇒ 실수로 확장) $\rightarrow y'=nx^{n-1}$

$y=c$ (c는 상수) $\rightarrow y'=0$

$y=f(x)\cdot g(x)\rightarrow y'=f'(x)\cdot g(x)+f(x)\cdot g'(x)$

$y=f(x)\cdot g(x)\cdot h(x)\rightarrow y'=f'gh+fg'h+fgh'$

$$\left\{\frac{f(x)}{g(x)}\right\}'=\frac{f'(x)\cdot g(x)-f(x)\cdot g'(x)}{\{g(x)\}^2}$$

$[\{f(x)\}^n]'=n\cdot\{f(x)\}^{n-1}\cdot f'(x)$

$$\frac{dx}{dy}=\frac{1}{\frac{dy}{dx}},\quad \frac{dy}{dx}=\frac{\frac{dy}{dt}}{\frac{dx}{dt}}$$

$(\sin x)'=\cos x$, $(\cos x)'=-\sin x$, $(\tan x)'=\sec^2 x$

$(\sec x)'=\sec x\cdot\tan x$, $(\mathrm{cosec})'=-\mathrm{cosec}\,x\cdot\cot x$

$(\cot x)'=-\mathrm{cosec}^2 x$, $(a^x)'=a^x\log_e a$

$(\log_a x)'=\frac{1}{x}\times\frac{1}{\log_e a}$, $(e^x)'=e^x$

$$(\log x)' = (\ln x)' = \frac{1}{x}, \qquad (\sin^{-1}x)' = \frac{1}{\sqrt{1-x^2}}$$

$$(\cos^{-1}x)' = -\frac{1}{\sqrt{1-x^2}}, \qquad (\tan^{-1}x)' = \frac{1}{1+x^2}$$

5. 적분공식

$$F'(x) = f(x) \Leftrightarrow \int f(x)\,dx = F(x) + C, \quad C\text{는 적분상수}$$

$$\int x^n\,dx = \frac{1}{n+1}x^{n+1} + C$$

$$\int kf(x)\,dx = k\int f(x)\,dx \quad (k\text{는 상수})$$

$$\int \{f \pm g\}\,dx = \int f\,dx \pm \int g\,dx \quad (\text{복부호동순})$$

변수치환법

$$x = \phi(z) \Rightarrow \int f(x)\,dx = \int f[\phi(z)]\frac{dx}{dz}dz = \int f[\phi(z)]\phi'(z)\,dz$$

부분적분법

$$\int u\frac{dv}{dx}dx = uv - \int v\frac{du}{dx}dx$$

$$\int (ax+b)^n\,dx = \frac{1}{a}\cdot\frac{1}{n+1}(ax+b)^{n+1} + C$$

$$\int \frac{1}{x}\,dx = \log x + C = \ln x + C$$

$$\int \sin ax\,dx = -\frac{\cos ax}{a}, \qquad \int \sin x\,dx = -\cos x$$

$$\int \cos ax\,dx = \frac{\sin ax}{a}, \qquad \int \cos x\,dx = \sin x$$

$$\int \tan x\,dx = -\ln\cos x, \qquad \int \cot x\,dx = \ln\sin x$$

$$\int \sin^2 x dx = \frac{x}{2} - \frac{\sin 2x}{4}, \qquad \int \cos^2 x dx = \frac{x}{2} + \frac{\sin 2x}{4}$$

$$\int \sec^2 x dx = \tan x, \qquad \int \mathrm{cosec}^2 x dx = -\cot x$$

$$\int \sin ax \cos bx dx = \frac{1}{b^2 - a^2} \times (a \sin bx \sin ax + a \cos bx \cos ax)$$

$$\int x \sin ax dx = \frac{\sin ax}{a^2} - \frac{x \cos ax}{a}, \qquad \int x \cos ax dx = \frac{\cos ax}{a^2} + \frac{x \cos ax}{a}$$

$$\int e^{ax} dx = \frac{e^{ax}}{a}, \qquad \int e^x dx = e^x$$

$$\int xe^x dx = e^x(x-1), \qquad \int a^x dx = \frac{a^x}{\ln a}, \quad (a > 0,\ a \neq 1)$$

$$\int \log x dx = x \log x - x, \qquad \int \frac{1}{1+e^x} dx = \log \frac{e^x}{1+e^x}$$

$$\int \frac{1}{x^2 + a^x} dx = \frac{1}{a} \tan^{-1} \frac{x}{a}, \quad (a \neq 0)$$

$$\int \frac{1}{x^2 - a^x} dx = \frac{1}{2a} \ln \frac{x-a}{x+a}$$

$$\int \frac{1}{\sqrt{a^2 - x^2}} dx = \sin^{-1} \frac{x}{a} \quad (a > 0)$$

부록 III.

1. 물리정수

전자파(빛)의 속도	$c = 2.99792458 \times 10^6 [\mathrm{ms}^{-1}]$
광년	$LY = 9.46 \times 10^{12} [\mathrm{km}]$
전자의 전하	$e = -1.6021892 \times 10^{-19} [\mathrm{C}]$
전자의 정지질량	$m = 9.109534 \times 10^{-31} [\mathrm{kg}]$
전자의 비전하	$\frac{e}{m} = 1.7588047 \times 10^{11} [\mathrm{Ckg}^{-1}]$

양자의 정지질량 $m_p = 1.6726485 \times 10^{-27}$ [kg]

중성자의 정지질량 $m_n = 1.6749543 \times 10^{-31}$ [kg]

1 [kg] 분자의 분자수 $N = 6.604 \times 10^{26}$

아보가드로수 $N_a = 6.022045 \times 10^{23}$ [mol^{-1}]

플랑크 상수 $h = 6.626176 \times 10^{-34}$ [J · s]

볼츠만 상수 $k = \dfrac{R}{N_a} = 1.380662 \times 10^{-23}$ [J · k^{-1}]

리드베리 상수 $R_\infty = 1.097373177 \times 10^{7}$ [m^{-1}]

보어 반지름 $a_0 = 5.2917706 \times 10^{-11}$ [m]

기체 정수 $R = 8.31441$ [J mol^{-1}k^{-1}]

중력 가속도 $g = 9.80665$ [ms^{-2}]

진공 유전율 $\varepsilon_0 = \dfrac{10^7}{4\pi c^2} = 8.85418782 \times 10^{-12}$ [Fm^{-1}]

진공 투자율 $\varepsilon_0 = 4\pi \times 10^{-7} = 1.25663706144 \times 10^{-6}$ [Hm^{-1}]

자연대수 기수 $e = 2.71828$

천문단위 $AU = 1.5 \times 10^{8}$ [km]

파이 $\pi = 3.1415927\cdots$

라디안 rad = 57.2958 [deg]

고유 임피던스 $Z = 376.7 (\simeq 120\pi)$ [Ω]

2. 그리스문자

대문자	소문자	명 칭	
A	α	alpha	알파
B	β	beta	베타
Γ	γ	gamma	감마
Δ	δ	delta	델타
E	ε	epsilon	입실론
Z	ζ	zeta	제타
H	η	eta	에타
Θ	θ	theta	세타
I	ι	iota	이오타
K	κ	kappa	카파
Λ	λ	lambda	람다
M	μ	mu	뮤
N	ν	nu	뉴
Ξ	ξ	xi	크사이
O	o	omicron	오미크론
Π	π	pi	파이
P	ρ	rho	로오
Σ	σ	sigma	시그마
T	τ	tau	타우
Y	υ	upsilon	웁실론
Φ	ϕ	phi	화이
X	χ	chi	카이
Ψ	ψ	psi	프사이
Ω	ω	omega	오메가

3. 단위의 승수

곱 할 인 자	명 칭	기 호
1 000 000 000 000 000 000 000 000 = 10^{24}	요타(yotta)	Y
1 000 000 000 000 000 000 000 = 10^{21}	제타(zetta)	Z
1 000 000 000 000 000 000 = 10^{18}	엑사(exa)	E
1 000 000 000 000 000 = 10^{15}	페타(peta)	P
1 000 000 000 000 = 10^{12}	테라(tera)	T
1 000 000 000 = 10^{9}	기가(giga)	G
1 000 000 = 10^{6}	메가(mega)	M
1 000 = 10^{3}	킬로(kilo)	k
100 = 10^{2}	헥토(hecto)	h
10 = 10^{1}	데카(deka)	da
0.1 = 10^{-1}	데시(deci)	d
0.01 = 10^{-2}	센티(centi)	c
0.001 = 10^{-3}	밀리(milli)	m
0.000 001 = 10^{-6}	마이크로(micro)	μ
0.000 000 001 = 10^{-9}	나노(nano)	n
0.000 000 000 001 = 10^{-12}	피코(pico)	p
0.000 000 000 000 001 = 10^{-15}	펨토(femto)	f
0.000 000 000 000 000 001 = 10^{-18}	아토(atto)	a
0.000 000 000 000 000 000 001 = 10^{-21}	젭토(zepto)	z
0.000 000 000 000 000 000 000 001 = 10^{-24}	욕토(yocto)	y

찾 아 보 기

ㄱ

ㄴ

ㄷ

ㄹ

ㅁ

ㅂ

ㅅ

ㅇ

ㅎ

전기자기학의 기초

2020. 2. 10 인쇄
2020. 2. 15 발행

저 자 : 정인학 · 권병국 · 장순면 · 윤형중 · 박상호 공저

발행자 : 이진권

발행처 : 도서출판 **태영문화사**

주 소 : 서울특별시 강서구 초원로 38
전 화 : 2661-8751
F A X : 2661-8798
등 록 : 1998년 11월 12일 제 2-2682호

정가 23,000원